Controle digital aplicado

Blucher

sociedade brasileira de
AUTOMÁTICA

Bruno Augusto Angélico
Gabriel Pereira das Neves

CONTROLE DIGITAL APLICADO

Controle digital aplicado

Editora Edgard Blücher Ltda.
Publisher Edgard Blücher
Editor Eduardo Blücher
Coordenação editorial Jonatas Eliakim
Produção editorial Luana Negraes
Diagramação Autores
Revisão de texto Maurício Katayama
Capa Leandro Cunha
Imagem da capa Bruno A. Angélico

Editora Blucher
Rua Pedroso Alvarenga, 1245, 4º andar
CEP 04531-934 – São Paulo – SP – Brasil
Tel.: 55 11 3078-5366
contato@blucher.com.br
www.blucher.com.br

Este livro possui material extra, que pode ser acessado no site da editora por meio do QR code presente na quarta capa.

Segundo o Novo Acordo Ortográfico, conforme 6. ed. do *Vocabulário Ortográfico da Língua Portuguesa*, Academia Brasileira de Letras, julho de 2021.

Dados Internacionais de Catalogação na Publicação (CIP)
Angélica Ilacqua CRB-8/7057

Angélico, Bruno A.
Controle digital aplicado / Bruno Augusto Angélico, Gabriel Pereira das Neves. — São Paulo : Blucher, 2023.
324 p. : il. (SBA Press)
Bibliografia
ISBN 978-65-5506-363-9

1. Sistemas de controle digital 2. Controle automático 3. Sistemas de tempo discreto 4. Controladores PID I. Título. II. Neves, Gabriel P. das.

22-6280 CDD 629.8

Índice para catálogo sistemático: 1. Engenharia de controles automáticos

Para Mariano, Jana, Paulo, Carlos, Laura (in memoriam) e Anna (in memoriam)
Para Cassia, Ivan, Rayra, Fernanda, Marina, Bianca e Olívia

Apresentação

Até os anos 1960, auge da corrida espacial, a imensa maioria dos controladores era implementada na forma analógica. A simples conversão dos controladores analógicos para a forma de tempo discreto era a visão predominante no início do estudo dos sistemas de controle a dados amostrados. Entretanto, rapidamente se constatou que poderia haver muitos benefícios explorando-se todo o potencial da nova abordagem.

O desenvolvimento notável da microeletrônica possibilitou a construção de dispositivos digitais de custo progressivamente baixo e cada vez mais potentes, tanto no que se refere à velocidade de processamento como à capacidade de armazenamento de dados. Isso tornou viável a utilização de sofisticados sistemas de controle digitais em uma vastíssima gama de aplicações.

Atualmente, quase tudo o que nós utilizamos direta ou indiretamente tem um ou vários sistemas de controle embutidos. Isto é verdade tanto para dispositivos de uso corriqueiro no dia a dia – simples eletrodomésticos ou telefones celulares, por exemplo – como para equipamentos destinados a aplicações críticas – como robôs móveis para missões interplanetárias ou pilotos automáticos de aviões, por exemplo.

Em muitos casos, esses controladores são responsáveis por assegurar o bom desempenho do equipamento ou dispositivo. Um exemplo disto são os diversos sistemas embarcados existentes atualmente nos automóveis. Por outro lado, há muitas situações em que os controladores são, de fato, imprescindíveis para a operação adequada dos equipamentos. Este é o caso, por exemplo, de sistemas de controle responsáveis pela guiagem de foguetes durante seu lançamento.

É nesse importante contexto que se situa este livro, um texto bastante completo e abrangente sobre a análise de sistemas a tempo discreto e o projeto de controladores digitais.

O livro caracteriza-se por uma visão prática, predominantemente voltada para o projeto de sistemas de controle digitais. São características do texto a clareza da exposição, a linguagem acessível e os exemplos elaborados com forte motivação didática, incluindo os códigos em MATLAB®. Um detalhe que mostra o cuidado dos autores neste aspecto é representado pelo fato de que os controladores não são implementados utilizando funções fechadas do Simulink®, mas sim o bloco *Matlab Function*, em que as equações de diferenças dos controladores são programadas.

A obra, cujos capítulos são sempre iniciados com uma breve descrição de seu conteúdo, contém uma revisão de conceitos fundamentais e introduz os elementos básicos necessários para o desenvolvimento do assunto. Discute em detalhes a discretização de sistemas a tempo contínuo e apresenta ferramentas para a análise e o projeto de sistemas a tempo discreto.

São tratados tanto sistemas de uma entrada e uma saída descritos por meio de funções de transferência discretas, como sistemas multivariáveis representados por meio de modelos de estados – neste contexto, incluem-se tópicos fundamentais como formas canônicas, controlabilidade, observabilidade, estabilidade, realimentação de estados, etc. O livro contém também uma introdução ao Controle Ótimo a tempo discreto, incluindo os célebres Regulador Linear Quadrático e Filtro de Kalman.

Adicionalmente, aspectos práticos de implementação de controladores digitais, além de permearem todo o texto, merecem um capítulo especial em que são tratadas as questões dos erros de quantização e de arredondamento.

Como "brinde", o livro contém ainda um apêndice sobre modelagem de sistemas mecânicos, assunto tido como tabu para muitos engenheiros com formação em áreas não afins à mecânica. Além disso, também é objeto de um apêndice o uso do MATLAB/Simulink® para a simulação de sistemas de controle digitais, o qual pode ser de grande utilidade prática.

Todas essas características fazem deste livro uma obra que pode ser de grande utilidade não apenas para estudantes de graduação e de pós-graduação, como também para profissionais envolvidos com a prática de projeto.

Por último, mas não menos importante, há que se saudar a iniciativa dos autores de disponibilizarem seu conhecimento por meio de um livro de alta qualidade escrito em português, o qual nada fica a dever aos melhores textos estrangeiros sobre o assunto. Há obras herméticas que às vezes chegam a dar a impressão de terem sido escritas para demonstrar erudição; por outro lado, há outras que são produzidas nitidamente com a intenção de difundir o conhecimento. Seguramente este livro faz parte deste segundo grupo.

José Jaime da Cruz

Prof. da Escola Politécnica da USP

Prefácio

Este livro surgiu das notas de aula da disciplina PTC5611 - Controle Digital de Sistemas Dinâmicos, da Escola Politécnica da Universidade de São Paulo (EPUSP), ministrada como um curso introdutório no Programa de Pós-graduação em Engenharia Elétrica da EPUSP.

Controladores digitais estão presentes em uma grande quantidade de sistemas modernos, tais como aplicações industriais, espaciais, automotivas e de uso pessoal, como smartphones. O estudo de controle digital vai muito além do currículo de cursos de Engenharia de Controle, uma vez que é muito importante também em áreas como Robótica, Eletrônica de Potência, Eletrônica Automotiva, Telecomunicações, entre outras.

Os três capítulos iniciais são apresentados como revisão e fundamentação teórica básica para análise de sistemas em tempo discreto e projeto de controladores digitais. O Capítulo 1 apresenta uma introdução ao processamento digital de sinais. Uma revisão sobre a teoria de amostragem é apresentada no Capítulo 2, enquanto o Capítulo 3 revisa a transformada-z.

O Capítulo 4 apresenta os fundamentos de discretização de sistemas contínuos, quer seja para discretizar controladores contínuos previamente projetados, ou para discretizar sistemas em que o projeto do controlador é feito em tempo discreto.

O Capítulo 5 contém ferramentas de análise de sistemas em tempo discreto, tais como a relação entre a posição dos polos de um sistema no plano-z e sua resposta transitória, análise de erro em regime permanente, análise de estabilidade, lugar geométrico das raízes e resposta em frequência no plano-z.

Os Capítulos 6 e 7 apresentam técnicas de projeto de controladores digitais clássicos e utilizando o método direto de Ragazzini, respectivamente. As simulações, feitas em ambiente MATLAB/Simulink®, utilizam blocos do tipo *Matlab Function* para programar as equações de diferenças dos controladores ao invés de utilizar comandos e blocos prontos. Isso proporciona uma proximidade com a programação de controladores embarcados em *hardwares* digitais. Considerou-se a versão R2021a do MATLAB/Simulink®.

O Capítulo 8 trata da análise em tempo discreto e do projeto de controle digital no espaço de estados. Aspectos teóricos sobre controlabilidade, observabilidade e estabilidade são abordados. Projeto de controladores em modo regulatório e em modo servo são apresentados com exemplos de simulação.

O Capítulo 9 traz uma introdução ao controle ótimo, com foco no regulador linear quadrático e no filtro de Kalman. Os Capítulos 8 e 9 seguem a mesma metodologia de simulação dos Capítulos 6 e 7.

O Capítulo 10 apresenta alguns problemas encontrados na aplicação de controladores digitais em relação a ruídos de quantização e arredondamento, e como tratá-los. Um pseudocódigo para implementação em hardware digital também é apresentado no final do capítulo.

Há, adicionalmente, três apêndices ao texto: o Apêndice A faz uma breve revisão de controladores PID em tempo contínuo. Já o Apêndice B apresenta com detalhes a metodologia de simulação e, por fim, o Apêndice C traz uma breve introdução à modelagem matemática de sistemas mecânicos no MATLAB/Simulink®.

Este texto aborda aspectos básicos de controle digital em nível de graduação, mas também pode ser utilizado em um curso introdutório e nivelador no âmbito da pós-graduação. Ao fazer uso de simulações em MATLAB®, em que os controladores digitais são programados diretamente em linhas de código, sem a utilização de blocos prontos, o texto desmistifica a ilusória distância entre um projeto teórico e uma aplicação prática. Desse modo, o livro é um guia indicado para quem deseja ser um "controleiro mão na massa".

Gostaríamos de prestar nosso agradecimento a todos os alunos, pesquisadores e professores que contribuíram para este material se tornar um livro. Agradecemos especialmente ao Prof. Ricardo Paulino Marques, pelo exemplo de projeto e discretização de controladores, ao Prof. Anselmo Bittar, pelo exemplo que serviu de base para o projeto de controlador PID digital, ao pesquisador Vanderlei Aparecido da Silva, por exemplos sobre amostragem e transformada-z, e ao Prof. José Jaime da Cruz, por nos agraciar com o texto de apresentação desta obra.

Agradecemos também aos professores e pesquisadores amigos que tiveram paciência para ler e revisar fragmentos do texto: Prof. José Jaime da Cruz, Prof. Felipe Pait, Prof. Diego Colón, Prof. Márcio Eisencraft, Prof. Paulo Sérgio Pereira da Silva, Prof. Fuad Kassab Junior, Prof. Ricardo Paulino Marques, Prof. Anselmo Bittar, Prof. Paulo Rogério Scalassara, Prof. Cristiano Agulhari, e o pesquisador Guilherme Scabin.

Pela oportunidade de publicar este material, somos muito gratos à Sociedade Brasileira de Automática (SBA). Agradecemos também ao trabalho editorial profissional da Editora Blucher.

Somos também muito gratos a Deus e aos nossos familiares. Bruno: ao meu pai José Mariano, minha esposa Janaina, meus irmãos Paulo e Carlos, minha sogra Gláucia e minha madrinha (de consideração) Neusa. Gabriel: à minha mãe Cassia, meu pai Ivan, minha namorada Rayra, minhas irmãs Fernanda, Marina e Bianca e minha sobrinha Olívia.

Bruno Augusto Angélico
Gabriel Pereira das Neves

Conteúdo

Capítulo 1

Introdução

Até a década de 1960 a tecnologia de controle de processos e processamento de sinais era praticamente toda analógica. A evolução dos computadores digitais e microprocessadores, juntamente com o desenvolvimento de algoritmos eficientes, causaram a migração para o controle digital e o processamento digital de sinais.

Diversas grandezas físicas com as quais lidamos são analógicas por natureza. Tais grandezas, como temperatura, pressão, velocidade etc., são representadas por valores contínuos. Sinais analógicos podem ser processados por circuitos elétricos envolvendo componentes passivos e ativos.

Os sinais também podem ser processados utilizando-se hardwares digitais. Para isso, os sinais analógicos precisam ser convertidos em digitais. Isso é conhecido como conversão analógico-digital (A/D). Basicamente, esse processo toma um número finito de amostras temporais do sinal analógico (processo de discretização no tempo) e efetua uma quantização das amplitudes dessas amostras, para que elas sejam representadas com um número finito de bits (processo de digitalização).

A princípio, quando comparado ao processamento analógico, o processamento digital de sinais tem uma estrutura mais complicada, levando ao seguinte questionamento: por que utilizá-lo? A resposta para tal pergunta possui vários argumentos favoráveis, tais como:

- possibilidade de armazenagem dos sinais e posterior processamento;
- as operações são basicamente adição, multiplicação e deslocamento, o que representa um processamento bem robusto;
- as operações podem ser facilmente modificadas, por exemplo, mudando apenas

algumas linhas de código da programação de um microcontrolador;

- facilidade de interconexão de blocos, uma vez que não há problemas de casamento de impedância como nos circuitos analógicos.

1.1 Classificação de sinais

Sinais geralmente transportam informações a respeito do estado ou do comportamento de um sistema físico e, em muitos casos, são sintetizados para comunicação entre humanos ou entre humanos e máquinas.

De modo geral, sinais podem ser classificados da seguinte forma [Lathi 1998]:

- sinais de energia e de potência;
- sinais periódicos e aperiódicos;
- sinais determinísticos e estocásticos;
- sinais de tempo contínuo e de tempo discreto;
- sinais analógicos e digitais.

Sinais com energia finita são denominados **sinais de energia**, ao passo que sinais com potência finita e diferente de zero são denominados **sinais de potência**. Se um sinal for de energia, ele não pode ser de potência, e vice-versa. No entanto, há sinais que não são de energia, nem de potência. Exemplos: sinal exponencial crescente e sinal rampa.

Sinais periódicos são tais que, para uma constante positiva T_0, denominada período, vale a relação $f(t) = f(t \pm T_0)$, para todo t. Pense que um carimbo pode ser feito com um fragmento desse sinal de duração T_0. Se o sinal original puder ser reproduzido por "carimbadas" sequenciais e não espaçadas do fragmento, então o sinal é dito **periódico** com período T_0. Caso contrário, o sinal é **aperiódico**.

Um sinal **determinístico** é tal que seu comportamento é precisamente conhecido para cada valor da variável independente. Por outro lado, caso apenas informações probabilísticas do sinal em um tempo futuro forem conhecidas, por exemplo, valor médio e variância, o sinal é dito **estocástico**.

Em relação à continuidade ou discretização no tempo e analogicidade ou digitalização em amplitude, pode-se ter a seguinte classificação:

- **Sinais analógicos de tempo contínuo** são definidos ao longo de todos os instantes de tempo e as amplitudes podem assumir qualquer valor real. São geralmente denominados apenas sinais analógicos.

- **Sinais analógicos de tempo discreto** são definidos em instantes discretos de tempo, mas as amplitudes podem assumir qualquer valor real. Podem ser matematicamente representados como sequências de números.

- **Sinais digitais de tempo contínuo** são aqueles definidos ao longo de todos os instantes do tempo, porém os valores de amplitude são definidos apenas em alguns valores discretos predefinidos.

- **Sinais digitais de tempo discreto** são aqueles em que ambos o tempo e a amplitude são discretos. São geralmente denominados apenas sinais digitais.

A Figura 1.1 ilustra a classificação dos tipos de sinais quanto à discretização e quantização.

Um sinal também pode se classificado quanto à causalidade. Um sinal que só se inicia a partir de $t \geq 0$ é denominado sinal **causal**, ao passo que um sinal que se inicia antes de $t = 0$ denomina-se sinal **não causal**. Ainda, um sinal que se extingue para $t \geq 0$ é chamado de sinal **anticausal**.

Da mesma forma podemos classificar os tipos de sistemas de interesse aos nossos propósitos.

- **Sistemas de tempo contínuo** são sistemas em que ambas a entrada e a saída são sinais de tempo contínuo.

- **Sistemas de tempo discreto** são aqueles em que ambas a entrada e a saída são sinais de tempo discreto.

- **Sistemas digitais de tempo discreto** são aqueles em que ambas a entrada e a saída são sinais digitais de tempo discreto.

Um **sistema causal** é aquele em que a saída atual depende apenas de entradas passadas ou presentes. Um sistema físico é causal pois, caso contrário, ele teria capacidade de antecipar saídas futuras.

Os controladores abordados neste livro consideram sistemas **lineares e invariantes no tempo** (LITs). Tais sistemas respeitam o princípio da superposição, ou seja, a saída gerada pela combinação linear de diferentes sinais de entrada é igual à mesma combinação aplicada aos sinais de saída gerados pelos sinais de entrada individualmente. Além disso, sistemas LIT respeitam o princípio da invariância no tempo; um sistema é dito ser invariante no tempo se um retardo ou avanço de tempo do sinal de entrada causar em um deslocamento de tempo idêntico ao sinal de saída.

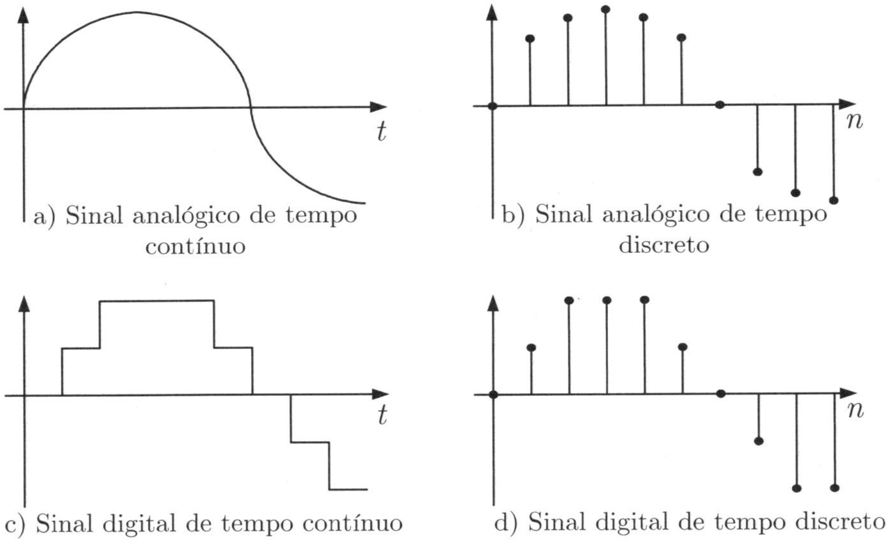

Figura 1.1 – Classificação de sinais considerando discretização e quantização.

1.2 Amostragem periódica

Sinais de tempo discreto são matematicamente representados como sequências de números. Uma sequência é uma função cujo domínio é o conjunto dos números inteiros. Formalmente, uma sequência x é escrita como

$$x = \{x[n]\}, \quad -\infty < n < \infty, \tag{1.1}$$

onde n é um número inteiro. Em um cenário prático, tais sequências podem ser oriundas da **amostragem periódica** de um sinal analógico. Neste caso, o valor numérico do n-ésimo elemento na sequência é igual ao valor do sinal em tempo contínuo, $x(t)$, no instante nT_s, i.e.,

$$x[n] = x(nT_s), \quad -\infty < n < \infty. \tag{1.2}$$

A quantidade T_s é denominada período de amostragem, e sua recíproca é a frequência de amostragem f_s ou $\omega_s = 2\pi f_s$.

Na amostragem periódica o período T_s é constante (veja Figura 1.2). Apesar de a abscissa da sequência ser uma linha contínua, é importante reconhecer que $x[n]$ é definida apenas para valores inteiros de n. Não é correto pensar que $x[n]$ vale zero quando n não é inteiro; $x[n]$ simplesmente não é definida para valores não inteiros de n.

O **teorema de amostragem** estabelece a mínima frequência que um sinal analógico precisa ser amostrado para posteriormente poder ser reconstruído. Tal teorema afirma

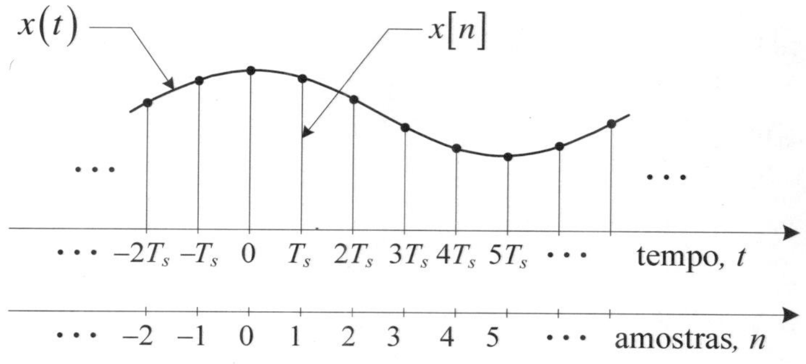

Figura 1.2 – Relação entre sinal de tempo contínuo e sinal de tempo discreto.

que a frequência de amostragem deve ser maior ou igual a duas vezes a maior componente de frequência do sinal. Detalhes serão apresentados no Capítulo 2.

1.3 Conversores A/D e D/A

Um ponto crítico em sistemas digitais é a interface entre um circuito analógico e um digital, uma vez que a qualidade de seu projeto está diretamente relacionada a precisão, rapidez de resposta e confiabilidade no processamento digital de informações.

A **resolução** de um conversor A/D, quando expressa em bits, é igual ao número de bits do conversor. Por exemplo, um conversor com uma resolução de N bits pode representar 2^N níveis de amplitude quantizados.

O intervalo de escala (FSR, *full-scale range*) do conversor é definido por FSR $= (V_{\text{ref}+} - V_{\text{ref}-})$, em que $V_{\text{ref}+}$ e $V_{\text{ref}-}$ representam, respectivamente, os extremos superior e inferior em que a tensão de entrada pode ser convertida (codificada).

Quando expressa em tensão, a resolução é a menor variação que pode ser identificada em uma escala analógica, ou seja,

$$Q = \frac{\text{FSR}}{2^N}. \tag{1.3}$$

Q também é referenciada como 1LSB (um Bit Menos Significativo - *one Least Significant Bit*). Exemplo: Para $V_{\text{ref}-} = 0V$, $V_{\text{ref}+} = 5V$ e $N = 10$ bits, tem-se $Q = 0,0048$ V ($4,8$ mV). A Figura 1.3 apresenta a relação entrada-saída de um exemplo de conversor A/D.

Suponha um conversor A/D de quatro bits, com $V_{\text{ref}+} = 5$ V, $V_{\text{ref}-} = 0$ V, e que o valor da conversão em binário seja 1101. A tensão de entrada, então, é

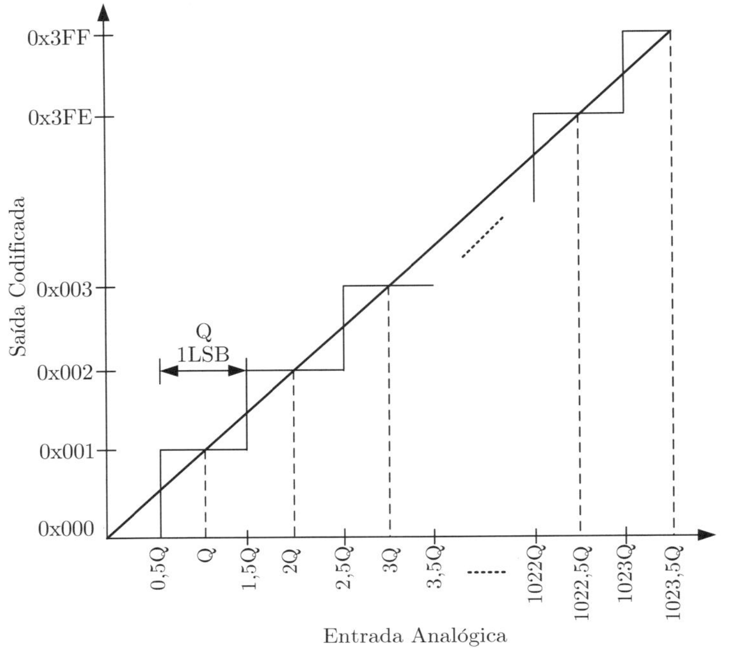

Figura 1.3 – Relação entrada-saída de um conversor A/D unipolar ideal.

$$V_{\text{in}} = 5 \times \frac{\left(1 \times 2^3 + 1 \times 2^2 + 0 \times 2^1 + 1 \times 2^0\right)}{2^4} = 4{,}0625\,\text{V}.$$

O **erro de quantização** do conversor expressa o desvio do resultado de conversão em relação a uma reta ideal. A magnitude do erro vai de 0 a $\frac{1\text{LSB}}{2}$.

A primeira etapa da conversão A/D é a **discretização** no tempo. Isso é fisicamente implementado por um circuito denominado **amostra e retém** (S-H, *sample-and-hold*), como ilustrado na Figura 1.4.

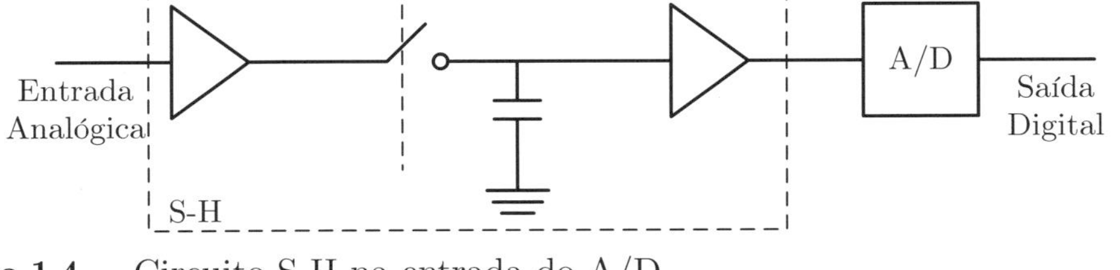

Figura 1.4 – Circuito S-H na entrada do A/D.

Tal circuito amostra o sinal de entrada a uma taxa de amostragem determinada por um *clock* e segura o nível do sinal em um capacitor até o próximo pulso de *clock*, como ilustrado na Figura 1.5.

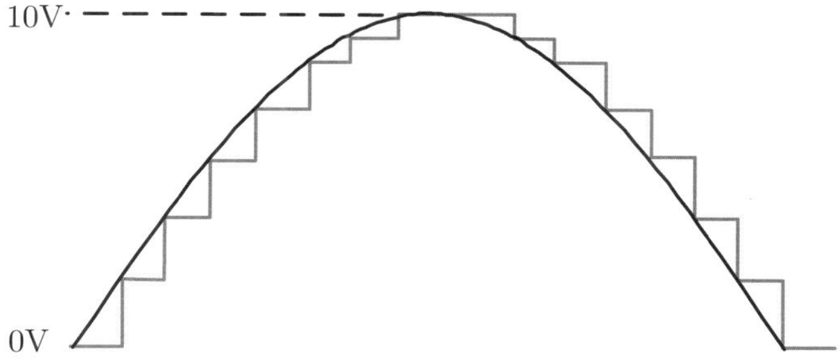

Figura 1.5 – Entrada e saída típica de um circuito S-H.

O **tempo de aquisição** é o tempo necessário para que o circuito S-H permaneça no modo amostragem de forma que o capacitor atinja a tensão de entrada. Uma nova aquisição não começa até que uma conversão tenha terminado.

A segunda parte consiste na quantização dos níveis de tensão constante da saída do S-H em códigos binários pelo conversor analógico/digital, como ilustrado na Figura 1.6.

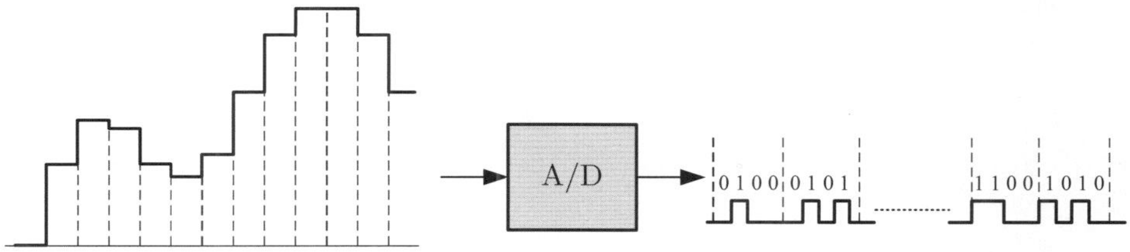

Figura 1.6 – Conversão efetuada por um exemplo de A/D.

O **tempo de conversão** é o tempo necessário para se obter o valor digital na saída da tensão analógica de entrada. Note que o tempo de conversão não pode ser maior do que o tempo em que o sinal permanece constante.

Os circuitos integrados denominados conversores A/D possuem, internamente, o S-H e a conversão A/D propriamente dita, incluindo um, dois ou mais canais.

Há diversas formas de conversor A/D, tais como: *flash*, aproximações sucessivas, rampa, rampa dupla tipo integrador, tensão-frequência, sigma-delta.

A Figura 1.7 seguinte ilustra um exemplo de conversor A/D tipo *flash*. Tal conversor é rápido, mas necessita de 2^n comparadores para a conversão com n bits. O codificador de prioridade produz um código binário correspondente à entrada de mais alta ordem acionada. No conversor por aproximações sucessivas, a conversão é realizada do bit mais significativo (MSB) para o menos significativo (LSB). O sinal de entrada é comparado ao valor analógico que representa o código binário na saída do registrador de aproximações sucessivas (SAR). Se o sinal de entrada for maior, o bit 1 no MSB é mantido no SAR.

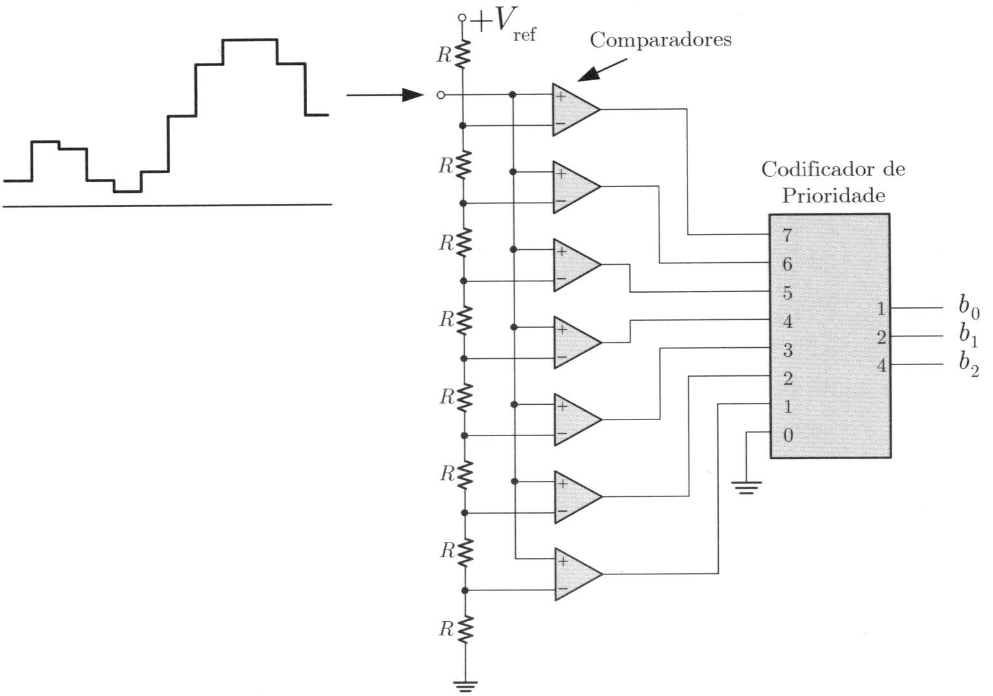

Figura 1.7 – Conversor A/D flash.

Caso contrário, tal bit fica em "0" (*reset*). Uma vez que o MSB representa metade da tensão de referência, conhecer o estado deste bit (0 ou 1) já significa saber se a tensão de entrada é maior ou menor que a metade da referência. Conhecido o bit mais significativo, passa-se ao próximo bit, que representa 1/4 da tensão de referência. A conversão segue assim até o LSB. A Figura 1.8 apresenta um esquema do conversor por aproximações sucessivas.

Por outro lado, conversores D/A convertem uma palavra digital em um sinal analógico sob a forma de uma tensão ou corrente de saída. São formados por elementos passivos, fontes de referência, chaves e amplificadores operacionais.

A Figura 1.9 apresenta um conversor D/A com resistores proporcionais. O valor de tensão convertido é dado por

$$V_{\text{out}} = \frac{R_f}{R}\left(b_3 + \frac{1}{2}b_2 + \frac{1}{4}b_1 + \frac{1}{8}b_0\right)V_{\text{ref}}. \tag{1.4}$$

Outra forma de se implementar um conversor D/A é utilizando uma rede $R - 2R$. A vantagem é que apenas dois valores de resistência são necessários, conforme visto na Figura 1.10.

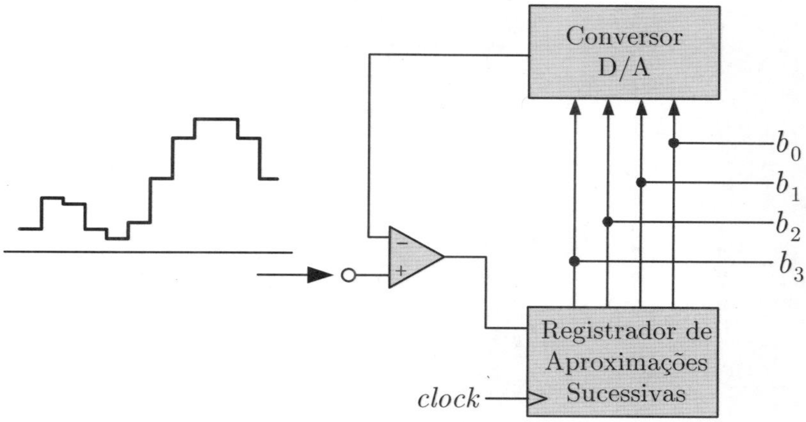

Figura 1.8 – Conversor A/D por aproximações sucessivas.

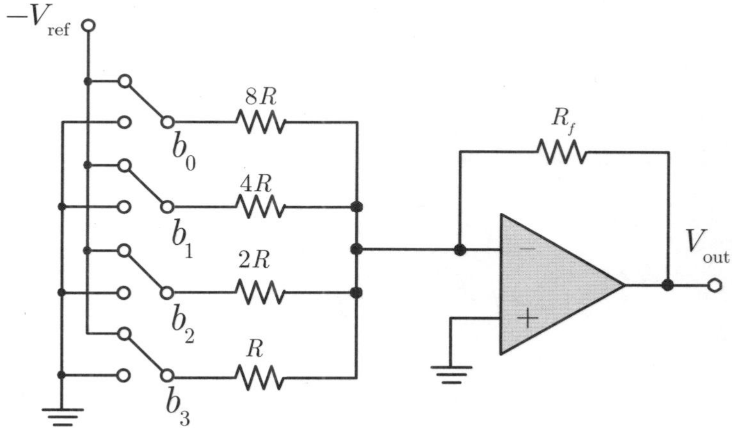

Figura 1.9 – Conversor D/A com resistores proporcionais.

Pode-se mostrar que a saída é proporcional ao peso da combinação binária que está em nível alto, tal que

$$V_{\text{out}} = \frac{1}{2}\left(b_3 + \frac{1}{2}b_2 + \frac{1}{4}b_1 + \frac{1}{8}b_0\right) V_{\text{ref}}. \tag{1.5}$$

A conversão D/A também pode ser indiretamente feita considerando a modulação por largura de pulso (PWM, *Pulse Width Modulation*). Trata-se de um sinal com frequência constante e largura de pulso (ciclo ativo ou *duty cycle*) variável. Vários microcontroladores e processadores digitais de sinais possuem uma função para gerar sinal modulado com largura de pulso proporcional a um determinado número de bits (sinal digital). A variação da largura do pulso permite obter uma tensão média variável. O sinal PWM

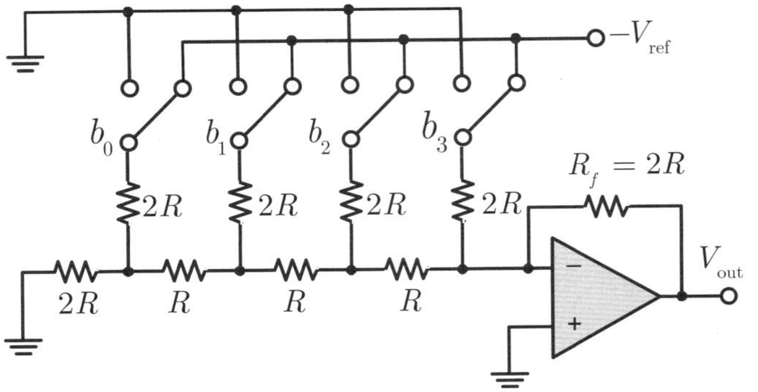

Figura 1.10 – Conversor D/A com rede $R - 2R$.

em um período pode ser representado por

$$V(t) = \begin{cases} V_{\text{pulso}}, & 0 \le t \le t_p \\ 0, & t_p \le t \le T \end{cases}, \tag{1.6}$$

onde T é o período da forma de onda, t_p a duração do pulso em nível alto e V_{pulso} a tensão de pulso. Assim, a tensão média do sinal PWM é dada por

$$V_M = \frac{1}{T}\left[\int_0^{t_p} V_{\text{pulso}}\, dt + \int_{t_p}^{T} 0\, dt\right] = \frac{t_p}{T} V_{\text{pulso}}. \tag{1.7}$$

O ciclo ativo (*duty cycle*) corresponde à razão entre a largura do pulso em nível alto e o período do sinal (t_p/T). O pulso da onda PWM apresenta tensão fixa, porém a tensão média (V_M) é diretamente proporcional ao ciclo ativo e, como este varia entre 0 e 1, V_M pode variar entre 0 e V_{pulso}. Para se obter um conversor D/A a partir de uma saída PWM de um hardware digital, basta adicionar à saída um filtro passa-baixas com frequência de corte menor (pelo menos 10 vezes) que a frequência do PWM, como apresentado na Figura 1.11.

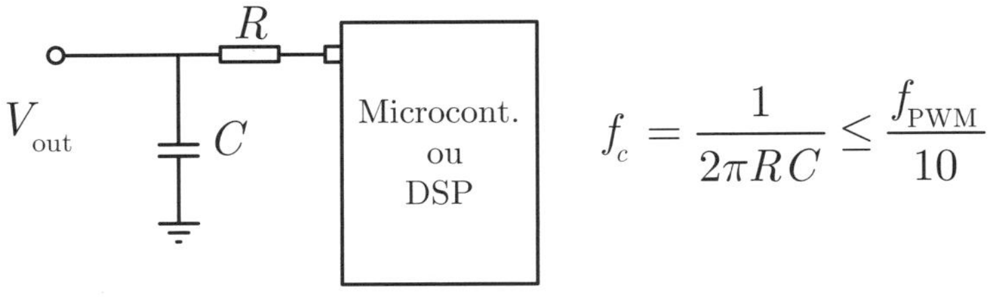

Figura 1.11 – Conversor D/A PWM.

Para controlar resistências de aquecimento e ventiladores, por exemplo, não há necessidade de filtro, desde que a frequência do PWM não seja muito baixa. Pode-se, portanto, regular a taxa de aquecimento do resistor e a velocidade do ventilador, variando-se a tensão média aplicada a eles.

1.4 Introdução ao controle digital

Ao longo deste texto, por abuso de notação, o termo controle digital será usado para fazer referência ao controle em tempo discreto com amplitudes quantizadas, ou seja, processado por um hardware digital. Por simplicidade, os termos controle digital e controle discreto serão considerados sinônimos aqui, apesar de digital e discreto serem, essencialmente, conceitos diferentes, como visto na classificação de sinais apresentada na Seção 1.1.

A Figura 1.12 apresenta a topologia típica de um sistema de controle com compensação em série e realimentação unitária.

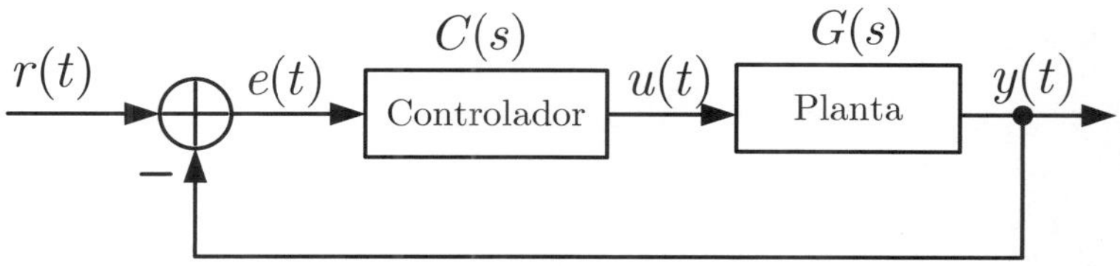

Figura 1.12 – Sistema de controle com realimentação unitária.

Por outro lado, a Figura 1.13 apresenta o mesmo sistema, mas com o controle implementado de forma discreta.

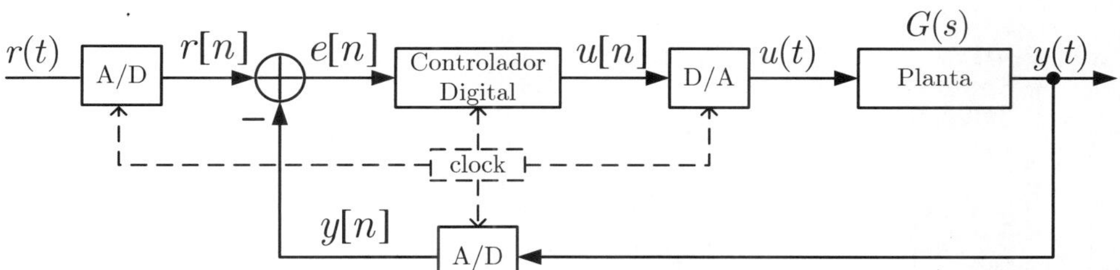

Figura 1.13 – Sistema de controle com realimentação unitária em tempo discreto.

O período de amostragem é dado por T_s. Considere as seguintes definições:

- $r(t)$ e $r[n] = r(nT_s)$: sinal de referência (*set-point*) em tempo contínuo e em tempo discreto, respectivamente;

- $e[n] = e(nT_s)$: sinal de erro atuante em tempo discreto;
- $y(t)$ e $y[n] = y(nT_s)$: variável controlada (ou regulada) em tempo contínuo e em tempo discreto, respectivamente;
- $u(t)$ e $u[n] = u(nT_s)$: sinal de controle (variável manipulada) em tempo contínuo e em tempo discreto, respectivamente.

Note que agora o controlador não pode mais ser implementado de forma analógica. Uma das formas[1] de fazer com que um hardware digital produza uma solução que se aproxime da solução em tempo contínuo com dinâmica é denominada método de Euler por diferença em avanço (*forward rectangular*). Note que a derivada de x em relação ao tempo, no instante $t = nT_s$, pode ser aproximada por

$$\dot{x}(t)|_{t=nT_s} \cong \frac{x([n+1]T_s) - x(nT_s)}{T_s}. \tag{1.8}$$

O importante é observar que uma derivada foi transformada em uma diferença ponderada. De forma geral, uma **equação diferencial** é transformada em uma **equação de diferenças**. A equação de diferenças é resolvida repetidamente a cada intervalo de tempo T_s. O Exemplo 1.1 ilustra o método de discretização por diferença em avanço.

✍ **Exemplo 1.1:** Utilizando o método de Euler por diferença em avanço, encontre a equação de diferenças para o equivalente digital do seguinte compensador:

$$C(s) = \frac{U(s)}{E(s)} = 50\frac{s+3}{s+10},$$

utilizando frequências de amostragens de 20 Hz e 40 Hz e considerando o sistema

$$G(s) = \frac{1}{s(s+1)}.$$

Solução: de $C(s)$, note que

$$(s+10)U(s) = 50(s+3)E(s).$$

Aplicando a transformada inversa de Laplace,

$$\dot{u} + 10u = 50\left(\dot{e} + 3e\right).$$

Utilizando a regra *forward rectangular* de Euler e considerando $u[n] = u(nT_s)$, tem-se

$$\frac{u[n+1] - u[n]}{T_s} + 10u[n] = 50\left(\frac{e[n+1] - e[n]}{T_s} + 3e[n]\right).$$

[1] Outras formas melhores do que essa serão consideradas no Capítulo 4.

Rearranjando, tem-se

$$
\begin{aligned}
&u[n+1] - u[n] + 10T_s u[n] = 50\,(e[n+1] - e[n] + 3T_s e[n]) \\
&\Rightarrow u[n+1] = (1 - 10T_s)\,u[n] + 50\,(3T_s - 1)\,e[n] + 50e[n+1].
\end{aligned}
$$

Para $f_s = 20$ Hz $\Rightarrow T_s = 0,05$ s, obtém-se

$$
\begin{aligned}
&u[n+1] = 0,5u[n] + 50\,(e[n+1] - 0,85e[n]) \\
&\Rightarrow u[n] = 0,5u[n-1] + 50\,(e[n] - 0,85e[n-1])\,.
\end{aligned}
$$

Para $f_s = 40$ Hz $\Rightarrow T_s = 0,025$ s, obtém-se

$$
u[n] = 0,75u[n-1] + 50\,(e[n] - 0,925e[n-1])\,.
$$

A Figura 1.14 apresenta as respostas em malha fechada ao degrau unitário para os dois casos considerados em comparação com o controle em tempo contínuo. Note que, quanto menor o período de amostragem, mais próxima é a resposta do sistema com controle digital da resposta com controlador em tempo contínuo.

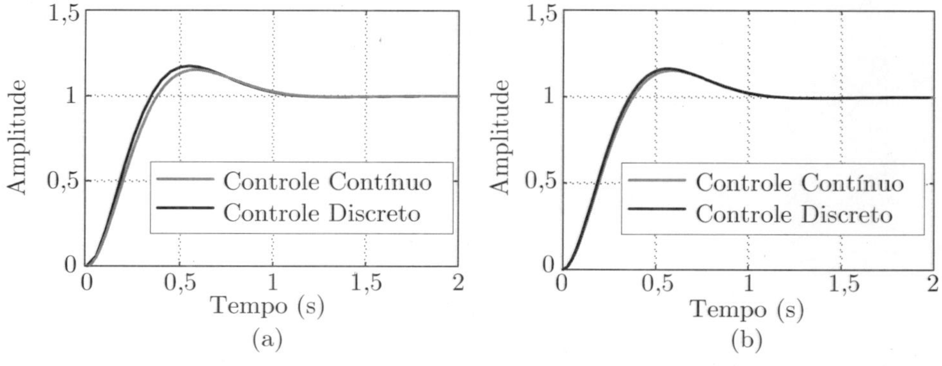

Figura 1.14 – Resposta ao degrau do Exemplo 1.1 com (a) $f_s = 20$ Hz e (b) $f_s = 40$ Hz.

Capítulo 2

Amostragem e Reconstrução

Neste capítulo é apresentada uma revisão sobre amostragem periódica de sinais. A reconstrução de sinais limitados em banda a partir de suas amostras também é considerada.

2.1 Amostrador ideal

O **amostrador ideal** toma amostras periódicas de $x(t)$ para produzir $x(nT_s)$. Do ponto de vista matemático, o processo de amostragem é idealmente representado por uma modulação impulsiva, ou seja, $x(t)$ é multiplicado por um trem de impulsos $a(t)$ dado por

$$a(t) = \sum_{n=-\infty}^{\infty} \delta(t - nT_s), \tag{2.1}$$

em que $\delta(t)$ é a função impulso unitário ou delta de Dirac. Tal função tem valor não nulo somente quando o seu argumento for igual a zero, ou seja, quando $t = nT_s$. O resultado da multiplicação é o sinal $x_a(t)$ dado por

$$x_a(t) = a(t)\,x(t) = x(t) \sum_{n=-\infty}^{\infty} \delta(t - nT_s) = \sum_{n=-\infty}^{\infty} x(nT_s)\,\delta(t - nT_s). \tag{2.2}$$

A Figura 2.1 representa a amostragem ideal por trem de impulsos.

A Figura 2.2 ilustra o processo de amostragem no domínio da frequência. O espectro do sinal amostrado é composto por uma soma de infinitas cópias do espectro do sinal (de entrada) de tempo contínuo, cada qual deslocada por um múltiplo inteiro da frequência de amostragem (veja Figura 2.2.(c)). Analisando a Figura 2.2.(c) é possível concluir que:

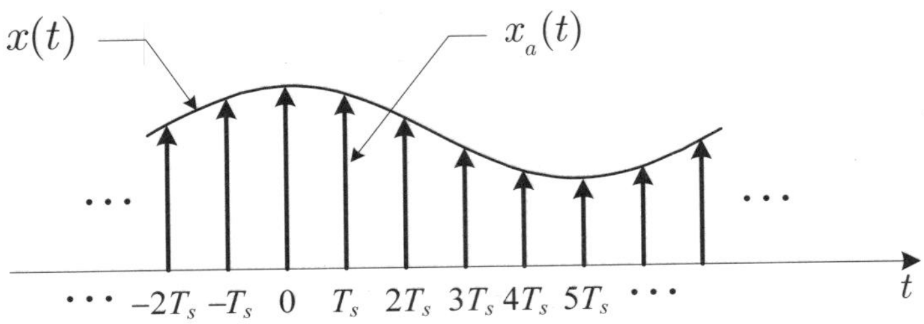

Figura 2.1 – Amostragem por trem de impulsos.

- O sinal de entrada $x(t)$ pode ser reconstruído a partir do sinal amostrado se esse for filtrado por um filtro passa-baixas ideal com frequência de corte em $\omega_s/2$ (veja Figura 2.2.(d)).
- A afirmação anterior só será válida se a banda do sinal de entrada for menor que $\omega_s/2$, isto é, $\omega_m \leq \omega_s/2$ ou $\omega_s \geq 2\omega_m$.

A Figura 2.3 ilustra o caso em que $\omega_m > \omega_s/2$. Quando isso ocorre, há sobreposição das cópias de $X(\omega)$ e, mesmo com o filtro passa-baixas ideal, não é possível recuperar o sinal de entrada. Compare os espectros ilustrados na Figura 2.3.(a) e Figura 2.3.(d) e verifique.

A situação $\omega_m > \omega_s/2$ resulta em *aliasing*, que pode ser traduzido do inglês como rebatimento.

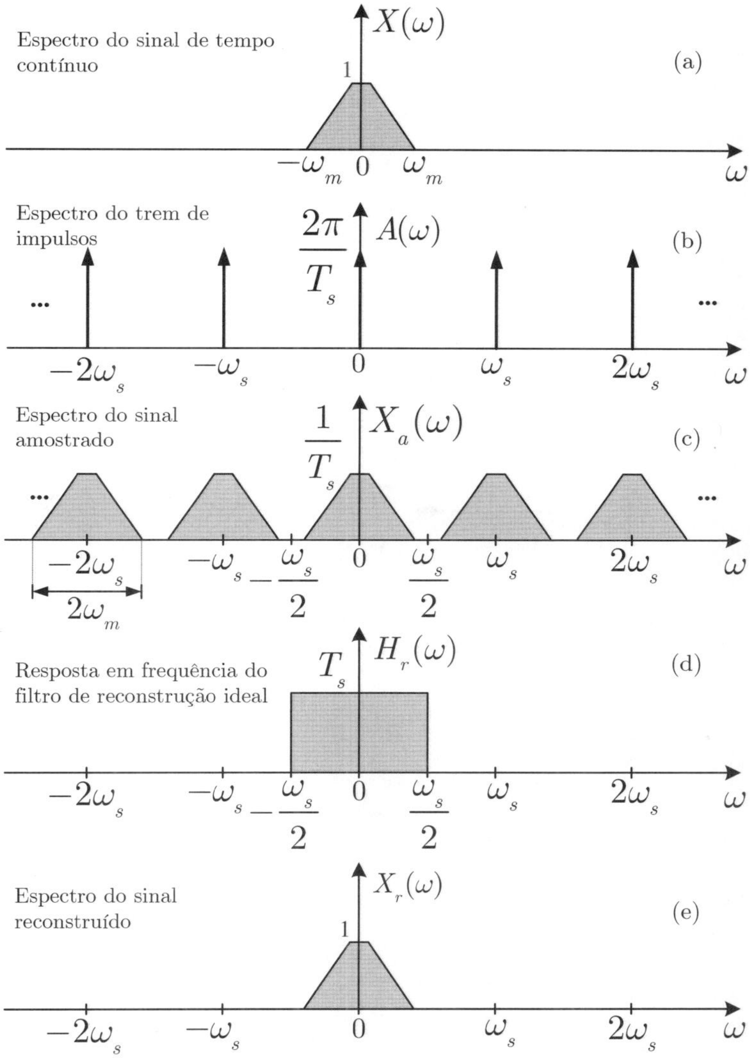

Figura 2.2 – Análise no domínio da frequência de amostragem e reconstrução sem *aliasing*.

2.2 Teorema da amostragem

Enuncia-se a seguir o teorema da amostragem de Nyquist–Shannon, o qual é a base para o estudo de sinais amostrados.

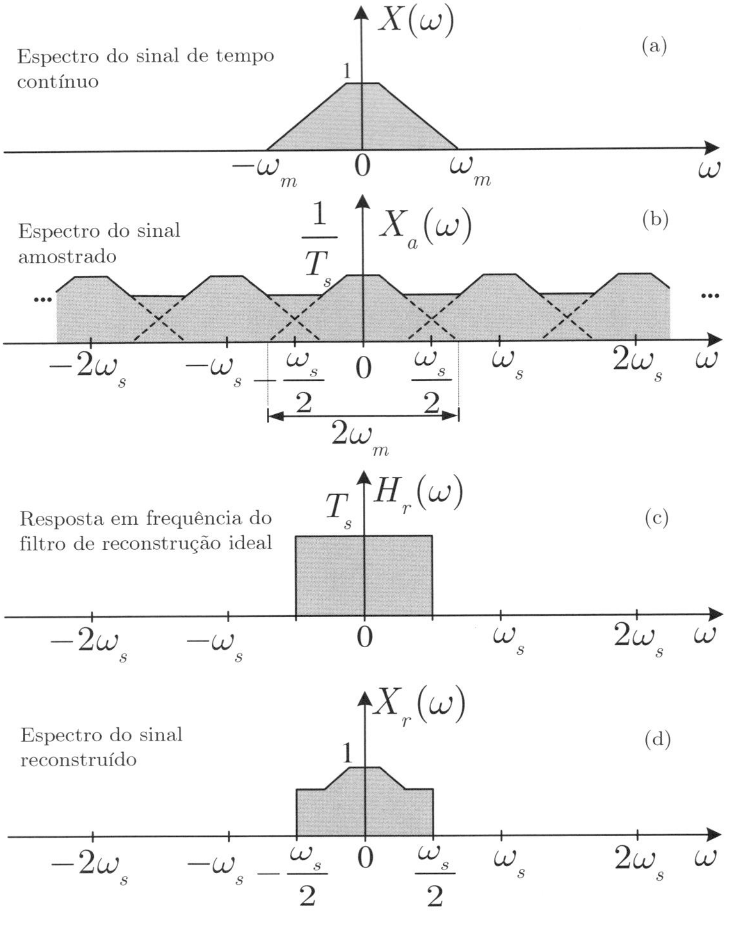

Figura 2.3 – Análise no domínio da frequência de amostragem e reconstrução com *aliasing*.

Teorema 2.2.1 *(Teorema da amostragem)*

Seja um sinal $x(t)$ de tempo contínuo limitado em banda, tal que $X(\omega) = 0$ para $|\omega| \geq \omega_m$. O sinal $x(t)$ será unicamente determinado por suas amostras $x[n] = x(nT_s)$, somente se

$$\omega_s \geq 2\omega_m. \tag{2.3}$$

A frequência ω_m é conhecida como frequência de Nyquist e a frequência $2\omega_m$, a qual deverá ser excedida pela frequência de amostragem, é conhecida como taxa de Nyquist.

Um aspecto importante consiste na escolha do período de amostragem adequado.

Pode-se pensar que, quanto menor, melhor. No entanto, o "quanto menor" esbarra em limitações do hardware digital, além de poder resultar em problemas numéricos de precisão dos parâmetros do algoritmo de processamento (controle) digital.

De forma geral, além de respeitar o teorema da amostragem, um aspecto prático para sistemas de controle consiste em escolher T_s pelo menos 10 vezes menor do que o período das oscilações de saída, se a resposta transitória for subamortecida, ou 10 vezes menor do que o tempo de subida, se a resposta for amortecida [Castrucci, Bittar e Sales 2018]. Os Exemplos 2.1 e 2.2 seguintes são sobre escolha adequada de frequência de amostragem.

✍ **Exemplo 2.1:** Um sinal $x(t) = \cos(2\pi\,1000t)$ foi amostrado com frequência de amostragem ω_s. Em seguida, esse sinal foi reconstruído por meio de um filtro passa-baixas ideal com frequência de corte em $\omega_s/2$. Determine o sinal reconstruído $x_r(t)$ quando:

a) $\omega_s = 2\pi\,8000$ (rad/s);

b) $\omega_s = 2\pi\,1600$ (rad/s);

Solução: o sinal $x(t)$ possui somente uma componente de frequência,

$$\omega_m = \omega_0 = 2\pi 1000 \Rightarrow f_m = f_0 = \omega_0/2\pi = 1000 \Rightarrow T_0 = \frac{1}{f_0} = 1\,\text{ms}.$$

Logo, a taxa de Nyquist é igual a $2f_m = 2000$ Hz ($2\omega_m = 2\pi\,2000$ rad/s).

a) Para $\omega_s = 2\pi 8000$ (rad/s), tem-se $T_s = 1/8000 = 0,125$ ms. Nesse caso, $\omega_s = 8\omega_m$. Como a amostragem foi feita com taxa superior à taxa de Nyquist, o sinal poderá ser recuperado sem *aliasing*, ou seja, $x_r(t) = x(t) = \cos(2\pi 1000t)$.

b) Para $\omega_s = 2\pi 1600$ (rad/s), tem-se $T_s = 1/1600 = 0,625$ ms. Nesse caso, $\omega_s = 1,6\omega_m$. A amostragem foi realizada com taxa inferior à taxa de Nyquist. Então, ocorrerá *aliasing*. A transformada de Fourier de $x(t)$ é dada por

$$\begin{aligned} X(\omega) &= \pi\delta(\omega - \omega_0) + \pi\delta(\omega + \omega_0) \\ &= \pi\delta(\omega - 2\pi\,1000) + \pi\delta(\omega + 2\pi\,1000). \end{aligned}$$

Verifique na Figura 2.4 que o sinal resultante reconstruído será

$$x_r(t) = \cos\left((\omega_s - \omega_0)\,t\right) = \cos\left(2\pi 600\,t\right).$$

A Figura 2.5 apresenta uma análise no domínio do tempo para os casos a) (parte superior) e b) (parte inferior).

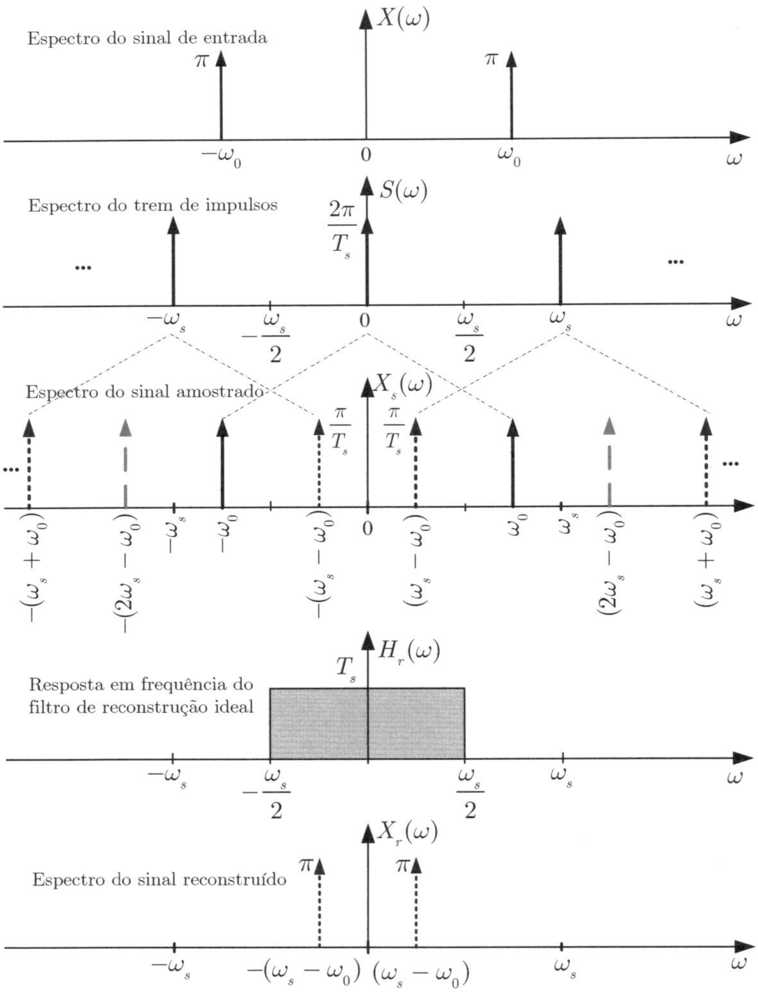

Figura 2.4 – Análise no domínio da frequência dos sinais do Exemplo 2.1.b.

✍ **Exemplo 2.2:** Considere os sinais de tempo contínuo $x_1(t) = \cos(2\pi 5t)$ e $x_2(t) = \cos(2\pi 25t)$. Ambos foram amostrados por uma frequência de amostragem $f_s = 20$ Hz. Compare as duas sequências obtidas.

Solução: as duas sequências obtidas são

$$x_1[n] = \cos\left[2\pi\left(\frac{5}{20}\right)n\right] = \cos\left(\frac{\pi}{2}n\right),$$

$$x_2[n] = \cos\left[2\pi\left(\frac{25}{20}\right)n\right] = \cos\left(2\pi n + \frac{\pi}{2}n\right) = \cos\left(\frac{\pi}{2}n\right).$$

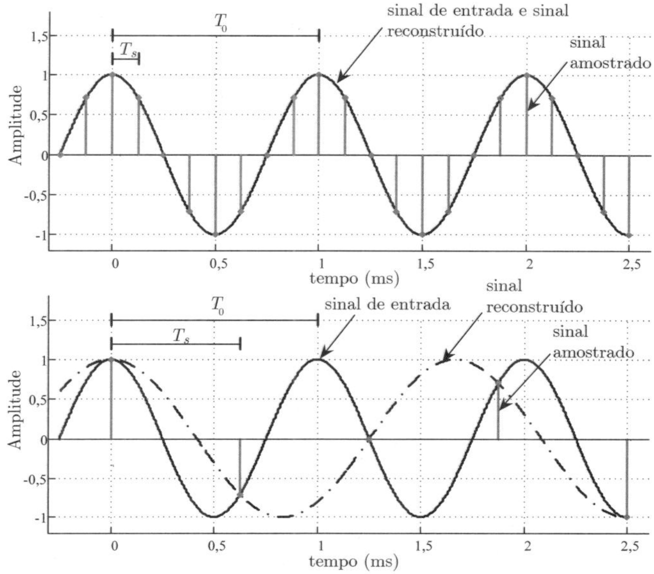

Figura 2.5 – Representação no domínio do tempo dos sinais do Exemplo 2.1.

Note que as sequências $x_1[n]$ e $x_2[n]$ são idênticas, caracterizando *aliasing*. De forma geral, observe que

$$\cos\left(2\pi\frac{f_0 + kf_s}{f_s}n\right) = \cos\left(2\pi\frac{f_0}{f_s}n + 2\pi kn\right) = \cos\left(2\pi\frac{f_0}{f_s}n\right),$$

ou seja, qualquer senoide com frequência $f = f_0 + f_s$ irá produzir a mesma sequência quando amostrada com frequência de amostragem f_s.

2.3 Reconstrução de sinal em tempo discreto

O filtro passa-baixas ideal de reconstrução tem resposta em frequência dada por (veja Figura 2.3(c))

$$H_r(\omega) = \begin{cases} T_s, & |\omega| \leq \omega_s/2, \\ 0, & \text{caso contrário}, \end{cases} \quad \text{ou} \quad H_r(\omega) = \begin{cases} T_s, & |\omega| \leq \pi/T_s, \\ 0, & \text{caso contrário}. \end{cases} \tag{2.4}$$

A resposta ao impulso desse filtro é dada pela transformada inversa de Fourier de

$H_r(\omega)$,

$$\begin{aligned} h_r(t) &= \frac{1}{2\pi}\int_{-\infty}^{\infty} H_r(\omega)\, e^{j\omega t} d\omega = \frac{T_s}{2\pi}\int_{-\pi/T_s}^{\pi/T_s} e^{j\omega t} d\omega \\ &= \frac{T_s}{2\pi}\left[\frac{e^{j\omega t}}{jt}\right]_{-\pi/T_s}^{\pi/T_s} = \frac{T_s}{2\pi}\left[\frac{e^{j\pi t/T_s} - e^{-j\pi t/T_s}}{jt}\right] \\ &= \frac{\operatorname{sen}(\pi t/T_s)}{\pi t/T_s} \triangleq \operatorname{sinc}(\pi t/T_s), \end{aligned} \tag{2.5}$$

e possui a forma da Figura 2.6.

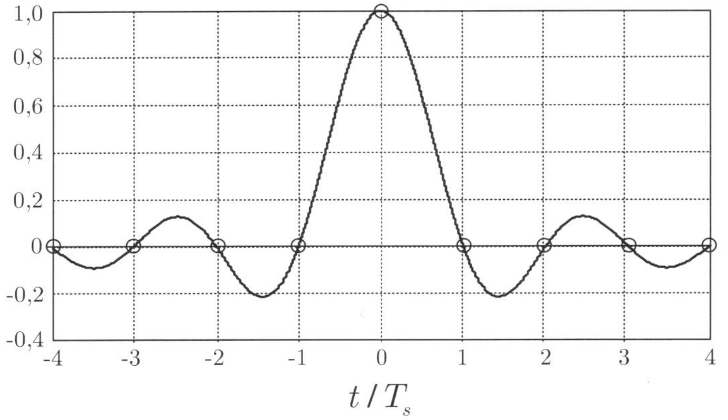

Figura 2.6 – Resposta impulsiva do filtro interpolador ideal.

O sinal reconstruído é dado pela convolução entre o sinal amostrado e a resposta ao impulso do filtro, isto é,

$$x_r(t) = x_a(t) * h_r(t). \tag{2.6}$$

Note que o sinal amostrado $x_a(t)$ pode ser escrito como

$$x_a(t) = \sum_{n=-\infty}^{\infty} x(nT_s)\,\delta(t - nT_s) = \sum_{n=-\infty}^{\infty} x[n]\,\delta(t - nT_s), \tag{2.7}$$

o que resulta em

$$\begin{aligned} x_r(t) &= x_a(t) * h_r(t) = \int_{-\infty}^{\infty} x_a(\tau)\, h_r(t-\tau)\, d\tau \\ &= \int_{-\infty}^{\infty} \sum_{n=-\infty}^{\infty} x[n]\,\delta(\tau - nT_s)\operatorname{sinc}\left(\frac{\pi(t-\tau)}{T_s}\right) d\tau \\ &= \sum_{n=-\infty}^{\infty} x[n] \int_{-\infty}^{\infty} \delta(\tau - nT_s)\operatorname{sinc}\left(\frac{\pi(t-\tau)}{T_s}\right) d\tau \\ &= \sum_{n=-\infty}^{\infty} x[n]\operatorname{sinc}\left(\frac{\pi(t-nT_s)}{T_s}\right). \end{aligned} \tag{2.8}$$

Portanto, idealmente, ao respeitar o teorema da amostragem, a partir da sequência $x[n]$ é possível obter o valor de $x_r(t)$ para qualquer instante de tempo, e não somente para os pontos em que o sinal de entrada foi amostrado.

A reconstrução representa um processo de interpolação, como ilustrado na Figura 2.7.(c), onde várias realizações de $x[n]\,\mathrm{sinc}\,(\pi\,(t - nT_s)/T_s)$ são apresentadas.

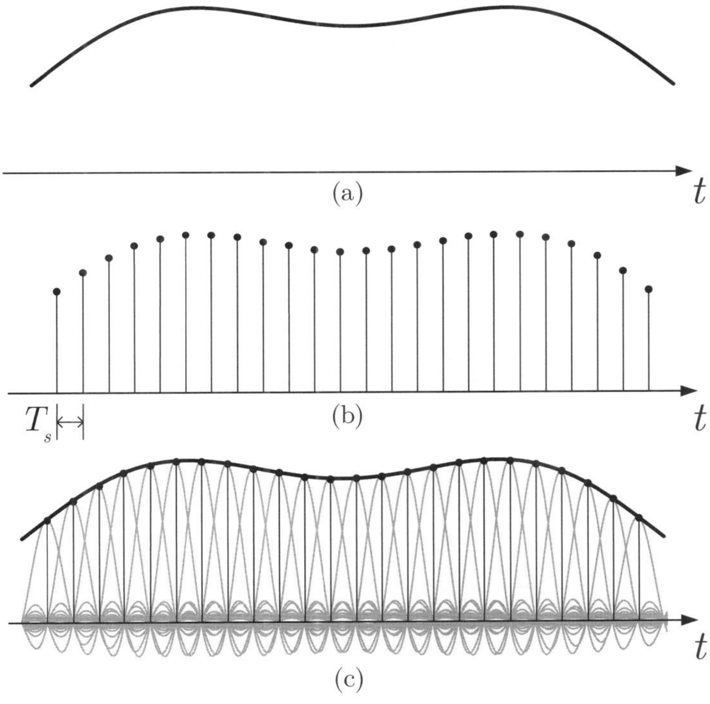

Figura 2.7 – Interpolação ideal: (a) sinal limitado em banda ($x(t)$); (b) sinal amostrado ($x_a(t)$); (c) representação do sinal reconstruído idealmente ($x_r(t)$).

Como observado, teoricamente, com tal interpolação é possível reconstruir o sinal perfeitamente. No entanto, o filtro passa-baixas ideal não é fisicamente realizável, pois ele é não causal. Em muitas aplicações a não causalidade pode ser resolvida adicionando um atraso de fase dado por $e^{-j\omega\lambda}$ em $H_r(\omega)$ (que corresponde a um atraso de λ no tempo) e efetuando um truncamento da resposta impulsiva. Em aplicações em tempo real, como sistemas de controle com realimentação, o atraso adicionado é desastroso para a estabilidade do sistema. Por este motivo é que se utilizam os seguradores polinomiais.

2.4 Segurador de ordem zero

Em particular, o segurador de ordem zero apresenta uma resposta impulsiva como a mostrada na Figura 2.8.

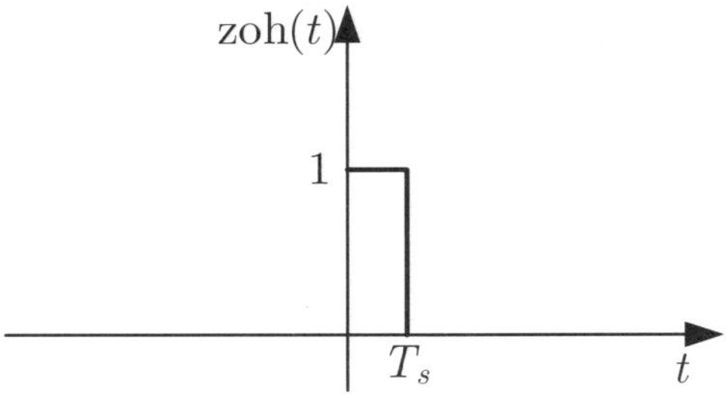

Figura 2.8 – Resposta impulsiva do ZOH.

Na conversão A/D, um segurador de ordem zero é agregado ao circuito S-H. A conversão D/A também possui por um segurador que extrapola ("liga") o sinal entre dois pontos consecutivos (amostras consecutivas). Na conversão D/A, o segurador não precisa necessariamente ser de ordem zero. O segurador de ordem zero produz um sinal na forma de escada, como mostrado na Figura 2.9, e é comumente utilizado em sistemas de controle digital.

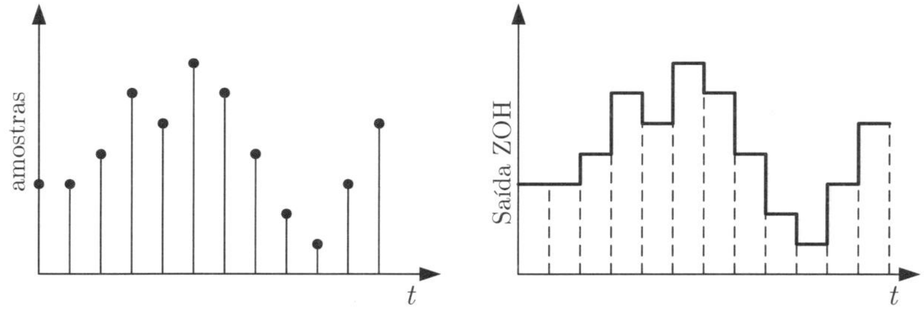

Figura 2.9 – Entrada e saída de um segurador de ordem zero.

Matematicamente,

$$\text{zoh}(t) = u(t) - u(t - T_s), \tag{2.9}$$

onde $u(t)$ é a função degrau unitário. A transformada de Laplace de zoh(t) é dada por

$$\begin{aligned} \text{ZOH}(s) &= \int_0^\infty [u(t) - u(t - T_s)]\, e^{-st} dt \\ &= \int_0^{T_s} e^{-st} dt = -\frac{1}{s} e^{-st} \Big|_0^{T_s} = \frac{1 - e^{-sT_s}}{s}. \end{aligned} \tag{2.10}$$

A transformada de Fourier do ZOH é dada por

$$\begin{aligned} \text{ZOH}(\omega) &= \frac{1-e^{-j\omega T_s}}{j\omega} = e^{-j\omega T_s/2}\left(\frac{e^{j\omega T_s/2}-e^{-j\omega T_s/2}}{j\omega}\right)\left(\frac{2T_s}{2T_s}\right) \\ &= T_s e^{-j\omega T_s/2}\left(\frac{e^{j\omega T_s/2}-e^{-j\omega T_s/2}}{2j\left(\omega T_s/2\right)}\right) = T_s e^{-j\omega T_s/2}\frac{\text{sen}\left(\omega T_s/2\right)}{\omega T_s/2} \\ &= e^{-j\omega T_s/2}\,T_s\text{sinc}\left(\omega T_s/2\right). \end{aligned} \tag{2.11}$$

Note que o ZOH introduz um deslocamento de fase igual a $\omega T_s/2$, o que corresponde a um atraso no tempo de $T_s/2$. A Figura 2.10 ilustra esse atraso.

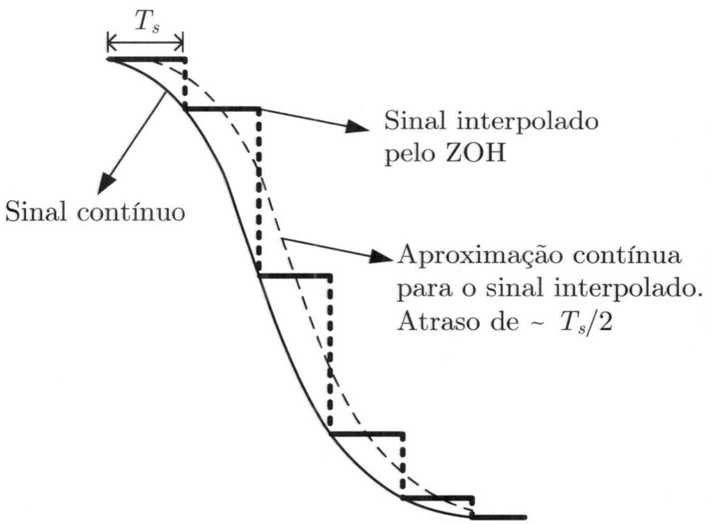

Figura 2.10 – Efeito do ZOH.

Capítulo 3

Transformada-z

Este capítulo apresenta uma revisão sobre a transformada-z. Na análise de sistemas em tempo discreto, ela faz o papel que a transformada de Laplace faz para sistemas em tempo contínuo.

Considere que o sinal em tempo discreto $x[n] = x(nT_s)$ foi obtido por amostragem periódica. A transformada-z (bilateral) de uma sequência $x[n]$ é definida como [Oppenheim, Schafer e Buck 1999]

$$\mathcal{Z}\{x[n]\} = X(z) = \sum_{n=-\infty}^{+\infty} x[n] z^{-n}. \tag{3.1}$$

Trata-se de uma série de potência infinita, em que z é uma variável complexa contínua. Para sinais causais, o foco deste livro, tem-se a transformada-z unilateral

$$\mathcal{Z}\{x[n]\} = X(z) = \sum_{n=0}^{+\infty} x[n]z^{-n}. \tag{3.2}$$

A seguir são apresentados alguns exemplos de cálculo da transformada-z (Exemplos 3.1 a 3.6).

✍ **Exemplo 3.1:** Determine a transformada-z da sequência obtida pela amostragem periódica de

$$\mathrm{u}_d(t) = \begin{cases} 1, & t \geq 0, \\ 0, & t < 0, \end{cases}$$

com um período de amostragem T_s.

Solução: note que $\mathrm{u}_d[n] = \mathrm{u}_d(nT_s) = 1$ para $n = 0, 1, 2, \ldots$. Logo,

$$\mathrm{U}_d(z) = \sum_{n=0}^{\infty} \mathrm{u}_d[n] z^{-n} = \sum_{n=0}^{\infty} z^{-n}.$$

Observe que $|z| > 1$ é a condição para convergência do somatório e, consequentemente, para existência dessa transformada-z. Essa condição define uma região no `plano-`z chamada, por razões obvias, de região de convergência ROC (*region of convergence*). Portanto,

$$\mathrm{U}_d(z) = \frac{1}{1 - z^{-1}} = \frac{z}{z - 1}, \quad |z| > 1.$$

A Figura 3.1 ilustra o plano-z e a região de convergência da transformada-z calculada.

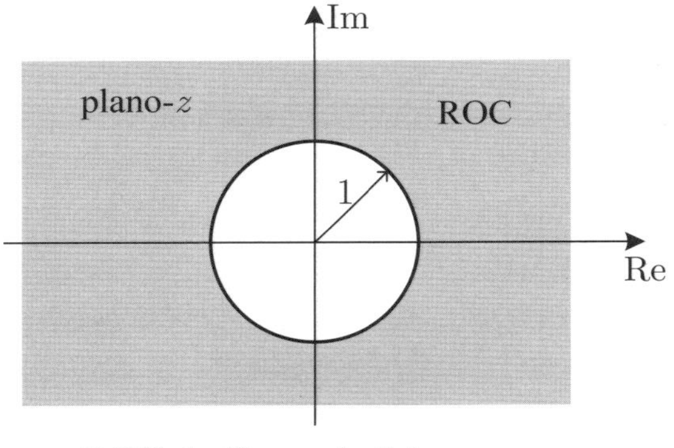

Figura 3.1 – Plano-z e ROC do Exemplo 3.1.

A definição da região de convergência é importante, pois dois sinais diferentes, um causal e um anticausal, podem ter a mesma expressão algébrica de $X(z)$ [1]. Logo, uma transformada-z bilateral só é completamente definida se a ROC for especificada.

✍ **Exemplo 3.2:** Determine a transformada-z da sequência obtida pela amostragem periódica de

$$x(t) = \begin{cases} t, & t \geq 0, \\ 0, & t < 0, \end{cases}$$

[1]Calcule, por exemplo, a transformada-z de $-\mathrm{u}_d[-n-1]$, sendo $\mathrm{u}_d[n]$ definido no Exemplo 3.1, e compare com o resultado da transformada-z de $\mathrm{u}_d[n]$.

com um período de amostragem T_s.

Solução: note que $x[n] = x(nT_s) = nT_s$ para $n = 0, 1, 2, \ldots$. Logo,

$$X(z) = \sum_{n=0}^{\infty} x[n]z^{-n} = T_s \sum_{n=0}^{\infty} nz^{-n}.$$

Note que

$$X(z) = -T_s z d\frac{\mathrm{U}_d(z)}{dz} = -T_s z \frac{d}{dz}\frac{1}{1-z^{-1}}.$$

Portanto,

$$X(z) = -T_s z \frac{(0 - z^{-2})}{(1-z^{-1})^2} = T_s \frac{z^{-1}}{(1-z^{-1})^2} = \frac{T_s z}{(z-1)^2}.$$

✍ **Exemplo 3.3:** Determine a transformada-z da sequência

$$x[n] = \begin{cases} a^n, & n = 0, 1, 2, \ldots \\ 0, & n < 0. \end{cases}$$

Solução: pela definição da transformada-z, tem-se

$$X(z) = \sum_{n=0}^{\infty} a^n z^{-n} = \sum_{n=0}^{\infty} \left(az^{-1}\right)^n.$$

Observe que $|z| > |a|$ é a condição para convergência do somatório e, consequentemente, para existência dessa transformada-z. Com isso,

$$X(z) = \frac{1}{1-az^{-1}} = \frac{z}{z-a}.$$

A Figura 3.2 ilustra o plano-z e a região de convergência da transformada-z calculada.

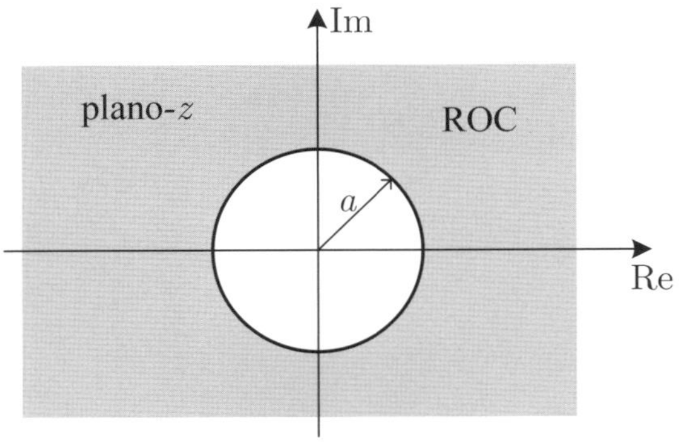

Figura 3.2 – Plano-z e ROC do Exemplo 3.3.

✍ **Exemplo 3.4:** Determine a transformada-z da sequência obtida pela amostragem periódica de

$$x(t) = \begin{cases} e^{-at}, & t \geq 0, \\ 0, & t < 0, \end{cases}$$

com um período de amostragem T_s.

Solução: note que $x[n] = x(nT_s) = e^{-anT_s}$ para $n = 0, 1, 2, \ldots$. Logo,

$$X(z) = \sum_{n=0}^{\infty} e^{-anT_s} z^{-n} = \sum_{n=0}^{\infty} \left(e^{aT_s} z\right)^{-n},$$

Observe que $|z| > \left|e^{-aT_s}\right|$ é a condição para convergência do somatório e, consequentemente, para existência dessa transformada-z. Com isso,

$$X(z) = \frac{1}{1 - e^{-aT_s} z^{-1}} = \frac{z}{z - e^{-aT_s}}.$$

✍ **Exemplo 3.5:** Determine a transformada-z da sequência obtida pela amostragem periódica de

$$x(t) = \begin{cases} \text{sen}(\omega t), & t \geq 0, \\ 0, & t < 0, \end{cases}$$

com um período de amostragem T_s.

Solução: note que $x[n] = x(nT_s) = \text{sen}(n\omega T_s)$ para $n = 0, 1, 2, \ldots$. Como

$$\text{sen}(n\omega T_s) = \frac{e^{jn\omega T_s} - e^{-jn\omega T_s}}{2j},$$

tem-se que

$$X(z) = \frac{1}{2j}\left(\sum_{n=0}^{\infty} e^{jn\omega T_s} z^{-n} - \sum_{n=0}^{\infty} e^{-jn\omega T_s} z^{-n}\right).$$

Utilizando o resultado do Exemplo 3.4, verifica-se que

$$X(z) = \frac{1}{2j}\left(\frac{1}{1 - e^{j\omega T_s} z^{-1}} - \frac{1}{1 - e^{-j\omega T_s} z^{-1}}\right).$$

Manipulando o resultado, tem-se

$$X(z) = \frac{1}{2j}\left(\frac{z^{-1}\left(e^{j\omega T_s} - e^{-j\omega T_s}\right)}{1 - z^{-1}\left(e^{-j\omega T_s} + e^{j\omega T_s}\right) + z^{-2}}\right),$$

ou seja,

$$X(z) = \frac{z^{-1}\,\text{sen}(\omega T_s)}{1 - 2z^{-1}\cos(\omega T_s) + z^{-2}} = \frac{z\,\text{sen}(\omega T_s)}{z^2 - 2z\cos(\omega T_s) + 1}.$$

✍ **Exemplo 3.6:** Obtenha a transformada-z de

$$X(s) = \frac{2}{s(s+2)}.$$

Solução: efetuando a expansão em frações parciais, tem-se

$$X(s) = \frac{1}{s} - \frac{1}{s+2}.$$

Logo,

$$x(t) = 1 - e^{-2t}, \; t \geq 0.$$

Amostrando $x(t)$ com período de amostragem T_s, obtém-se $x[n] = 1 - e^{-2nT_s}$, para $n = 0, 1, 2, \ldots$. Com isso,

$$X(z) = \frac{1}{1 - z^{-1}} - \frac{1}{1 - e^{-2T_s} z^{-1}}.$$

No MATLAB®, o comando `ztransf()` do *Toobox* de matemática simbólica pode ser utilizado para obter a transformada-z. O MATLAB® considera que a variável amostrada independente é `n` e que a variável independente transformada é `z`. Para exemplificar o uso desse comando, apresenta-se a seguir a solução do Exemplo 3.2 diretamente no MATLAB®:

```
clear all; clc;
syms n T_s;          %Define n e T_s como vars. simbólicas
x=n*T_s;             %Define x[n] = x(nT_s) = nT_s
disp('x(n) = ');
pretty(x);          %Forma "bonita" de x(nT_s)
X=ztrans(x);        %Obtém X(z) = Z{x(n)}
disp('X(Z) = ');
pretty(X);          %Forma "bonita" de X(z)
```

3.1 Relação entre as transformadas z e de Laplace

Como visto na Equação (2.2), o sinal amostrado pode ser representado por

$$x_s(t) = \sum_{n=-\infty}^{\infty} x(t)\delta(t - nT_s) = \sum_{n=-\infty}^{\infty} x[n]\delta(t - nT_s). \tag{3.3}$$

Ao aplicar a transformada de Laplace na equação anterior, verifica-se que

$$X_s(s) = \mathcal{L}\left\{\sum_{n=-\infty}^{\infty} x[n]\delta(t - nT_s)\right\} = \sum_{n=-\infty}^{\infty} x[n]\mathcal{L}\left\{\delta(t - nT_s)\right\}, \tag{3.4}$$

sendo $\mathcal{L}\{\cdot\}$ o operador transformada de Laplace. Como $\mathcal{L}\{\delta(t - nT_s)\} = e^{-snT_s}$, tem-se

$$X_s(s) = \sum_{n=-\infty}^{\infty} x[n]e^{-snT_s}. \tag{3.5}$$

Por outro lado, como

$$X(z) = \sum_{n=-\infty}^{\infty} x[n]z^{-n}, \tag{3.6}$$

pode-se verificar que a transformada-z da sequência $x[n]$ obtida pela amostragem de $x(t)$ é equivalente à transformada de Laplace do sinal amostrado $x_s(t)$, com $z = e^{sT_s}$ ou $s = (1/T_s)\ln(z)$.

Como $s = \sigma + j\omega$ é uma variável complexa, tem-se que

$$z = e^{T_s(\sigma+j\omega)} = e^{T_s\sigma}e^{jT_s\omega} = e^{T_s\sigma}e^{j(T_s\omega+2\pi k)}. \tag{3.7}$$

Observe que:

- Qualquer ponto no plano-s onde as frequências diferem em múltiplos inteiros da frequência de amostragem $\omega_s = 2\pi/T_s$ são mapeados no mesmo ponto no plano-z.

- Pontos sobre o eixo $j\omega$ no plano-s correspondem a pontos sobre circunferência unitária, $|z| = 1$, no plano-z.

- Todos os pontos no semiplano esquerdo do plano-s correspondem a pontos no interior do círculo unitário no plano-z.

- Todos os pontos no semiplano direito do plano-s correspondem a pontos fora do círculo unitário no plano-z.

Portanto, a região de estabilidade no plano-z é o interior do círculo unitário.

O semiplano esquerdo do plano-s pode ser dividido em um número infinito de faixas periódicas, como mostrado na Figura 3.3. A primeira faixa, ou faixa primária, vai de $j\omega = -j\omega_s/2$ a $j\omega_s/2$. As faixas complementares vão de $j\omega = j\omega_s/2$ a $j\omega_s\ 3/2$, $j\omega = j\omega_s\ 3/2$ a $j\omega_s\ 5/2$, ..., e de $j\omega = -j\omega_s/2$ a $-j\omega_s\ 3/2$, $j\omega = -j\omega_s\ 3/2$ a $-j\omega_s\ 5/2$, ...

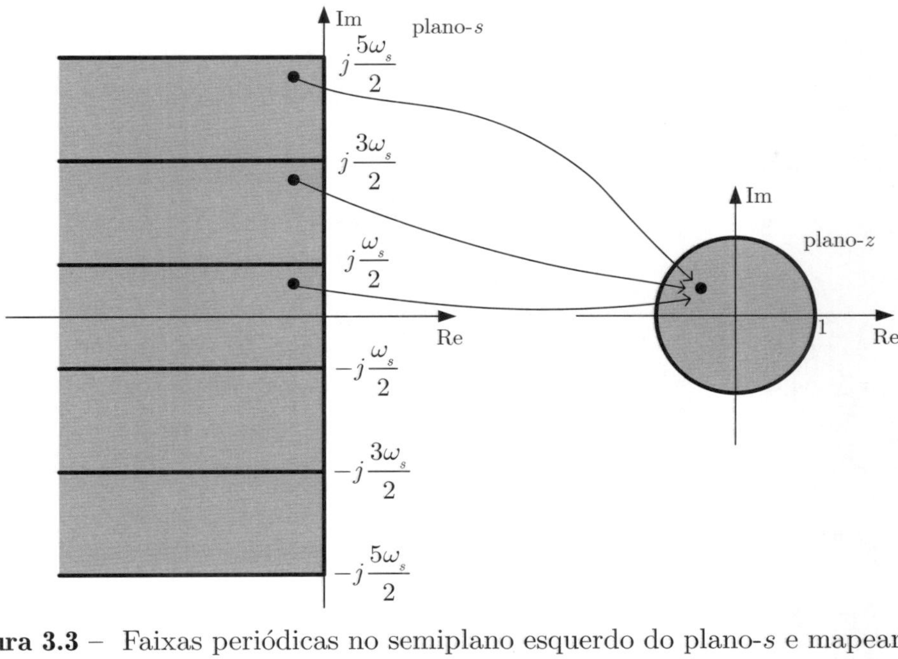

Figura 3.3 – Faixas periódicas no semiplano esquerdo do plano-s e mapeamento correspondente no plano-z.

3.2 Função de transferência

Considere um sistema linear e invariante no tempo com entrada $r[n]$ e saída $y[n]$, caracterizado pela seguinte equação de diferenças:

$$y[n] = y[n-1] + \frac{T_s}{2}\left(r[n] + r[n-1]\right). \tag{3.8}$$

A transformada-z do termo $y[n-1]$ é dada por

$$\sum_{n=0}^{\infty} y[n-1]\, z^{-n} = z^{-1}Y(z). \tag{3.9}$$

Ao aplicar este resultado na Equação (3.8), resulta em

$$Y(z) = z^{-1}Y(z) + \frac{T_s}{2}\left(R(z) + z^{-1}R(z)\right). \tag{3.10}$$

Rearranjando os termos, tem-se

$$G(z) = \frac{Y(z)}{R(z)} = \frac{T_s}{2}\frac{1+z^{-1}}{1-z^{-1}} = \frac{T_s}{2}\frac{z+1}{z-1}. \tag{3.11}$$

A razão entre a transformada-z da saída pela transformada-z da entrada de um sistema LIT, assumindo condições iniciais nulas, é a função de transferência do sistema. De forma geral, a relação

$$G(z) = \frac{b_0 + b_1 z^{-1} + \cdots + b_m z^{-m}}{1 + a_1 z^{-1} + \cdots + a_n z^{-n}}, \tag{3.12}$$

com $n \geq m$, pode ser escrita como

$$G(z) = \frac{z^n b_0 + b_1 z^{n-1} + \cdots + b_m z^{n-m}}{z^n + a_1 z^{n-1} + \cdots + a_n} = \frac{B(z)}{A(z)}. \tag{3.13}$$

A função `tf()` do MATLAB® pode ser utilizada para definir um sistema LIT em termos de sua função de transferência, tanto em s quanto em z. Para criar um modelo de sistema de tempo contínuo no MATLAB® na forma de função de transferência, pode-se fazer

```
num_Gs = [1 1]; %Numerador de G(s)
den_Gs = [1 5 6]; %Denominador de G(s)
%Cria uma função de transferência G(s)
G = tf(num_Gs, den_Gs);
%ou
%s = tf('s');  G = (s+1)/(s^2+5*s+6);
%Linha seguinte gera sys com um atraso de transporte de 1 s,
%ou seja, G = exp(-1*s)*(s+1)/(s^2+5*s+6)
```

No caso de sistemas em tempo discreto, uma função de transferência em z pode ser definida como

```
num_Gz = [1 2 7];        %Numerador de G(z)
den_Gz = [1 -0.3 0.02]; %Denominador de G(z)
T_s = 0.5; %Período de Amostragem
G = tf(num_Gz,den_Gz,T_s);
%Se o per. de amost. for indeterminado, pode-se fazer
G = tf(num_Gz,den_Gz,[]); %ou G = tf(num_Gz,den_Gz,-1);
%Pode-se ainda fazer
z=tf('z',T_s);
G=(z^2+2*z+7)/(z^2-0.3*z+0.02);
%Se o per. de amost. for indeterminado, pode-se fazer
z=tf('z');
G=(z^2+2*z+7)/(z^2-0.3*z+0.02);
%Para atribuir um per. de amost. a G(z), pode-se fazer
G.Ts = T_s;
```

3.3 Polos e zeros no plano-z

Considere $B(z)$ e $A(z)$ os polinômios do numerador e do denominador de $G(z)$, respectivamente. As raízes da equação $B(z) = 0$ são denominadas zeros de $G(z)$, enquanto as raízes de $A(z) = 0$ são denominadas polos de $G(z)$. Após fatoração, $G(z)$ pode ser reescrita na forma zero-polo-ganho (zpk):

$$G(z) = K\frac{\prod_{i=1}^{m}(z - z_i)}{\prod_{i=1}^{n}(z - p_i)}. \tag{3.14}$$

A função `zpk()` do MATLAB® pode ser utilizada para definir um sistema LIT em termos de sua função de transferência, tanto em s quanto em z, com ganho, polos e zeros fatorados. Para criar um modelo de sistema de tempo contínuo utilizando `zpk()`, pode-se fazer

```
K = 10; %Ganho de G(s)
zer_Gs = [-0.1 -0.2]; %Zeros de G(s)
pol_Gs = [-0.3 -0.4]; %Polos de G(s)
%Cria uma função de transferência G(s) fatorada
G = zpk(zer_Gs, pol_Gs,K);
%ou, por exemplo
%s = zpk('s');  G = (10*s^2+3*s+0.2)/(s^2+0.7*s+0.12)
```

No caso de sistemas em tempo discreto, pode-se definir

```
K = 10; %Ganho de G(z)
zer_Gz = [-0.1 -0.2]; %Zeros de G(z)
pol_Gz = [-0.3 -0.4]; %Polos de G(z)
T_s = 0.5; %Período de Amostragem
G = zpk(zer_Gz,pol_Gz,K,T_s);
%Se o per. de amost. for indeterminado, pode-se fazer
G = zpk(zer_Gz,pol_Gz,K,[]); %ou G = zpk(zer_Gs,pol_Gs,K,-1);
%Pode-se ainda fazer
z=zpk('z',T_s);
G=(10*z^2+3*z+0.2)/(z^2+0.7*z+0.12);
%Se o per. de amost. for indeterminado, pode-se fazer
z=zpk('z');
G=(10*z^2+3*z+0.2)/(z^2+0.7*z+0.12);
%Para atribuir um per. de amost. a G(z), pode-se fazer
G.Ts = T_s;
```

3.4 Sistema LIT causal e estável

Suponha que $g[n]$ seja a resposta impulsiva discreta de um sistema linear e invariante no tempo. Para que o sistema seja causal,

$$g[n] = 0, \quad n < 0. \tag{3.15}$$

Este sistema será estável no sentido BIBO (*Bounded Input Bounded Output*) se e somente se

$$\sum_{n=0}^{\infty} |g[n]| < \infty. \tag{3.16}$$

Para sistemas causais a ROC é determinada por uma região externa de um disco centrado na origem (veja Exemplo 3.1). Por outro lado, como a ROC de qualquer sistema não pode conter polos, então a ROC de um sistema LIT causal deve começar a partir do polo de maior módulo (mais externo) conforme ilustra a Figura 3.4. Além disso, para que um sistema seja estável, a ROC deve conter o círculo unitário. Conclusão:

Os polos de um sistema LIT causal e estável devem estar localizados estritamente dentro do círculo unitário.

A Figura 3.4 ilustra um exemplo de sistema estável e causal ao mesmo tempo. Note que se algum polo estiver fora do círculo unitário, o sistema causal não é estável.

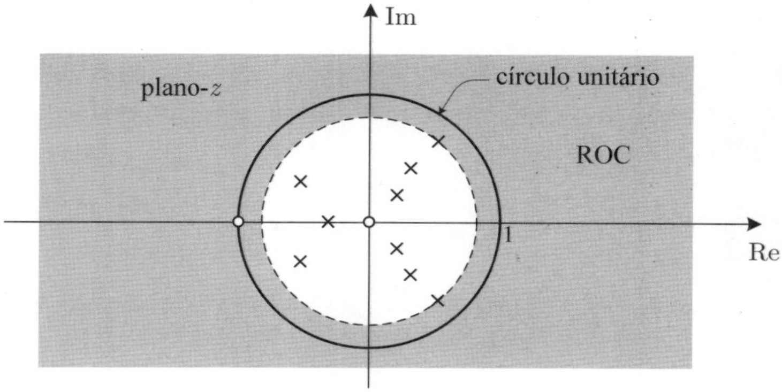

Figura 3.4 – Plano-z e ROC para um sistema LIT estável e causal.

3.5 Algumas propriedades da transformada-z

As propriedades aqui apresentadas podem ser utilizadas para facilitar o cálculo de transformadas diretas, inversas ou como método indireto para solucionar outros problemas. Será considerado que as sequências $x[n]$ e $y[n]$ foram obtidas pela amostragem periódica, com período T_s, de sinais contínuos $x(t)$ e $y(t)$, respectivamente, ambos com valores nulos para $t < 0$.

• Linearidade

$$\begin{aligned}
\mathcal{Z}\{ax[n]+by[n]\} &= \sum_{n=0}^{\infty}(ax[n]+by[n])\,z^{-n} = a\sum_{n=0}^{\infty}x[n]\,z^{-n} \\
&\quad +b\sum_{n=0}^{\infty}y[n]\,z^{-n} \\
&= a\mathcal{Z}\{x[n]\}+b\mathcal{Z}\{y[n]\}.
\end{aligned} \tag{3.17}$$

Essa propriedade mostra que a transformada da soma é a soma das transformadas e que, ao multiplicar uma sequência no domínio do tempo por uma constante, sua transformada também será multiplicada pelo mesmo valor. Isso pode ser representado como

$$ax[n]+by[n] \quad \overset{\mathcal{Z}}{\longleftrightarrow} \quad aX(z)+bY(z). \tag{3.18}$$

• Atraso

$$\begin{aligned}
\mathcal{Z}\{x[n-n_0]\} &= \sum_{n=0}^{\infty}x[n-n_0]\,z^{-n} = \sum_{m=-n_0}^{\infty}x[m]\,z^{-(m+n_0)}, \quad m=n-n_0 \\
&= z^{-n_0}\sum_{m=0}^{\infty}x[m]\,z^{-m} = z^{-n_0}\mathcal{Z}\{x[n]\}.
\end{aligned} \tag{3.19}$$

Como $x[n] = 0$ para $n < 0$, o limite inferior na segunda linha da equação anterior pode ser modificado para $m = 0$. Essa propriedade mostra que atrasar uma sequência no tempo por n_0 amostras para direita é equivalente a multiplicar sua transformada por z^{-n_0}, ou seja,

$$x[n - n_0] \quad \overset{\mathcal{Z}}{\longleftrightarrow} \quad z^{-n_0} X(z). \tag{3.20}$$

• Avanço

$$\begin{aligned} \mathcal{Z}\{x[n+n_0]\} &= \sum_{n=0}^{\infty} x[n+n_0] z^{-n} = \sum_{m=n_0}^{\infty} x[m] z^{-(m-n_0)}, \qquad m = n - n_0 \\ &= z^{n_0} \sum_{m=0}^{\infty} x[m] z^{-m} - z^{n_0} \sum_{m=0}^{n_0-1} x[m] z^{-m}. \end{aligned} \tag{3.21}$$

Portanto,

$$x[n + n_0] \quad \overset{\mathcal{Z}}{\longleftrightarrow} \quad z^{n_0} X(z) - z^{n_0} \sum_{m=0}^{n_0-1} x[m] z^{-m}. \tag{3.22}$$

• Escalonamento no domínio-z

$$\mathcal{Z}\{a^n x[n]\} = \sum_{n=0}^{\infty} a^n x[n] z^{-n} = \sum_{n=0}^{\infty} x[n] \left(\frac{z}{a}\right)^{-n} = X\left(\frac{z}{a}\right), \tag{3.23}$$

ou seja,

$$a^n x[n] \quad \overset{\mathcal{Z}}{\longleftrightarrow} \quad X\left(\frac{z}{a}\right). \tag{3.24}$$

• Derivada de $X(z)$

$$\begin{aligned} -z\frac{d}{dz} X(z) &= -z\frac{d}{dz}\left(\sum_{n=-\infty}^{\infty} x[n] z^{-n}\right) = -z \sum_{n=-\infty}^{\infty} \frac{d}{dz} x[n] z^{-n} \\ &= -z \sum_{n=-\infty}^{\infty} -nx[n] z^{-n-1} = \sum_{n=-\infty}^{\infty} nx[n] z^{-n} = \mathcal{Z}\{nx[n]\}. \end{aligned} \tag{3.25}$$

Observe que multiplicar uma sequência no tempo por n é equivalente a derivar a sua transformada-z e multiplicar por $-z$.

$$nx[n] \stackrel{\mathcal{Z}}{\longleftrightarrow} -z\frac{d}{dz}X(z). \tag{3.26}$$

• Teorema da Convolução

A convolução entre duas sequências é equivalente ao produto entre suas transformadas.

$$x[n] * g[n \stackrel{\mathcal{Z}}{\longleftrightarrow} X(z)G(z). \tag{3.27}$$

Em um sistema LIT com resposta ao impulso $g[n]$, entrada $x[n]$ e saída $y[n]$, tem-se

$$Y(z) = X(z)G(z) \Rightarrow G(z) = \frac{Y(z)}{X(z)}. \tag{3.28}$$

• Teorema do Valor Inicial

Tal teorema é utilizado quando se deseja encontrar o valor inicial no domínio do tempo discreto, $x[0]$, conhecendo-se somente $X(z)$.

$$x[0] = \lim_{z\to\infty} X(z). \tag{3.29}$$

• Teorema do Valor Final

Por outro lado, esse teorema é utilizado quando se deseja encontrar $\lim_{n\to\infty} x[n]$, conhecendo-se somente $X(z)$.

$$\lim_{n\to\infty} x[n] = \lim_{z\to 1}(1 - z^{-1})X(z). \tag{3.30}$$

As provas dessas três últimas propriedades apresentadas ficam como exercícios para o leitor. Os Exemplos 3.7 a 3.10 seguintes usam as propriedades apresentadas.

✍ **Exemplo 3.7:** Determine a transformada-z da sequência

$$x[n] = \left(\frac{1}{4}\right)^{n-3} \mathrm{u}_d[n-3].$$

Solução: Definindo $x_1[n] = \left(\frac{1}{4}\right)^n \mathrm{u}_d[n]$, tem-se

$$X_1(z) = \frac{1}{1 - \frac{1}{4}z^{-1}}, \quad |z| > \frac{1}{4}.$$

Utilizando a propriedade do deslocamento temporal, verifica-se que

$$x[n] = x_1[n-3] \Rightarrow X(z) = z^{-3}X_1(z) = \frac{z^{-3}}{1-\frac{1}{4}z^{-1}}, \qquad |z| > \frac{1}{4}.$$

✍ **Exemplo 3.8:** Determine a transformada-z da sequência

$$x[n] = \left(\frac{1}{4}\right)^n \mathrm{u}_d[n-3].$$

Solução: com simples manipulação matemática, observe que,

$$x[n] = \left(\frac{1}{4}\right)^n \mathrm{u}_d[n-3]\left(\frac{1}{4}\right)^{-3}\left(\frac{1}{4}\right)^{3} \Rightarrow x[n] = \left(\frac{1}{4}\right)^{3}\left(\frac{1}{4}\right)^{n-3} \mathrm{u}_d[n-3].$$

Portanto, aproveitando o resultado do Exemplo 3.7, obtém-se

$$X(z) = \frac{(1/4)^3 z^{-3}}{1-\frac{1}{4}z^{-1}}, \qquad |z| > \frac{1}{4}.$$

✍ **Exemplo 3.9:** Determine a transformada-z de

$$x[n] = na^n \mathrm{u}_d[n].$$

Solução: fazendo-se $x_1[n] = a^n \mathrm{u}_d[n]$, tem-se que $x[n] = n\,x_1[n]$. Assim, aproveitando o resultado do Exemplo 3.1, segue que

$$\begin{aligned} X(z) &= -z\frac{d}{dz}X_1(z) = -z\frac{d}{dz}\left(\frac{1}{1-az^{-1}}\right) \\ &= -z\left(\frac{-az^{-2}}{(1-az^{-1})^2}\right) = \frac{az^{-1}}{(1-az^{-1})^2}, \qquad |z| > a. \end{aligned}$$

✍ **Exemplo 3.10:** Um sistema LIT causal é descrito pela Eq. de diferenças

$$y[n] - 0,5y[n-1] - 0,24y[n-2] = 0,5r[n] + 0,1r[n-1].$$

Determine $G(z) = Y(z)/R(z)$, seus polos e zeros, e o gráfico do plano-z. Utilize o MATLAB® para confirmar os cálculos.

Solução: utilizando a propriedade de deslocamento temporal tem-se

$$Y(z)\left(1 - 0,5z^{-1} - 0,24z^{-2}\right) = R(z)\left(0,5 + 0,1z^{-1}\right).$$

Logo,

$$G(z) = \frac{Y(z)}{R(z)} = \frac{0,5 + 0,1z^{-1}}{1 - 0,5z^{-1} - 0,24z^{-2}}\left(\frac{z^2}{z^2}\right) = \frac{z\,(0,5z + 0,1)}{z^2 - 0,5z - 0,24},$$

com zeros: $\{0;\ -0,2\}$; e polos: $\{0,8;\ -0,3\}$.

No MATLAB®,

```
N = [0.5 0.1 0]; D = [1 -0.5 -0.24];
zer = roots(N); pol = roots(D);
zplane(N,D);
```

Obtém-se a seguinte resposta:

```
zer =          pol =
 -0.20000       0.80000
  0.00000      -0.3000
```

A Figura 3.5 apresenta o plano-z com os polos e zeros. Como todos os polos estão dentro do círculo de raio unitário, o sistema é estável.

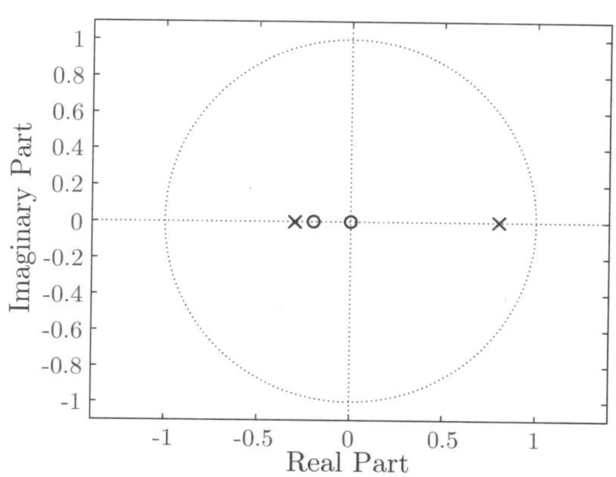

Figura 3.5 – Plano-z com polos e zeros para o Exemplo 3.10.

A Tabela 3.1 apresenta algumas sequências típicas causais e suas transformadas-z.

A sequência $\delta[n]$ é denominada impulso unitário, tal que

$$\delta[n] = \begin{cases} 0, & n \neq 0, \\ 1, & n = 0. \end{cases} \tag{3.31}$$

Para uma tabela mais completa, vide [Oppenheim, Schafer e Buck 1999].

Tabela 3.1 – Alguns pares de transformada-z unilateral.

	Sequência	Transformada-z
1	$\delta[n]$	1
2	$\delta[n-m]$	z^{-m}
3	$\mathrm{u}_d[n]$	$\dfrac{1}{1-z^{-1}}$
4	$a^n \mathrm{u}_d[n]$	$\dfrac{1}{1-az^{-1}}$
5	$na^n \mathrm{u}_d[n]$	$\dfrac{az^{-1}}{(1-az^{-1})^2}$
6	$\cos(\omega_0 n)\mathrm{u}_d[n]$	$\dfrac{1-(\cos\omega_0)\,z^{-1}}{1-(2\cos\omega_0)\,z^{-1}+z^{-2}}$
7	$\operatorname{sen}(\omega_0 n)\mathrm{u}_d[n]$	$\dfrac{(\operatorname{sen}\omega_0)\,z^{-1}}{1-(2\cos\omega_0)\,z^{-1}+z^{-2}}$
11	$a^n\cos(\omega_0 n)\mathrm{u}_d[n]$	$\dfrac{1-(a\cos\omega_0)\,z^{-1}}{1-(2a\cos\omega_0)\,z^{-1}+a^2z^{-2}}$
12	$a^n\operatorname{sen}(\omega_0 n)\mathrm{u}_d[n]$	$\dfrac{(a\operatorname{sen}\omega_0)\,z^{-1}}{1-(2a\cos\omega_0)\,z^{-1}+a^2z^{-2}}$

Por outro lado, a Tabela 3.2 apresenta a relação entre a transformada de Laplace e a transformada-z obtida a partir da amostragem de alguns sinais contínuos. Uma tabela mais completa é encontrada em [Ogata 1995].

Tabela 3.2 – Pares de transformada de Laplace e transformada-z.

	$X(s)$	$x(t)$	$x[n]$	$X(z)$
1	$\frac{1}{s}$	$\mathrm{u}_d(t)$	$\mathrm{u}_d[n]$	$\frac{1}{1-z^{-1}}$
2	$\frac{1}{s+a}$	e^{-at}	e^{-anT_s}	$\frac{1}{1-e^{-aT_s}z^{-1}}$
3	$\frac{1}{s^2}$	t	nT_s	$\frac{T_s z^{-1}}{(1-z^{-1})^2}$
4	$\frac{2}{s^3}$	t^2	$(nT_s)^2$	$\frac{T_s^2 z^{-1}\left(1+z^{-1}\right)}{(1-z^{-1})^3}$
5	$\frac{a}{s(s+a)}$	$1-e^{-at}$	$1-e^{-anT_s}$	$\frac{z^{-1}\left(1-e^{-aT_s}\right)}{(1-z^{-1})(1-e^{-aT_s}z^{-1})}$
6	$\frac{1}{(s+a)^2}$	te^{-at}	$nT_s e^{-anT_s}$	$\frac{z^{-1}T_s e^{-aT_s}}{(1-z^{-1}e^{-aT_s})^2}$
7	$\frac{\omega}{s^2+\omega^2}$	$\mathrm{sen}(\omega t)$	$\mathrm{sen}(\omega n T_s)$	$\frac{z^{-1}\,\mathrm{sen}(\omega T_s)}{1-2z^{-1}\cos(\omega T_s)+z^{-2}}$
8	$\frac{s}{s^2+\omega^2}$	$\cos(\omega t)$	$\cos(\omega n T_s)$	$\frac{1-z^{-1}\cos(\omega T_s)}{1-2z^{-1}\cos(\omega T_s)+z^{-2}}$
9	$\frac{\omega}{(s+a)^2+\omega^2}$	$e^{-at}\,\mathrm{sen}(\omega t)$	$e^{-anT_s}\,\mathrm{sen}(\omega n T_s)$	$\frac{e^{-aT_s}z^{-1}\,\mathrm{sen}(\omega T_s)}{1-2e^{-aT_s}z^{-1}\cos(\omega T_s)+e^{-2aT_s}z^{-2}}$
10	$\frac{s+a}{(s+a)^2+\omega^2}$	$e^{-at}\cos(\omega t)$	$e^{-anT_s}\cos(\omega n T_s)$	$\frac{1-e^{-aT_s}z^{-1}\cos(\omega T_s)}{1-2e^{-aT_s}z^{-1}\cos(\omega T_s)+e^{-2aT_s}z^{-2}}$

3.6 Método da invariância ao impulso

Seja um sistema LIT com resposta impulsiva $g_c(t)$. A resposta $y(t)$ a uma entrada qualquer $x(t)$ é dada por

$$\begin{aligned} y(t) &= \int_0^{\infty} x(\tau)g_c(t-\tau)\,d\tau \\ &= \lim_{\Delta\tau\to 0} \sum_{m=0}^{\infty} x(m\Delta\tau)g_c(t-m\Delta\tau)\,\Delta\tau \\ &\approx T_s \sum_{m=0}^{\infty} x(mT_s)g_c(t-mT_s). \end{aligned} \tag{3.32}$$

A resposta amostrada no instante nT_s é dada por

$$y(nT_s) = T_s \sum_{m=0}^{\infty} x[m]g_c((n-m)T_s). \tag{3.33}$$

Por outro lado, seja $g[n]$ a resposta impulsiva do sistema LIT em tempo discreto equivalente. A resposta $y[n]$ para a entrada $x[n]$ é dada por

$$y[n] = \sum_{m=0}^{\infty} x[m]g[n-m]. \tag{3.34}$$

Note que, para (3.33) ser equivalente a (3.34), deve-se ter que

$$g[n] = T_s g_c(nT_s). \tag{3.35}$$

Essa é a relação entre a resposta impulsiva amostrada do sistema em tempo contínuo e a do sistema em tempo discreto. Tal método de discretização recebe o nome de **invariância ao impulso**. Note que $X(z)$ na Tabela 3.2 (quarta coluna), quando multiplicado por T_s, é o equivalente discreto de $X(s)$ (primeira linha da Tabela 3.2), obtido pelo método da invariância ao impulso.

No MATLAB®, o comando `c2d` realiza essa conversão, com a opção `'imp'`. Por exemplo, para obter o equivalente discreto de $G(s) = \frac{0{,}7}{s(s+0{,}7)}$, pelo método da invariância ao impulso e com $T_s = 0{,}1$, pode-se fazer

```
s = tf('s');
G = 0.7/(s*(s+0.7));
Ts = 0.1;
G_d = c2d(G,Ts,'imp');
```

A resposta obtida é $G_D = \frac{0{,}0067606z}{(z-1)(z-0{,}9324)}$.

3.7 A Transformada-z inversa

Com frequência, na análise de sistemas, é necessário realizar o processo inverso da transformada-z, ou seja, obter a sequência a partir de sua transformada. Esse processo é chamado de transformada-z inversa. Pode-se, por exemplo, utilizar uma tabela de transformada-z e, por meio de inspeção, obter a transformada inversa [Oppenheim, Schafer e Buck 1999].

No entanto, existe uma expressão formal para realizar esse tipo de cálculo que é baseada no teorema da integral de Cauchy para variáveis complexas [Brown e Churchill 2009],

$$x[n] = \frac{1}{2\pi j} \oint_C X(z) z^{n-1} dz, \tag{3.36}$$

em que C é um contorno fechado na ROC no sentido horário. A integral em (3.36) é resolvida pelo teorema dos resíduos de Cauchy. Alguns procedimentos para obtenção da inversa serão considerados a seguir.

3.7.1 Transformada-z inversa por divisão longa

Neste método a transformada-z inversa é obtida pela expansão de $X(z)$ em uma série de potência infinita em z^{-1}. Tal método é útil quando é difícil encontrar uma expressão fechada para a transformada inversa, ou quando se deseja obter apenas os primeiros termos de $x[n]$. Ele se baseia no fato de que $X(z)$ pode ser expandida como

$$X(z) = \sum_{n=0}^{\infty} x[n] z^{-n} = x[0] + x[1]z^{-1} + x[2]z^{-2} + \cdots. \tag{3.37}$$

O Exemplo 3.11 obtém a transformada inversa por divisão longa.

✍ **Exemplo 3.11:** Encontre os cinco primeiros termos de $x[n]$, dado que

$$X(z) = \frac{10z + 5}{(z-1)(z-0,2)}.$$

Solução: note que

$$X(z) = \frac{10z^{-1} + 5z^{-2}}{1 - 1,2z^{-1} + 0,2z^{-2}}.$$

Efetuando a divisão longa, obtém-se

$$
\begin{array}{r|l}
10z^{-1} + 5z^{-2} & 1 - 1,2z^{-1} + 0,2z^{-2} \\
\underline{10z^{-1} - 12z^{-2} + 2z^{-3}} & 10z^{-1} + 17z^{-2} + 18,4z^{-3} + \cdots \\
17z^{-2} - 2z^{-3} & \\
\underline{17z^{-2} - 20,4z^{-3} + 3,4z^{-4}} & \\
18,4z^{-3} - 3,4z^{-4} & \\
\underline{18,4z^{-3} - 22,08z^{-4} + 3,68z^{-5}} & \\
18,68z^{-4} - 3,68z^{-5} & \\
\vdots &
\end{array}
$$

Portanto,

$$X(z) = 0 + 10z^{-1} + 17z^{-2} + 18,4z^{-3} + 18,68z^{-4} + \cdots$$
$$\Rightarrow x[0] = 0;\quad x[1] = 10;\quad x[2] = 17;\quad x[3] = 18,4;\quad x[4] = 18,68;\quad \cdots$$

3.7.2 Transformada-z inversa por expansão em frações parciais

Considere $X(z)$ dada por

$$X(z) = \frac{b_0 z^m + b_1 z^{m-1} + \cdots b_{m-1} z + b_m}{z^n + a_1 z^{n-1} + \cdots a_{n-1} z + a_n} = \frac{B(z)}{A(z)}, \quad n \geq m.$$

Para expandir $X(z)$ em frações parciais, inicialmente o denominador precisa ser fatorado para encontrar os polos. Alguns casos particulares serão considerados a seguir.

Expansão em frações parciais para $A(z)$ com raízes distintas:

$$X(z) = \frac{b_0 z^m + b_1 z^{m-1} + \cdots b_{m-1} z + b_m}{(z - p_1)(z - p_2) \cdots (z - p_n)}. \tag{3.38}$$

Na expansão em frações parciais, para o uso mais direto de uma tabela de pares de transformada-z, é mais conveniente se expandir $X(z)/z$ ao invés de $X(z)$, tal que,

$$\frac{X(z)}{z} = \frac{a_1}{z - p_1} + \frac{a_2}{z - p_2} + \cdots + \frac{a_n}{z - p_n}, \tag{3.39}$$

onde a_k, com $k = 1, 2, \ldots, n$, é chamado de resíduo do polo em $s = p_k$. O valor de a_k pode ser obtido como

$$a_k = \left[(z - p_k)\,\frac{X(z)}{z}\right]_{z=p_k}. \tag{3.40}$$

A transformada-z inversa de $X(z)$ é então dada por

$$x[n] = \mathcal{Z}^{-1}\left\{\frac{a_1 z}{z - p_1} + \frac{a_2 z}{z - p_2} + \cdots + \frac{a_n z}{z - p_n}\right\}. \tag{3.41}$$

O exemplo 3.12 ilustra esse caso.

✍ **Exemplo 3.12:** Obtenha a transformada-z inversa de

$$X(z) = \frac{z+1}{z^2 + 0,3z + 0,02}.$$

Solução:

$$\frac{X(z)}{z} = \frac{z+1}{z(z^2 + 0,3z + 0,02)} = \frac{a_1}{z} + \frac{a_2}{z+0,1} + \frac{a_3}{z+0,2}.$$

Os resíduos a_1, a_2 e a_3 são dados por

$$a_1 = \left[z\frac{X(z)}{z}\right]_{z=0} = X(0) = \frac{1}{0,02} = 50,$$

$$a_2 = \left[(z+0,1)\frac{X(z)}{z}\right]_{z=-0,1} = \frac{1-0,1}{(-0,1)(0,1)} = -90,$$

$$a_3 = \left[(z+0,2)\frac{X(z)}{z}\right]_{z=-0,2} = \frac{1-0,2}{(-0,2)(-0,1)} = 40.$$

Assim,

$$X(z) = 50 - \frac{90z}{z+0,1} + \frac{40z}{z+0,2}.$$

Portanto,

$$x[n] = \begin{cases} 50\delta[n] - 90(-0,1)^n + 40(-0,2)^n, & n \geq 0, \\ 0, & n < 0. \end{cases}$$

Como $x[0] = 0$, tem-se

$$x[n] = \begin{cases} -90(-0,1)^n + 40(-0,2)^n, & n \geq 1, \\ 0, & n < 1. \end{cases}$$

Expansão em frações parciais para $A(z)$ com raízes múltiplas:

Caso $X(z)/z$ tenha polos múltiplos, por exemplo, um polo duplo em $z = p_1$ e um polo simples em $z = p_2$, a seguinte expansão pode ser feita:

$$\frac{X(z)}{z} = \frac{a_{11}}{(z-p_1)^2} + \frac{a_{12}}{z-p_1} + \frac{a_2}{z-p_2}. \tag{3.42}$$

Os coeficientes a_{11} e a_{12} são obtidos da seguinte forma:

$$a_{11} = \left[(z-p_1)^2 \frac{X(z)}{z}\right]_{z=p_1}, \tag{3.43}$$

$$a_{12} = \left[\frac{d}{dz}\left((z-p_1)^2 \frac{X(z)}{z}\right)\right]_{z=p_1}. \tag{3.44}$$

No caso mais geral, com $k > 2$ polos múltiplos em $z = p_1$,

$$\frac{X(z)}{z} = \frac{a_{11}}{(z-p_1)^k} + \frac{a_{12}}{(z-p_1)^{k-1}} + \cdots + \frac{a_{1i}}{(z-p_1)^{k-i+1}} + \cdots + \frac{a_{1k}}{(z-p_1)}. \tag{3.45}$$

O coeficiente a_{1i} é dado por

$$a_{1i} = \frac{1}{(i-1)!}\left[\frac{d^{i-1}}{dz^{i-1}}\left((z-p_1)^k \frac{X(z)}{z}\right)\right]_{z=p_1}. \tag{3.46}$$

Tal caso é ilustrado no Exemplo 3.13.

✍ **Exemplo 3.13:** Obtenha a transformada-z inversa de

$$X(z) = \frac{1}{z^2(z-0,5)}.$$

Solução:

$$\frac{X(z)}{z} = \frac{1}{z^3(z-0,5)} = \frac{a_{11}}{z^3} + \frac{a_{12}}{z^2} + \frac{a_{13}}{z} + \frac{a_2}{(z-0,5)}.$$

Os coeficientes a_{11}, a_{12}, a_{13} e a_2 são dados por

$$a_{11} = \left[z^3 \frac{X(z)}{z}\right]_{z=0} = \frac{1}{z-0,5} = -2;$$

$$a_{12} = \left[\frac{d}{dz} z^3 \frac{X(z)}{z}\right]_{z=0} = \left[\frac{d}{dz}\frac{1}{z-0,5}\right]_{z=0} = \left[\frac{-1}{(z-0,5)^2}\right]_{z=0} = -4;$$

$$a_{13} = \frac{1}{2!}\left[\frac{d^2}{dz^2}\left(z^3 \frac{X(z)}{z}\right)\right]_{z=0} = \frac{1}{2}\left[\frac{d}{dz}\frac{-1}{(z-0,5)^2}\right]_{z=0} = -8;$$

$$a_2 = \left[(z-0,5)\frac{X(z)}{z}\right]_{z=0,5} = \left[\frac{1}{z^3}\right]_{z=0,5} = 8.$$

Portanto,

$$X(z) = -2z^{-2} - 4z^{-1} - 8 + \frac{8z}{z - 0,5}.$$

Consequentemente,

$$x[n] = \begin{cases} -2\delta[n-2] - 4\delta[n-1] - 8\delta[n] + 8(0,5)^n, & n \geq 0, \\ 0, & n < 0. \end{cases}$$

Note que

$$x[0] = -8 + 8 = 0; \; x[1] = -4 + 8(0,5) = 0; \; x[2] = -2 + 8(0,5)^2 = 0.$$

Com isso, a transformada inversa pode ser reescrita como

$$x[n] = \begin{cases} 8(0,5)^{n-3}, & n \geq 3, \\ 0, & n < 3. \end{cases}$$

Expansão em frações parciais para $A(z)$ com raízes complexas conjugadas:

O Exemplo 3.14 ilustra um desses casos.

✍ **Exemplo 3.14:** Obtenha a transformada-z inversa de

$$X(z) = \frac{2z(3z+17)}{(z-1)(z^2-6z+25)}.$$

Solução:

$$\frac{X(z)}{z} = \frac{2(3z+17)}{(z-1)(z-3-j4)(z-3+j4)}.$$

Pode-se efetuar a seguinte expansão:

$$\frac{X(z)}{z} = \frac{a_1}{(z-1)} + \frac{a_2}{(z-3-j4)} + \frac{a_2^*}{(z-3+j4)},$$

com

$$a_1 = \left[(z-1)\frac{X(z)}{z}\right]_{z=1} = \left[\frac{2(3z+17)}{(z^2-6z+25)}\right]_{z=1} = \frac{40}{20} = 2,$$

$$a_2 = \left[(z-3-j4)\frac{X(z)}{z}\right]_{z=3+j4} = \left[\frac{52+j24}{-32+j16}\right] = -1 - j1,25 = 1,6e^{-j2,24}.$$

Portanto,

$$\frac{X(z)}{z} = \frac{2}{(z-1)} + \frac{1,6e^{-j2,24}}{(z-3-j4)} + \frac{1,6e^{j2,24}}{(z-3+j4)},$$

$$X(z) = \frac{2z}{(z-1)} + \frac{1,6e^{-j2,24}z}{(z-3-j4)} + \frac{1,6e^{j2,24}z}{(z-3+j4)}.$$

Com isso,

$$\begin{aligned} x[n] &= 2 + 1,6e^{-j2,24}(3+j4)^n + 1,6e^{j2,24}(3-j4)^n \\ &= 2 + 1,6e^{-j2,24}\left(5e^{j0,93}\right)^n + 1,6e^{j2,24}\left(5e^{-j0,93}\right)^n \\ &= 2 + 3,2\,(5)^n \cos(0,93n - 2,24)\,, \quad n \geq 0. \end{aligned}$$

O comando `iztransf()` do *Symbolic Math Toolbox* pode ser utilizado para encontrar a transformada-z inversa. O Exemplo 3.12 pode ser resolvido diretamente no MATLAB® da seguinte forma:

```
clear all; clc;
syms n z;                       %Define n e z como vars. simbólicas
X = (z+1)/(z^2+0.3*z+0.02);     %Define X(z)
disp('X(Z) = ');
pretty(X);                      %Forma "bonita" de X(z)
x=iztrans(X);                   %Obtém a transformada z inversa.
disp('x[n] = ');
pretty(x);                      %Forma "bonita" de x[n].
```

OBS: o termo `kroneckerDelta(n, k)` na resposta corresponde ao delta de Kronecker, δ_{nk}, definido como

$$\delta_{nk} = \begin{cases} 1, & \text{se } n = k, \\ 0, & \text{se } n \neq k, \end{cases}$$

que foi utilizado para representar o impulso unitário.

3.8 Relação entre o plano-s e o plano-z

Já foi visto neste capítulo como um ponto no plano-s é mapeado no plano-z. Se considerarmos apenas a faixa principal da Figura 3.3 indo de $-j\omega_s/2$ a $j\omega_s/2$ o caminho descrito pelos pontos I $\rightarrow$ II $\rightarrow$ III $\rightarrow$ IV $\rightarrow$ V no semiplano esquerdo do plano-s é mapeado no círculo unitário como ilustrado na Figura 3.6.

É sabido que sistemas com pares de polos sobre uma linha contínua vertical no semiplano esquerdo do plano-s apresentam uma mesma taxa de decaimento (envoltória)

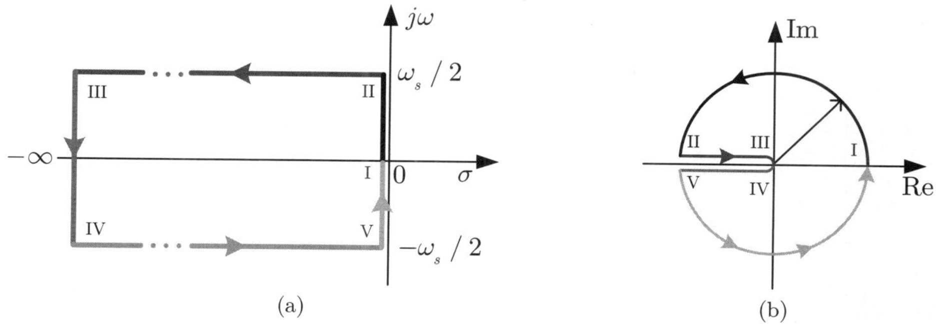

Figura 3.6 – Mapeamento da faixa principal do plano-s (a) no plano-z (b).

na resposta ao degrau. Considere, por exemplo, um dos polos de um sistema de segunda ordem subamortecido localizado em $s = -\sigma + j\omega_d$. Note que

$$z = e^{T_s s} = e^{T_s(-\sigma + j\omega_d)} = e^{-T_s\sigma}e^{jT_s\omega_d}, \tag{3.47}$$

em que $\omega_d = \omega_n\sqrt{1-\zeta^2}$ é a frequência natural amortecida, ω_n é a frequência natural, ζ o coeficiente de amortecimento e $\sigma = \zeta\omega_n$. Com σ fixo, ao variar ω_d, pode-se verificar que o módulo de z é fixo e que a fase de z varia, formando uma circunferência no plano-z. Portanto, linhas verticais no plano-s são mapeadas em circunferências concêntricas à origem no plano-z. A linha sobre o eixo $j\omega_d$ no plano-s é mapeada sobre a circunferência unitária em z, como visto na Figura 3.7.

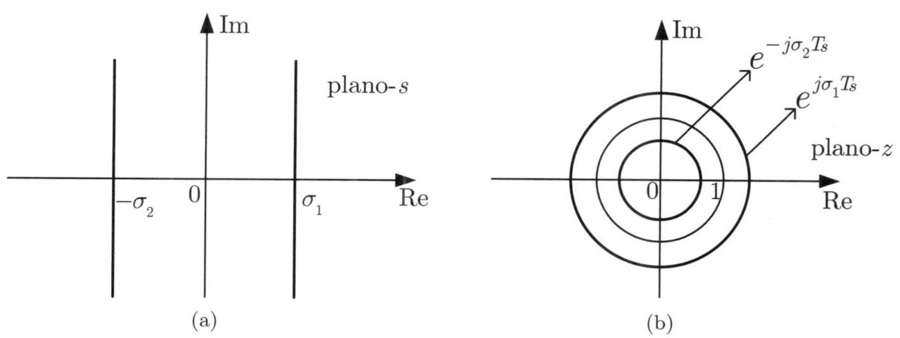

Figura 3.7 – Linhas verticais no plano-s e a representação no plano-z.

Sistemas com pares de polos sobre uma mesma linha horizontal no plano-s possuem a mesma frequência natural amortecida ω_d. Em termos da resposta ao degrau para um sistema de segunda ordem subamortecido, isso significa o mesmo tempo de pico.

Considere novamente a relação em (3.47). Com ω_d constante, ao variar σ, verifica-se que a fase de z é fixa e que o módulo de z varia, formando uma reta radial no plano-

z. Assim, linhas horizontais no plano-s representam linhas radiais no plano-z, como ilustrado na Figura 3.8.

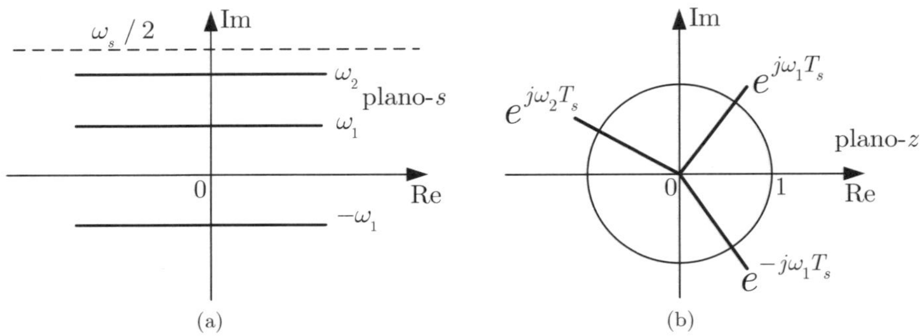

Figura 3.8 – Linhas horizontais no plano-s e a representação no plano-z.

No plano-s, sistemas com pares de polos sobre uma mesma linha radial possuem coeficientes de amortecimento ζ constantes. Em termos da resposta ao degrau para sistemas subamortecidos, isso corresponde a um mesmo máximo sobressinal. Note que $s = -\sigma + j\omega_d$ pode ser reescrito como

$$s = -\omega_d \frac{\zeta}{\sqrt{1-\zeta^2}} + j\omega_d. \tag{3.48}$$

Assim, para ζ constante, ao variar ω_d positivamente, verifica-se que a fase de z aumenta, mas o seu módulo decresce. Portanto, linhas radiais no semiplano esquerdo do plano plano-s são mapeadas em espirais no interior da circunferência de raio unitário, como ilustrado na Figura 3.9.

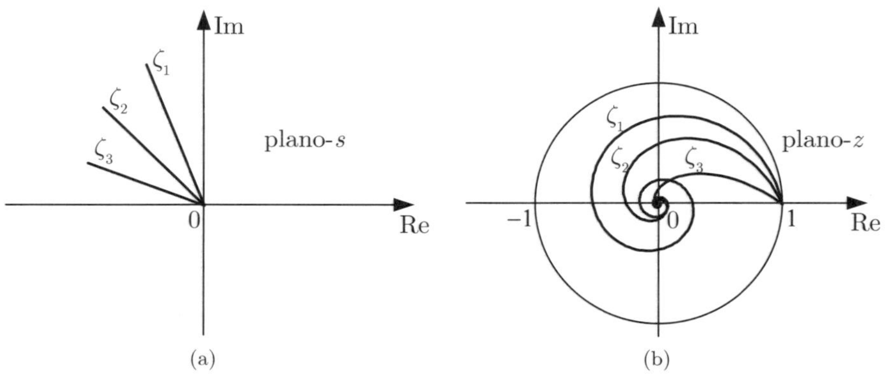

Figura 3.9 – Linhas radiais no semiplano esquerdo do plano-s e a representação no plano-z.

A Figura 3.10 mostra algumas curvas com ζ constante no plano-z para $0 < \omega_d < 0,5\omega_s$, o que corresponde às curvas localizadas na metade superior do plano-z.

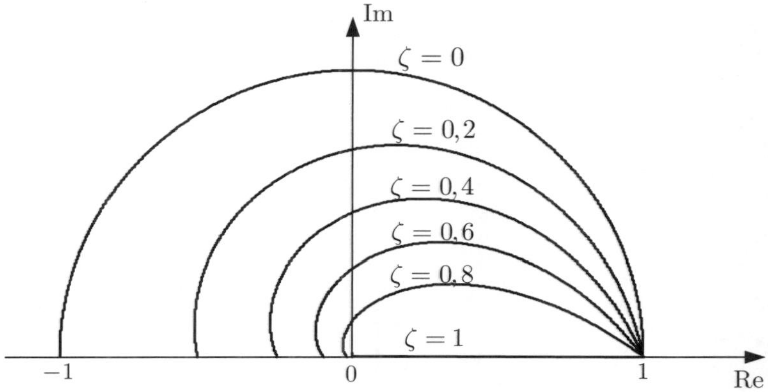

Figura 3.10 – Exemplos de curvas com ζ constante no plano-z para $0 < \omega_d < 0,5\omega_s$.

No plano-s, linhas com ζ constantes são normais a linhas com ω_n constantes. No plano-z, tal propriedade se mantém, ou seja, o mapeamento do plano-s para o plano-z (e vice-versa) é um mapeamento conforme[2]. A Figura 3.11 ilustra linhas com ζ constante e ω_n constante no plano-z. O comando `zgrid` do MATLAB® pode ser utilizado para esse propósito.

É interessante observar que $\omega_s/2$ corresponde à maior frequência representada no plano-z, o que está de acordo com o teorema da amostragem.

[2]Mapeamento conforme entre dois planos complexos é tal que ângulos locais e formas infinitesimais são preservadas [Shima e Nakayama 2009].

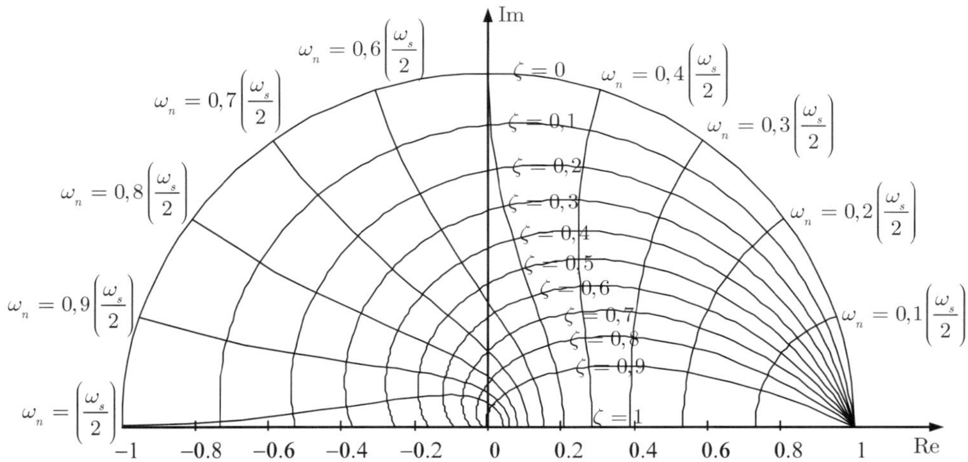

Figura 3.11 – Linhas no plano-z com ζ constante e ω_n constante na parte superior do semiplano esquerdo do plano-s.

Capítulo 4

Discretização de Sistemas Contínuos

O objetivo deste capítulo é definir uma função de transferência discreta $C_D(z)$ que equivalha à função de transferência $C(s)$ de um sistema contínuo. Com isso, pode-se, por exemplo, projetar um controlador no domínio-s e converter para o domínio-z para ser implementado digitalmente. Serão apresentados quatro métodos distintos e, em seguida, a discretização do controlador PID. Por último, será apresentada com mais detalhes a aproximação pelo segurador de ordem zero.

4.1 Mapeamento casado de polos e zeros

O método do mapeamento casado de polos e zeros (ou casamento polo e zero) consiste em mapear diretamente polos e zeros do plano-s para o plano-z. Tal procedimento considera $z = e^{sT_s}$ como a transformação entre s e z. O equivalente discreto é obtido com o seguinte procedimento:

1. Todos os polos e zeros finitos no plano-s são mapeados no plano-z como $z = e^{sT_s}$. Por exemplo, polos reais em $s = -a$ são mapeados em $z = e^{-aT_s}$ e polos complexos em $s = -\alpha \pm j\omega$ são mapeados em $z = e^{-\alpha T_s} e^{\pm j\omega T_s}$.

2. Os zeros em $s \to \infty$ ou fora da faixa primária são mapeados em $z = -1$. A razão por trás disso é que o ponto $z = -1$ representa a maior frequência possível da função de transferência discreta. Isso geralmente é feito de duas maneiras:

(i) Para obter sistemas bipróprios (grau do denominador = grau do numerador), todos os zeros em $s \to \infty$ são mapeados em $z = -1$. Ou seja, para cada zero no infinito, inclui-se um termo $(z+1)$ no numerador.

(ii) Para atrasar a resposta do sistema discreto em um período de amostragem, então um dos zeros em $s \to \infty$ é mapeado em $z \to \infty$, enquanto que os outros são mapeados em $z = -1$. Com isto, há um zero finito a menos do que polos finitos em $C_D(z)$. Assim, tem-se um sistema estritamente próprio (grau do denominador > grau do numerador).

3. O ganho de $C_D(z)$ deve ser ajustado em uma frequência crítica. Normalmente, escolhe-se um ponto em baixas frequências, por exemplo $C(s)|_{s=0} = C_D(z)|_{z=1}$.

O comando em MATLAB® para transformar uma função de transferência contínua em uma discreta, com período de amostragem T_s, por meio do mapeamento casado de polos e zeros, é: `C_D = c2d(C,T_s,'matched')`. Tal comando utiliza o método 2(ii) para mapear os zeros no infinito do sistema contínuo.

O Exemplo 4.1 aborda este método de discretização.

✍ **Exemplo 4.1:** Encontre o equivalente discreto de

$$C(s) = \frac{5}{s+5},$$

utilizando mapeamento casado de polos e zeros. Suponha $T_s = 1$s.

Solução: note que $C(s)$ possui um polo finito em $s = -5$, que é mapeado em $z = e^{-0,5}$, e um zero no infinito, que, primeiramente, é mapeado como um zero em $z = -1$. Logo,

$$C_D(z) = K\frac{z+1}{z - e^{-0,5}}.$$

Como

$$C(s)|_{s=0} = 1 = C_D(z)|_{z=1} = K\frac{2}{1 - e^{-0,5}},$$

tem-se que $K = \dfrac{1 - e^{-0,5}}{2}$. Portanto,

$$C_D(z) = \frac{(z+1)\left(1 - e^{-0,5}\right)}{2\left(z - e^{-0,5}\right)}.$$

Por outro lado, pode-se considerar que $s \to \infty$ é mapeado em $z \to \infty$, o que resulta em

$$C_D(z) = K\frac{1}{z - e^{-0,5}}.$$

Como

$$C(s)|_{s=0} = 1 = C_D(z)|_{z=1} = K\frac{1}{1-e^{-0,5}},$$

tem-se que $K = 1 - e^{-0,5}$. Portanto,

$$C_D(z) = \frac{1-e^{-0,5}}{z-e^{-0,5}} = \frac{0,3935}{z-0,6065},$$

o que resulta em um sistema estritamente próprio. Utilizando o MATLAB®, o exemplo pode ser resolvido como

```
clear all; clc;
num = 5; den = [1 5]; Ts = 0.1;
C = tf(num, den); C_D = c2d(C,Ts,'matched');
```

4.2 Equivalente discreto por integração numérica

Considere o integrador puro dado por

$$C(s) = \frac{U(s)}{E(s)} = \frac{1}{s}. \tag{4.1}$$

Assim,

$$u(t) = \int_0^t e(\tau)d\tau. \tag{4.2}$$

Para $t = nT_s$, tem-se:

$$\begin{aligned} u(nT_s) &= \int_0^{nT_s} e(\tau)d\tau, \\ &= \int_0^{(n-1)T_s} e(\tau)d\tau + \int_{(n-1)T_s}^{nT_s} e(\tau)d\tau, \\ &= u([n-1]T_s) + \left\{ \begin{array}{l} \text{área de } e(\tau) \\ \text{para } (n-1)T_s \leq \tau < nT_s \end{array} \right. . \end{aligned} \tag{4.3}$$

A área de $e(\tau)$ no intervalo $(n-1)T_s \leq \tau < nT_s$ pode ser aproximada de três formas diferentes, conforme ilustrado na Figura 4.1.

Utilizando a aproximação retangular para frente (Figura 4.1 (a)), pode-se verificar que:

$$u(nT_s) = u([n-1]T_s) + T_s e([n-1]T_s), \tag{4.4}$$

a sequência obtida é dada por:

$$u[n] = u[n-1] + T_s e[n-1]. \tag{4.5}$$

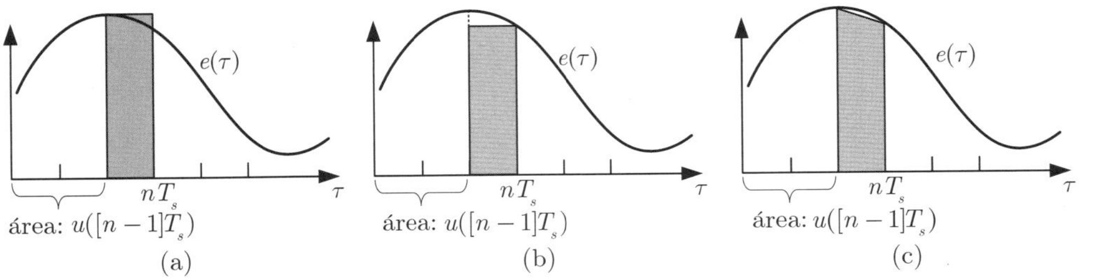

Figura 4.1 – Aproximações para integral: (a) retangular para frente (*forward rectangular*); (b) retangular para trás (*backward rectangular*); (c) trapezoidal (Tustin).

Aplicando a transformada-z em (4.5), obtém-se

$$U(z) = z^{-1}U(z) + T_s z^{-1}E(z), \tag{4.6}$$

ou seja,

$$\frac{U(z)}{E(z)} = \frac{T_s z^{-1}}{1 - z^{-1}}. \tag{4.7}$$

Ao comparar com (4.1) chega-se, portanto, à seguinte relação:

$$s = \frac{1 - z^{-1}}{z^{-1}T_s} = \frac{z - 1}{T_s}. \tag{4.8}$$

Utilizando agora a aproximação retangular para trás (Figura 4.1 (b)), pode-se verificar que

$$u(nT_s) = u([n-1]T_s) + T_s e(nT_s). \tag{4.9}$$

A sequência obtida é dada por

$$u[n] = u[n-1] + T_s e[n]. \tag{4.10}$$

Aplicando a transformada-z em (4.10), obtém-se

$$U(z) = z^{-1}U(z) + T_s E(z), \tag{4.11}$$

ou seja,

$$\frac{U(z)}{E(z)} = \frac{T_s}{1 - z^{-1}}. \tag{4.12}$$

A seguinte substituição é utilizada para obtenção do equivalente discreto:

$$s = \frac{1 - z^{-1}}{T_s} = \frac{z - 1}{zT_s}. \tag{4.13}$$

Outra regra que pode ser utilizada é a trapezoidal, como mostrado na Figura 4.1 (c). Com isso,

$$u(nT_s) = u([n-1]T_s) + \frac{T_s}{2}\{e([n-1]Ts) + e(nT_s)\}. \tag{4.14}$$

A sequência obtida é dada por

$$u[n] = u[n-1] + \frac{T_s}{2}\left(e[n-1] + e[n]\right). \tag{4.15}$$

Aplicando a transformada-z e separando os termos em $U(z)$ e $E(z)$, obtém-se

$$U(z)\left(1 - z^{-1}\right) = \frac{T_s}{2}E(z)\left(1 + z^{-1}\right), \tag{4.16}$$

ou seja,

$$\frac{U(z)}{E(z)} = \frac{T_s}{2}\frac{1 + z^{-1}}{1 - z^{-1}}. \tag{4.17}$$

A aproximação discreta é obtida com a seguinte substituição:

$$s = \frac{2}{T_s}\frac{(1 - z^{-1})}{(1 + z^{-1})} = \frac{2}{T_s}\frac{(z-1)}{(z+1)}. \tag{4.18}$$

As três equivalentes discretas são resumidas na Tabela 4.1.

Tabela 4.1 – Resumo dos equivalentes discretos.

Método	**Aproximação**
Forward	$s = \dfrac{z-1}{T_s}$
Backward	$s = \dfrac{z-1}{T_s z}$
Trapezoidal	$s = \dfrac{2}{T_s}\dfrac{(z-1)}{(z+1)}$

O método trapezoidal é também conhecido como método de Tustin, ou transformação bilinear. A transformação bilinear também pode ser obtida ao observar que $z = e^{sT_s} \Rightarrow s = (1/T_s)\ln(z)$. A função $\ln(z)$ pode ser expandida como

$$\ln(z) = 2\left(\frac{z-1}{z+1} + \frac{1}{3}\left(\frac{z-1}{z+1}\right)^3 + \frac{1}{5}\left(\frac{z-1}{z+1}\right)^5 + \cdots\right). \tag{4.19}$$

Logo,

$$\begin{aligned} s = \frac{1}{T_s}\ln(z) &= \frac{2}{T_s}\left(\frac{z-1}{z+1} + \frac{1}{3}\left(\frac{z-1}{z+1}\right)^3 + \frac{1}{5}\left(\frac{z-1}{z+1}\right)^5 + \cdots\right) \\ &\approx \frac{2}{T_s}\frac{(z-1)}{(z+1)}, \end{aligned} \tag{4.20}$$

sendo que a aproximação considera apenas o termo de primeira ordem. Com isso,

$$C_D(z) \approx C(s)|_{s=\frac{2}{T_s}\frac{(z-1)}{(z+1)}}. \tag{4.21}$$

Para se ter uma ideia gráfica do mapeamento da região estável do plano-s no plano-z, considerando os métodos retangular para frente, retangular para trás e bilinear, pode-se aplicar $\text{Re}\{s\} < 0$ nas relações da Tabela 4.1 [Castrucci, Bittar e Sales 2018].

Na regra retangular para frente, tem-se que $s = (z-1)/T_s$. Assim, como $T_s > 0$, a região $\text{Re}\{s\} < 0$ é mapeada em $\text{Re}\{z\} < 1$, como ilustrado na Figura 4.2 (a), em que a região cinza representa o semiplano esquerdo do plano-s mapeado no domínio-z. Pode-se, portanto, concluir que um sistema estável em s pode ser mapeado em um sistema instável em z. Com este método, para que um polo estável no plano-s seja mapeado em um polo estável no plano-z, deve-se garantir que $|z| < 1 \Rightarrow |1 + T_s s| < 1$. Suponha um polo estável qualquer no plano-s, $s_0 = -\sigma \pm j\omega_d$. Assim,

$$\begin{aligned} &|1 + T_s(-\sigma \pm j\omega_d)| < 1, \\ &|-T_s\sigma + 1 \pm jT_s\omega_d)| < 1, \\ &T_s^2\sigma^2 + 2T_s\sigma + 1 + T_s^2\omega_d^2 < 1, \\ &T_s < \frac{2\sigma}{\sigma^2 + \omega_d^2}. \end{aligned} \tag{4.22}$$

Em sistemas de segunda ordem, tem-se $\sigma = \zeta\omega_n$ e $\omega_d = \omega_n\sqrt{(1-\zeta^2)}$, em que ζ é o coeficiente de amortecimento e ω_n a frequência natural. Nesse caso, a relação (4.22) pode ser escrita como $T_s < \frac{2\zeta}{\omega_n}$. Por outro lado, para sistemas de primeira ordem, i.e., $s_0 = -\sigma$, a condição resulta em $T_s < 2/\sigma$.

Para a regra retangular para trás, $s = (z-1)/(T_s z)$. A variável complexa z será representada como $z = x + jy$. Assim, como $T_s > 0$, a região $\text{Re}\{s\} < 0$ é mapeada da seguinte forma:

$$\begin{aligned} \text{Re}\left\{\frac{z-1}{T_s z}\right\} < 0 &\Rightarrow \text{Re}\left\{\frac{x-1+jy}{x+jy}\right\} < 0 \Rightarrow (x^2 - x + y^2) < 0 \\ &\Rightarrow \left(x - \frac{1}{2}\right)^2 + y^2 < \left(\frac{1}{2}\right)^2. \end{aligned} \tag{4.23}$$

Com isso, o semiplano esquerdo do plano-s é mapeado no interior da circunferência de raio 1/2, centrada no ponto (0, 5; 0), como visto na Figura 4.1(b). Logo, como esse método, um polo estável em s é sempre mapeado em um polo estável em z.

Por fim, para a transformação bilinear, a região $\text{Re}\{s\} < 0$ é mapeada da seguinte forma:

$$\begin{aligned} \text{Re}\left\{\frac{2}{T_s}\frac{z-1}{z+1}\right\} < 0 \quad &\Rightarrow \quad \text{Re}\left\{\frac{x-1+jy}{x+1+jy}\right\} < 0 \Rightarrow (x^2-1+y^2) < 0 \\ &\Rightarrow \quad x^2+y^2 < 1. \end{aligned} \tag{4.24}$$

Logo, o semiplano da esquerda do plano-s é mapeado no círculo unitário do plano-z, como ilustrado na Figura 4.2 (c).

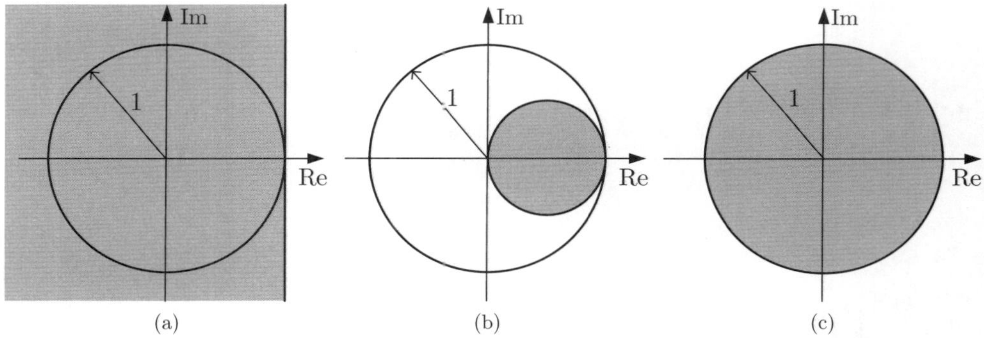

Figura 4.2 – Mapeamento do semiplano da esquerda plano-s no plano-z para (a) retangular para frente; (b) retangular para trás; (c) bilinear.

A Figura 4.3 ilustra a resposta ao degrau contínua e as versões em tempo discreto dos três métodos apresentados nesta seção, considerando o sistema $1/s$ (integrador). O período de amostragem é fixado em $T_s = 0,2$ s. O Exemplo 4.2 traz uma comparação entre os métodos apresentados.

Com o método de Tustin, apesar de toda a região estável do plano-s (semiplano da esquerda) ser mapeada dentro de toda a região estável do plano-z (círculo unitário), há distorções. Seja ω_A um ponto no eixo imaginário do plano-s. Nota-se que pontos sobre o eixo imaginário do plano-s são mapeados em pontos sobre a circunferência unitária no plano-z e vice-versa. Utilizando a transformação bilinear de $s = 0 + j\omega_A$ para z, tem-se

$$j\omega_A = \frac{2}{T_s}\frac{(z-1)}{(z+1)}. \tag{4.25}$$

Considere ω_D, tal que

$$z = \epsilon^{sT_s} = e^{j\omega_D T_s}. \tag{4.26}$$

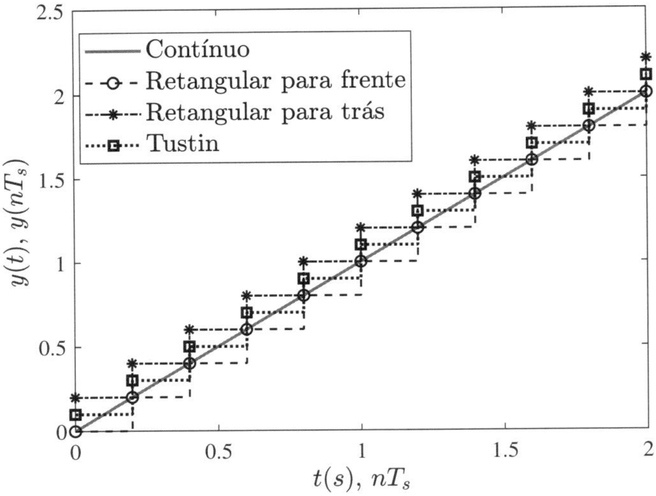

Figura 4.3 – Resposta ao degrau para o sistema integrador com diferentes métodos de discretização.

Ao substituir (4.26) em (4.25), pode-se medir a distorção de frequência que ocorre quando o método de Tustin é utilizado para discretizar uma função de transferência, pois

$$j\omega_A = \frac{2}{T_s}\frac{e^{j\omega_D T_s}-1}{e^{j\omega_D T_s}+1} = \frac{2}{T_s}\frac{e^{j\omega_D T_s/2}\left(e^{j\omega_D T_s/2}-e^{-j\omega_D T_s/2}\right)}{e^{j\omega_D T_s/2}\left(e^{j\omega_D T_s/2}+e^{-j\omega_D T_s/2}\right)} = \frac{2}{T_s}\frac{2j\,\mathrm{sen}\left(\omega_D T_s/2\right)}{2\cos\left(\omega_D T_s/2\right)}, \tag{4.27}$$

ou seja,

$$\omega_A = \frac{2}{T_s}\tan\left(\omega_D T_s/2\right). \tag{4.28}$$

Se $\tan\left(\omega_D T_s/2\right) \approx \omega_D T_s/2$, ou seja, quando $\omega_D T_s$ é pequeno (altas frequências de amostragem), $\omega_A \approx \omega_D$ e, portanto, a distorção é minimizada. Uma forma de compensar as distorções em uma dada frequência ω_c, geralmente a frequência de corte do filtro, é utilizar o procedimento de *prewarping* na frequência ω_c. A ideia é garantir que, em ω_c, a função de transferência discreta tenha as mesmas características da função em tempo contínuo correspondente. Note que isso pode ser feito se

$$s = \frac{\omega_c}{\tan(\omega_c T_s/2)}\frac{(z-1)}{(z+1)}. \tag{4.29}$$

Portanto, com *prewarping*, tem-se a seguinte equivalência:

$$C_D(z) = C(s)\big|_{s=\frac{\omega_c}{\tan(\omega_c T_s/2)}\frac{(z-1)}{(z+1)}}. \tag{4.30}$$

O comando em MATLAB® para a transformação bilinear com *prewarping* em ω_c é: `C_D = c2d(C,T_s,'prewarp',wc)`, como apresentado no Exemplo 4.3.

✍ **Exemplo 4.2:** Considere o sistema

$$C(s) = \frac{1}{(s+2)^2}.$$

Obtenha o modelo discreto utilizando os métodos retangular para frente, para trás e Tustin. Utilize um período de amostragem de $T_s = 0,2$ s.

Solução: pelo método retangular para frente, tem-se

$$\begin{aligned} C_{D1}(z) &= \frac{1}{\left(\frac{z-1}{T_s}+2\right)^2} = \frac{T_s^2}{(z-1+2T_s)^2} \\ &= \frac{T_s^2}{z^2-2z+1+4T_s(z-1)+4T_s^2} \\ &= \frac{0,04}{z^2-1,2z+0,36}. \end{aligned}$$

Observe que os dois polos contínuos (ambos em $s = -2$) são mapeados no plano-z como polos estáveis. Isso também pode ser verificado pela condição (4.22), ou seja, $T_s < 2/2 = 1$.

Pelo método retangular para trás,

$$\begin{aligned} C_{D2}(z) &= \frac{1}{\left(\frac{z-1}{T_s z}+2\right)^2} = \frac{T_s^2 z^2}{(z-1+2T_s z)^2} \\ &= \frac{T_s^2 z^2}{z^2-2z+1+4T_s z(z-1)+4T_s^2 z^2} \\ &= \frac{T_s^2 z^2}{(1+4T_s+4T_s^2)z^2-(4T_s+2)z+1} \\ &= \frac{0,04z^2}{1,96z^2-2,8z+1} = \frac{0,0204z^2}{z^2-1,429z+0,5102}. \end{aligned}$$

Por último, utilizando o método de Tustin,

$$\begin{aligned} C_{D3}(z) &= \frac{1}{\left(\frac{2}{T_s}\frac{z-1}{z+1}+2\right)^2} = \frac{T_s^2(z+1)^2}{(2(z-1)+2T_s(z+1))^2} \\ &= \frac{T_s^2 z^2+2T_s^2 z+T_s^2}{4(z^2-2z+1)+8T_s(z-1)(z+1)+4T_s^2(z^2+2z+1)} \\ &= \frac{T_s^2 z^2+2T_s^2 z+T_s^2}{(4+8T_s+4T_s^2)z^2+(-8+8T_s^2)z+(4-8T_s+4T_s^2)} \\ &= \frac{0,04z^2+0,08z+0,04}{5,76z^2-7,68z+2,56} = \frac{0,00694z^2+0,01389z+0,00694}{z^2-1,333z+0,4444}. \end{aligned}$$

A Figura 4.4 mostra a resposta ao degrau unitário do sistema contínuo e dos três métodos de discretização.

No MATLAB®, para discretizar um sistema com período de amostragem T_s através da transformada bilinear, pode-se fazer `C_D = c2d(C,T_s,'tustin')`. O comando `c2d` também pode ser utilizado para obter equivalentes discretos considerando os métodos da invariância ao impulso, casamento polo e zero e segurador de ordem zero, além de outros. No entanto, os métodos retangular para frente e para trás não estão disponíveis nesta função. Para esses dois métodos, pode-se utilizar o comando `bilin` do *Robust Control Toolbox*. O seguinte *script* do MATLAB® é utilizado para resolver este exemplo:

```
clear all; close all; clc;
s = tf('s'); z = tf('z'); Ts = 0.2;
C = 1/((s+2)^2);
Cd1 = tf(bilin(ss(C),1,'FwdRec',Ts)); %bilin é aplicada em espaço de
    estados
Cd2 = tf(bilin(ss(C),1,'BwdRec',Ts));
Cd3 = c2d(C,Ts,'Tustin');
t = 0:Ts/10:5; td = 0:Ts:5;
y = step(C,t); y1 = step(Cd1,td);
y2 = step(Cd2,td); y3 = step(Cd3,td);
plot(t,y,'k'); hold on;
stairs(td,y1,'b'); stairs(td,y2,'r'); stairs(td,y3,'g');
legend('Contínuo','Retangular p/ frente','Retangular para trás','Tustin');
```

✍ **Exemplo 4.3:** Obtenha o equivalente discreto de

$$C(s) = \frac{4}{(s+2)^2},$$

utilizando $T_s = 0,25$ s e considerando os métodos de Tustin sem *prewarping* e com *prewarping* na frequência $\omega_c = 6,866$ (rad/s). Faça os gráficos de resposta em frequência e compare-os com o sistema em tempo contínuo.

Solução: com o método de Tustin sem *prewarping*,

$$C_{D1} = \frac{4}{\left(8\frac{(z-1)}{(z+1)} + 2\right)^2} = 0,04\frac{(z+1)^2}{(z-0,6)^2}.$$

Com *prewarping*, note que $\omega_c/(\tan(\omega_c T_s/2)) = 5,9320$. Assim,

$$C_{D2} = \frac{4}{\left(5,9320\frac{(z-1)}{(z+1)} + 2\right)^2} = 0,063576\frac{(z+1)^2}{(z-0,4957)^2},$$

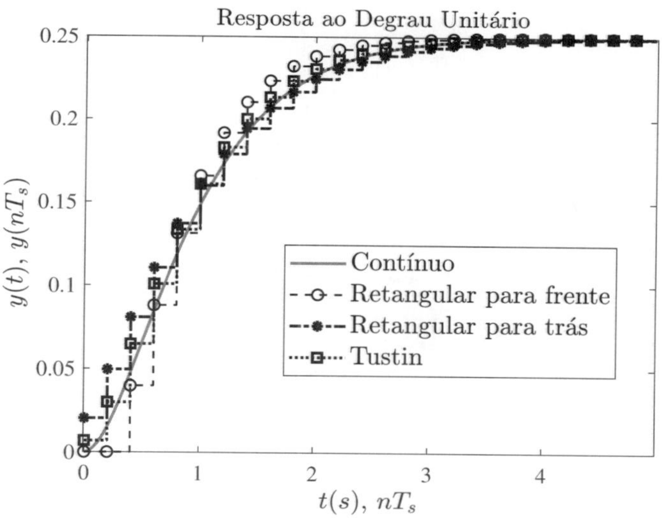

Figura 4.4 – Resposta ao degrau do Exemplo 4.2 com diferentes métodos de discretização.

No MATLAB®, o seguinte *script* foi gerado:

```
clear all; close all; clc;
s = tf('s'); z = tf('z'); Ts = 1/4;
C = 4/((s+2)^2); wc = 6.866;
Cd1 = c2d(C,Ts,'Tustin'); Cd2 = c2d(C,Ts,'Prewarp',wc);
w = logspace(log10(0.1),log10(10),50);
[M,F]=bode(C,w); [Md1,Fd1]=bode(Cd1,w);
[Md2,Fd2]=bode(Cd2,w);
figure(1); subplot(211);
semilogx(w,20*log10(M(:)),'k'); hold on;
semilogx(w,20*log10(Md1(:)),'b*');
semilogx(w,20*log10(Md2(:)),'ro');axis([0.1 10 -50 0]);
subplot(212); semilogx(w,F(:),'k'); hold on;
semilogx(w,Fd1(:),'b*'); semilogx(w,Fd2(:),'ro');
axis([0.1 10 -200 0]);
```

Os gráficos de resposta em frequência são apresentados na Figura 4.5. Note que, com *prewarping*, a resposta do sistema discretizado coincide com a do sistema contínuo em $\omega = \omega_c$.

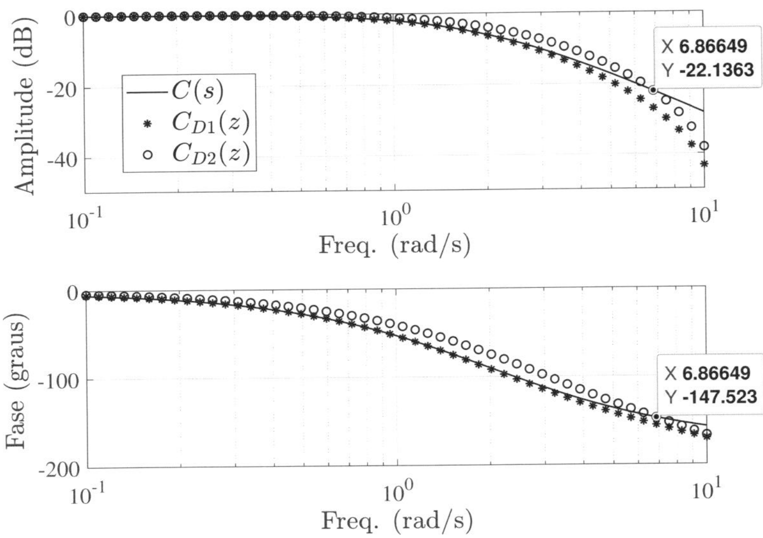

Figura 4.5 – Gráficos de resposta em frequência do Exemplo 4.3.

Algumas observações sobre os métodos de discretização:

- Quanto menor o período de amostragem, melhor é a aproximação do sistema em tempo contínuo original pelo sistema em tempo discreto. Mas cuidado com a diminuição exagerada de T_s. Por exemplo, com a equivalência $z = e^{sT_s}$, para $T_s \to 0$, $z \to 1$. Próximo do ponto $z = 1$, as linhas de coeficientes de amortecimento constante são muito próximas. Se a precisão computacional não for adequada, podem ocorrer discrepâncias em relação às especificações de projeto.
- Para usar o método retangular para frente, deve-se sempre verificar se a frequência de amostragem não vai gerar polos instáveis.
- Se a frequência de amostragem for próxima da taxa de Nyquist, recomenda-se utilizar métodos com menor distorção, tais como Tustin ou mapeamento casado polo-zero.
- O método de Tustin não é adequado para aproximação de derivadas puras, por exemplo, a ação derivativa de um controlador PID, pois isso gera uma resposta oscilatória devido ao polo em $z = -1$.
- Com Tustin e com o mapeamento casado polo-zero apresentado em 2(i), as funções de transferência discretas serão bipróprias. Se isso for indesejável, pode-se então utilizar a versão estritamente própria do casamento polo zero apresentada em 2(ii).

4.3 Discretização de controladores PID

O PID básico, contínuo, é dado por

$$u(t) = K_P \left(e(t) + \frac{1}{T_I} \int_0^t e(\tau)\, d\tau + T_D \frac{d\, e(t)}{dt} \right), \tag{4.31}$$

em que K_c, T_i e T_d representam, respectivamente, o ganho proporcional, o tempo integrativo (ou *reset time*) e o tempo derivativo.

A ação de controle pode ser dividida nas parcelas

$$u_P(t) = K_P\, e(t), \tag{4.32}$$

$$u_I(t) = \frac{K_P}{T_I} \int_0^t e(\tau)\, d\tau, \tag{4.33}$$

e

$$u_D(t) = K_P T_D \frac{d\, e(t)}{dt}. \tag{4.34}$$

Uma descrição mais detalhada deste tipo de controlador é apresentada no Apêndice A. A discretização da parte proporcional é dada por $u_P[n] = K_P\, e[n]$. Ao considerar a aproximação retangular para trás nas parcelas integrativa e derivativa, chega-se em

$$u_I[n] = \frac{K_P\, T_s}{T_I} \sum_{k=0}^{n} e[k] \Rightarrow u_I[n] = u_I[n-1] + \frac{K_P\, T_s}{T_I} e[n], \tag{4.35}$$

e

$$u_D[n] = \frac{K_P T_D}{T_s} \left(e[n] - e[n-1] \right). \tag{4.36}$$

Assim, a ação de controle corresponde à soma das três parcelas, ou seja,

$$u[n] = u_P[n] + u_I[n] + u_D[n]. \tag{4.37}$$

Esta formulação é conhecida na literatura como PID posicional, tendo como vantagem o fato de as parcelas proporcional, integrativa e derivativa serem obtidas separadamente.

Se o método de Tustin for utilizado para a parcela integrativa, tem-se que

$$u_I[n] = u_I[n-1] + \frac{K_P\, T_s}{2T_I} (e[n] + e[n-1]). \tag{4.38}$$

Como pode ser visto no Apêndice A, a função de transferência do controle PID realizável é dada por

$$\frac{U(s)}{E(s)} = K_P \left(1 + \frac{1}{T_I s} + \frac{T_D s}{(T_D/N)s + 1} \right), \tag{4.39}$$

em que um polo em $-N/T_d$ é adicionado à parcela derivativa. Neste caso, a função de transferência da parcela derivativa isolada é dada por

$$\frac{U_D(s)}{E(s)} = K_P \frac{T_D s}{(T_D/N)s + 1}. \tag{4.40}$$

Utilizando a técnica de discretização retangular para trás, chega-se em

$$\frac{U_D(z)}{E(z)} = \frac{K_P N T_D}{(T_D + NT_s)} \frac{z - 1}{\left(z - \frac{T_D}{(T_D + NT_s)}\right)}. \tag{4.41}$$

Para T_D pequeno, o que ocorre frequentemente, o polo ficará situado próximo de $z = 0$. A equação de diferenças da parcela derivativa é dada por

$$u_D[n] = \frac{T_D}{(T_D + NT_s)} u_D[n-1] + \frac{K_P N T_D}{(T_D + NT_s)} (e[n] - e[n-1]). \tag{4.42}$$

Como comentado no Apêndice A, para amenizar o efeito *kick derivativo*, a parcela derivativa pode atuar diretamente na realimentação de saída, o que resulta em

$$U(s) = K_P \left(1 + \frac{1}{T_I s}\right) E(s) - K_P \frac{T_D s}{(T_D/N)s + 1} Y(s). \tag{4.43}$$

Com isso, a seguinte equação de diferenças é obtida:

$$u_D[n] = \frac{T_D}{(T_D + NT_s)} u_D[n-1] - \frac{K_P N T_D}{(T_D + NT_s)} (y[n] - y[n-1]). \tag{4.44}$$

Com relação à implementação do controlador digital, uma forma simples de *anti-windup* consiste em "congelar" a ação integrativa quando há saturação, conforme o pseudocódigo a seguir [1]. Assume-se que a saturação do atuador é conhecida e igual a ±sat.

```
%PID posicional com anti-windup (v.1)
if (u[n-1] >= sat || u[n-1] <= -sat)
      e_i[n]=0;
else
      e_i[n]=r[n]-y[n];
end
e[n] = r[n]-y[n];
u_P[n] = K_P*e[n];
u_I[n] = u_I[n-1] + (K_P*T_s/T_I)*e_i[n]; %Ex: backward
u_D[n] = T_D/(T_D+N*T_s)*u_D[n-1]-(K_P*N*T_D)/(T_D+N*T_s)*(y[n]-y[n-1]);
u[n]=u_P[n]+u_I[n]+u_D[n];
```

[1] Os pseudocódigos aqui apresentados estão em uma linguagem genérica – uma combinação de linguagem C com MATLAB®.

Alternativamente, pode-se ter uma versão de *anti-windup* que consiste no equivalente discreto do sistema da Figura A.5 do Apêndice A, como mostrado a seguir:

```
%PID posicional com anti-windup (v.2)
a = Ts/T_t;
if (u[n-1] >= sat)
        e_u = u[n-1] - sat; %e_u: diferença do sinal de controle antes e
             depois da sat.
elseif (u[n-1] <= - sat)
        e_u = u[n-1] + sat;
else
    e_u = 0;
end
e[n] = r[n]-y[n];
u_P[n] = K_P*e[n];
u_I[n] = u_I[n-1] + (K_P*T_s/T_I)*e[n] - a*e_u; %Backward
u_D[n] = T_D/(T_D+N*T_s)*u_D[n-1]-(K_P*N*T_D)/(T_D+N*T_s)*(y[n]-y[n-1]);
u[n]=u_P[n]+u_I[n]+u_D[n];
```

Outra forma de PID digital é denominada PID incremental ou PID de velocidade. Tal forma é obtida tomando-se a diferença do PID de posição no instante n e no instante $(n-1)$, ou seja,

$$\Delta u[n] = u[n] - u[n-1] = \Delta u_P[n] + \Delta u_I[n] + \Delta u_D[n]. \tag{4.45}$$

Assim,

$$u[n] = u[n-1] + \Delta u_P[n] + \Delta u_I[n] + \Delta u_D[n]. \tag{4.46}$$

Assumindo a aproximação retangular para trás nas parcelas integrativa e derivativa, os termos incrementais são dados por

$$\Delta u_P[n] = u_P[n] - u_P[n-1] = K_P(e[n] - e[n-1]), \tag{4.47}$$

$$\Delta u_I[n] = u_I[n] - u_I[n-1] = \frac{K_P T_s}{T_I}\sum_{k=0}^{n} e[k] - \frac{K_P T_s}{T_I}\sum_{k=0}^{n-1} e[k] = \frac{K_P T_s}{T_I} e[n], \tag{4.48}$$

e, para a derivada ideal,

$$\begin{aligned}\Delta u_D[n] \quad &= \quad u_D[n] - u_D[n-1] = \\ &\frac{K_P T_D}{T_s}\left[(e[n] - e[n-1]) - (e[n-1] - e[n-2])\right] = \\ &\frac{K_P T_D}{T_s}\left(e[n] - 2e[n-1] + e[n-2]\right).\end{aligned} \tag{4.49}$$

Se o método de Tustin for utilizado para a parcela integrativa, chega-se em

$$\Delta u_I[n] = \frac{K_P T_s}{2T_I}(e[n] + e[n-1]). \tag{4.50}$$

Se a derivada da saída (com sinal trocado) for considerada ao invés da derivada do erro, tem-se

$$\Delta u_D[n] = -\frac{K_P T_D}{T_s}\left(y[n] - 2y[n-1] + y[n-2]\right). \tag{4.51}$$

Ainda, se for considerada a forma realizável com filtro na parcela derivativa e aproximação retangular para trás, tem-se que

$$\begin{aligned}\Delta u_D[n] &= \frac{T_D}{(T_D + NT_s)}\Delta u_D[n-1] - \\ &\quad \frac{K_P N T_D}{(T_D + NT_s)}\left(y[n] - 2y[n-1] + y[n-2]\right).\end{aligned} \tag{4.52}$$

A forma incremental é somente utilizada se a parcela integral estiver presente, ou seja, não é diretamente válida para controladores P e PD ideal. A vantagem deste método é que, a cada passo de cálculo, apenas valores incrementais são calculados para as parcelas do controlador, o que pode reduzir problemas com precisão numérica em ponto flutuante. Na hipótese de falha em alguma iteração do algoritmo, ao retornar para a condição normal de operação, a ação de controle ficará com o último valor válido. A forma incremental também favorece a implantação de transferência suave (*bumpless*) entre modos de operação manual e automático ou quando parâmetros do controlador necessitam ser ajustados *online*. O *anti-windup* na forma incremental pode ser aplicado como:

```
%PI incremental com anti-windup
e[n] = r[n]-y[n];
Du_P = K_P*(e[n]-e[n-1]);
Du_I=(K_P*T_s/(2*T_I))*(e[n] + e[n-1]); %Tustin
u[n] = u[n-1] + Du_P + Du_I;
if (u[n] >= sat)
u[n] = sat;
elseif (u[n] <= - sat)
u[n] = -sat;
end
```

O Exemplo 4.4 ilustra a discretização de controladores PID de várias formas diferentes.

✍ **Exemplo 4.4:** Considere o diagrama de simulação da Figura 4.6, que consiste no controle de velocidade de um motor de corrente contínua. Para tal sistema, foi projetado um controlador PID com os seguintes parâmetros: $K_P = 3$, $T_I = 0,5$, $T_D = 0,3$. O atuador é limitado em ±30V. Programe o código da *Matlab Function* do controlador digital considerando:

a) PID posicional, com discretização retangular para trás nos termos I e D, sem *anti-windup* em I, com derivada da saída e sem polo adicional em D.

b) PID posicional, com discretização retangular para trás nos termos I e D, com *anti-windup* em I, com derivada da saída e sem polo adicional em D.

c) PID posicional, com discretização retangular para trás nos termos I e D, com *anti-windup* em I, com derivada da saída e com polo adicional em D, assumindo $N = 3$. Para o *anti-windup*, utilize a versão discreta do diagrama apresentado no Apêndice A, Figura A.5, com $T_t = \sqrt{T_I T_D}$.

d) PID incremental, com discretização trapezoidal em I e retangular para trás em D, com *anti-windup* em I, com derivada da saída e com polo adicional em D, assumindo $N = 3$.

Em todos os casos, considere:

- período de amostragem $T_s = 0,02$s;
- duração da simulação igual a 60s;
- sinal de entrada degrau de amplitude igual a 2;
- entrada distúrbio tipo pulso retangular de amplitude 20, de $t = 15$s a $t = 35$s;
- ruído de medida com média nula e variância igual a 0,01.

Solução: o exemplo foi resolvido diretamente no MATLAB/Simulink®, com os diagramas da Figura 4.7. O *script* principal e o código das *Matlab Functios* são apresentados a seguir. Os resultados são mostrados na Figura 4.8.

```
clear all; close all; clc;
rng shuffle
K_P = 3; T_I = 0.5; T_D = 0.3; N = 3; %Parâmetros PID
t_step = 1; %Tempo de aplicação do degrau
veloc = 2;  %Velocidade de referência (rad/s)
t_disturb_1 = 15; %Tempo de entrada do distúrbio casado
t_disturb_2 = 35; %Tempo de saída do distúrbio casado
disturb = 20; %Amplitude do pulso de distúrbio
var_ruido = 0.01; %Variância do ruído de medida
Ts = 0.02; %Período de Amostragem
```

```
T_t = sqrt(T_I*T_D); %Tempo de atracamento do anti-windup
sat = 30; %Saturação do atuador
param = [Ts, K_P, T_I, T_D, T_t, N, sat];
item = 'a'; t_run = 60; %Tempo de simulação (segundos)
switch item
        case 'a'
                sim('SIM_Ex_04_04a.slx');
        case 'b'
                sim('SIM_Ex_04_04b.slx');
        case 'c'
                sim('SIM_Ex_04_04c.slx');
        otherwise
                sim('SIM_Ex_04_04d.slx');
end
figure;subplot(121); plot(t_sim, y, t_sim, r); %Gráfico de saída
xlabel('Tempo (s)'); ylabel('Amplitide');
n = 0:Ts:Ts*(length(u)-1); %Vetor de tempo discreto
subplot(122); stairs(n, u,'k'); %Gráfico do sinal de controle
xlabel('Tempo (nT_s)'); ylabel('Amplitide');
```

```
function u  = fcn(e,y,param)
global y_ant; global u_D_ant; global u_I_ant;
Ts = param(1); K_P = param(2); T_I = param(3); T_D = param(4);
T_t = param(5); N = param(6); sat = param(7);
%PID posicional sem anti-windup (item A)
u_P = K_P*e;
u_I = u_I_ant + (K_P*Ts/T_I)*e;
u_D = -(K_P*T_D)/(Ts)*(y-y_ant);
u = u_P + u_I + u_D;
y_ant = y; u_I_ant = u_I; u_D_ant = u_D; u_ant = u;
```

```
function u  = fcn(e,y,param)
global u_ant; global y_ant; global u_D_ant; global u_I_ant;
Ts = param(1); K_P = param(2); T_I = param(3); T_D = param(4);
T_t = param(5); N = param(6); sat = param(7);
%PID posicional com anti-windup (item B)
if or(u_ant >= sat, u_ant <= - sat)
        e_i = 0;
else
        e_i = e;
end
u_P = K_P*e;
u_I = u_I_ant + (K_P*Ts/T_I)*e_i;
u_D = -(K_P*T_D)/(Ts)*(y-y_ant);
```

```
u = u_P + u_I + u_D;
y_ant = y; u_I_ant = u_I; u_D_ant = u_D; u_ant = u;
```

```
function u  = fcn(e,y,param)
global u_ant; global y_ant; global u_D_ant; global u_I_ant;
Ts = param(1); K_P = param(2); T_I = param(3); T_D = param(4);
T_t = param(5); N = param(6);
sat = param(7);
a = Ts/T_t;
%PID posicional com anti-windup (item C)
if (u_ant >= sat)
        e_u = u_ant - sat;
elseif (u_ant <= - sat)
        e_u = u_ant + sat;
else
        e_u = 0;
end
u_P = K_P*e;
u_I = u_I_ant + (K_P*Ts/T_I)*e - e_u*a;
u_D = T_D/(T_D+N*Ts)*u_D_ant -(K_P*N*T_D)/(T_D+N*Ts)*(y-y_ant);
u = u_P + u_I + u_D;
y_ant = y; u_I_ant = u_I; u_D_ant = u_D; u_ant = u;
```

```
function u  = fcn(e,y,param)
global u_ant; global y_ant; global y_ant_2; global Du_D_ant; global e_ant;
Ts = param(1); K_P = param(2); T_I = param(3); T_D = param(4);
T_t = param(5); N = param(6); sat = param(7);
%PID incremental com anti-windup (item D)
Du_P = K_P*(e - e_ant);
Du_I = (K_P*Ts/(2*T_I))*(e + e_ant);
Du_D = T_D/(T_D+N*Ts)*Du_D_ant -(K_P*N*T_D)/(T_D+N*Ts)*(y-2*y_ant+y_ant_2);
u = u_ant + Du_P + Du_I + Du_D;
if (u >= sat)
        u = sat;
elseif (u <= - sat)
        u = -sat;
end
y_ant_2 = y_ant;  y_ant = y; Du_D_ant = Du_D; u_ant = u; e_ant = e;
```

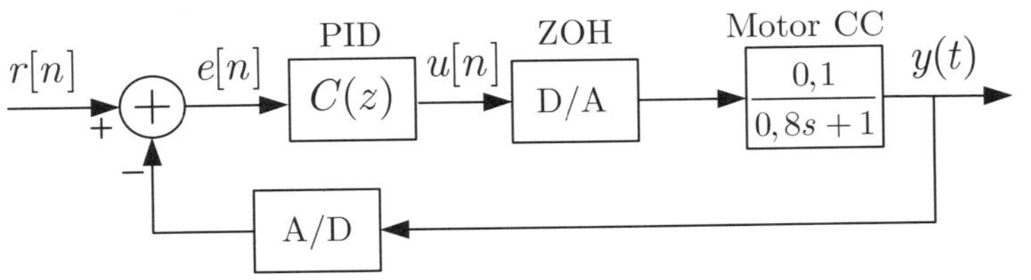

Figura 4.6 – Sistema de controle do Exemplo 4.4.

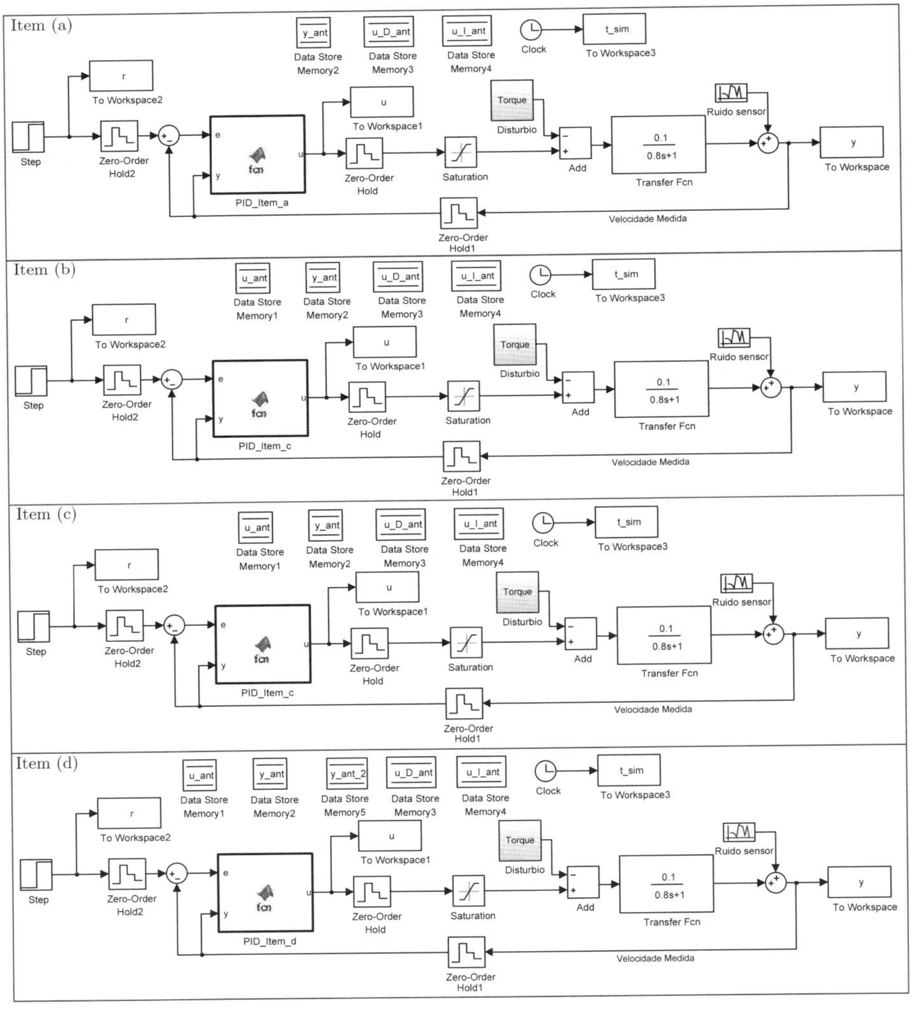

Figura 4.7 – Diagramas de simulação do Exemplo 4.4.

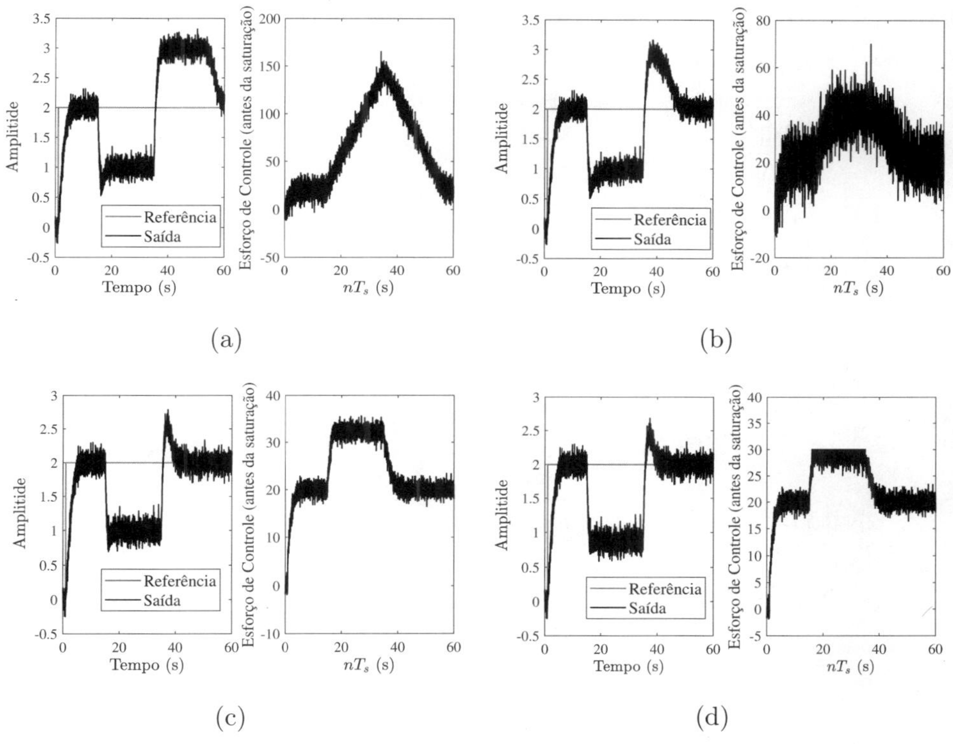

Figura 4.8 – Resposta do Exemplo 4.4. Na Figura (a) fica evidente o efeito nocivo do *windup* do integrador, o que é compensado nas respostas das Figuras (b), (c) e (d). Verifica-se também nas respostas (c) e (d) que o polo adicional na ação derivativa resulta em um esforço de controle menos ruidoso.

4.4 Aproximação por segurador de ordem zero

Até este ponto foram apresentados métodos que resultam em sistemas discretos equivalentes ao sistema contínuo original. Essa ideia permite obter controladores digitais a partir de um controlador contínuo.

Porém, outra forma de projeto consiste em discretizar a planta e projetar o controlador discreto, sem passar pelo projeto contínuo, o que será apresentado em capítulos subsequentes. Esta aproximação é utilizada quando se deseja obter uma representação discreta de um sistema incluindo o efeito do segurador de ordem zero e da amostragem, conforme apresentado na Figura 4.9.

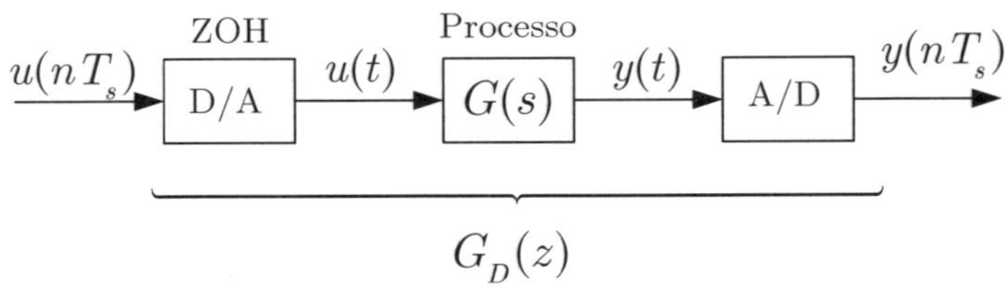

Figura 4.9 – Equivalência do subsistema ZOH + processo + A/D.

O equivalente discreto de $G(s)$ com ZOH pode ser obtido como

$$G_D(z) = \mathcal{Z}\left\{\frac{1-e^{-T_s s}}{s}G(s)\right\} = \mathcal{Z}\left\{\frac{G(s)}{s}\right\} - \mathcal{Z}\left\{e^{-T_s s}\frac{G(s)}{s}\right\}. \tag{4.53}$$

Como $e^{-T_s s}$ é exatamente um atraso de um período de amostragem, verifica-se que

$$\mathcal{Z}\left\{e^{-T_s s}\frac{G(s)}{s}\right\} = z^{-1}\mathcal{Z}\left\{\frac{G(s)}{s}\right\}. \tag{4.54}$$

Portanto,

$$G_D(z) = \left(1-z^{-1}\right)\mathcal{Z}\left\{\frac{G(s)}{s}\right\}. \tag{4.55}$$

Considere que a resposta ao degrau do sistema em tempo discreto seja coincidente com a do sistema em tempo contínuo nos instantes de amostragem, ou seja,

$$\mathcal{Z}^{-1}\left\{G_D(z)\frac{1}{1-z^{-1}}\right\} = \mathcal{L}^{-1}\left\{G(s)\frac{1}{s}\right\}\Bigg|_{t=nT_s}. \tag{4.56}$$

Assim,

$$G_D(z)\frac{1}{1-z^{-1}} = \mathcal{Z}\left\{\frac{G(s)}{s}\right\}, \tag{4.57}$$

ou ainda

$$G_D(z) = (1 - z^{-1})\mathcal{Z}\left\{\frac{G(s)}{s}\right\}. \quad (4.58)$$

Por essa razão, a aproximação por ZOH também é conhecida com **invariância ao degrau**.

Para realizar um projeto de controle diretamente no plano-z a partir de uma planta contínua, deve-se, inicialmente, obter o equivalente discreto da planta pelo método ZOH. Atenção especial deve ser dada quando a ordem relativa do sistema (a diferença entre o número de polos finitos e o número de zeros finitos) é maior ou igual a dois. Nesses casos, se o período de amostragem for suficientemente pequeno, o sistema em tempo discreto pode apresentar zeros de fase não mínima, mesmo que o sistema em tempo contínuo seja de fase mínima [Åström, Hagander e Sternby 1980], [Hagiwara, Yuasa e Araki 1992]. Para técnicas de projeto que exigem sistemas de fase mínima, isso é um problema.

Neste caso, pode-se utilizar outro método de discretização, como o da **invariância ao impulso** (Seção 3.6). Se assim for feito, o efeito do atraso do ZOH não é inserido no modelo em tempo discreto, o que pode resultar em especificações de desempenho não atendidas no projeto do controlador. Tente, nesse caso, utilizar um período de amostragem suficientemente pequeno para que o efeito do atraso de $T_s/2$ não seja relevante.

O Exemplo 4.5 mostra o cálculo de um sistema discreto considerando o efeito do ZOH.

✍ **Exemplo 4.5:** Determine a função de transferência discreta da planta

$$G(s) = \frac{1}{s+4}.$$

Considere o efeito do ZOH e um período de amostragem de $T_s = 0,1$ s.

Solução:

$$\begin{aligned}
G_D(z) &= (1 - z^{-1})\mathcal{Z}\left\{\frac{1}{s(s+4)}\right\} \\
&= (1 - z^{-1})\mathcal{Z}\left\{\frac{1}{4s} - \frac{1}{4(s+4)}\right\} \\
&= (1 - z^{-1})\left[\frac{1}{4(1 - z^{-1})} - \frac{1}{4(1 - e^{-4T_s}z^{-1})}\right] \\
&= (1 - z^{-1})\left[\frac{z^{-1}(1 - e^{-4T_s})}{4(1 - z^{-1})(1 - e^{-4T_s}z^{-1})}\right].
\end{aligned}$$

Portanto,

$$G_D(z) = \frac{z^{-1}(1 - e^{-4T_s})}{4(1 - e^{-4T_s} z^{-1})} = \frac{0,0824}{z - 0,6703}.$$

Utilizando o MATLAB® tem-se a seguinte solução:

```
clear all; clc;
num = 1; den = [1 4];
G = tf(num,den);
Ts = 0.1;
Gd = c2d(G,Ts,'zoh')
```

Capítulo 5

Análise de Sistemas de Controle em Tempo Discreto

Neste capítulo é feita uma análise de sistemas de controle digitais no plano-z. Tal análise servirá de suporte para o projeto de controladores digitais.

5.1 Do plano-s para o plano-z

No Capítulo 3 as seguintes relações entre o plano-s e o plano-z foram apresentadas:

- O semiplano esquerdo do plano-s é mapeado no interior do círculo unitário no plano-z.
- Linhas verticais no plano-s com $\sigma = \zeta\omega_n$ constante, que estão relacionadas com o tempo de assentamento da resposta transitória, são mapeadas em circunferências concêntricas à origem no plano-z.
- Linhas horizontais no plano-s com ω_d constante, que estão relacionadas com o tempo de pico da resposta transitória, são mapeadas em linhas radiais no plano-z.
- Linhas radiais no plano-s com ζ constante, que estão relacionadas com o sobressinal da resposta transitória, são mapeadas em espirais no plano-z.

No plano-s, linhas com ζ constantes são normais a linhas com ω_n constantes. No plano-z, tal propriedade se mantém. A relação entre a posição de polos dominantes de malha fechada de um sistema no domínio-z e a resposta transitória está esquematizada na Figura 5.1.

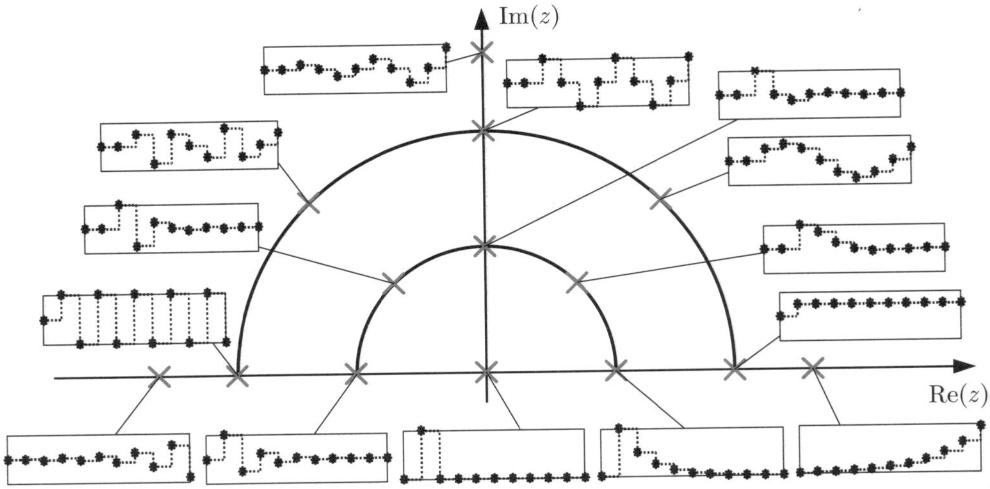

Figura 5.1 – Exemplos de respostas impulsivas discretas de acordo com a posição dos polos no plano-z, considerando apenas o semicírculo unitário com parte imaginária positiva. Assumiu-se que os sistemas não possuem zeros finitos.

O Exemplo 5.1 apresenta um procedimento para obter a região do plano-z a partir de uma região definida com especificações no plano-s.

✍ **Exemplo 5.1:** Indique no plano-s e no plano-z a região aceitável para localização dos polos de malha fechada de um sistema com $\zeta \geq 0,5$, $\omega_d \leq 2,5$ rad/s e $\zeta\omega_n \geq 1,0$. Considere período de amostragem $T_s = 0,25$ s.

Solução: como

$$z = e^{sT_s} = e^{-\zeta\omega_n T_s} e^{\pm j\omega_d T_s},$$

tem-se que:

$$|z| = e^{-\zeta\omega_n T_s};\ \zeta\omega_n \geq 1,0 \Rightarrow |z| \leq e^{-1,0 \cdot 0,25} \approx 0,7788,$$

$$\angle z = \pm\omega_d T_s;\ \omega_d \leq 2,5 \Rightarrow -0,625 \leq \angle z \leq 0,625 \Rightarrow -35,8^\circ \leq \angle z \leq 35,8^\circ,$$

ou seja, $\zeta\omega_n \geq 1,0$ corresponde no plano-z ao interior do círculo de raio 0,7788, ao passo que $\omega_d \leq 2,5$ corresponde ao setor circular de $-35,8^\circ$ a $35,8^\circ$. A linha $\zeta = 0,5$ é mapeada em um espiral no plano-z, conforme a equação (3.48). Isso também pode ser feito com o comando `zgrid` do MATLAB®. O mapeamento é ilustrado na Figura 5.2, construída a partir do seguinte *script*:

```
clear all; close all; clc;
zeta = 0.5; sigma = 1; wd=2.5; Ts = 0.25;
subplot(121) %Plano_s
s1 = linspace(0,-4,1e3)*exp(sqrt(-1)*acos(zeta)); %zeta cte
plot(real(s1), imag(s1),'k'); hold on; plot(real(s1'), imag(s1'),'k');
s2 = linspace(0,-5,1e3); %wd cte
plot(s2,repmat(wd,1,length(s2)),'k');plot(s2,-repmat(wd,1,length(s2)),'k');
s3 = linspace(-4,4,1e3); %sigma = -zeta*wn cte;
plot(repmat(-sigma,1,length(s3)),s3,'k'); axis('square');
subplot(122) %plano_z
%zgrid(zeta); hold on; %zeta cte
z1 = exp(linspace(0,pi/Ts,1e5).*((-zeta/sqrt(1-zeta^2)+sqrt(-1)).*Ts));
plot(real(z1), imag(z1),'k');hold on; plot(real(z1'), imag(z1'),'k');
z2 = linspace(0,1,1e5)*exp(j*wd*Ts); %wd cte
plot(real(z2), imag(z2),'k'); plot(real(z2'), imag(z2'),'k');
z3 =  exp(-sigma*Ts).*exp(j*linspace(-pi,pi,1e5)); %sigma = -zeta*wn cte;
plot(real(z3), imag(z3),'k'); axis('square');
```

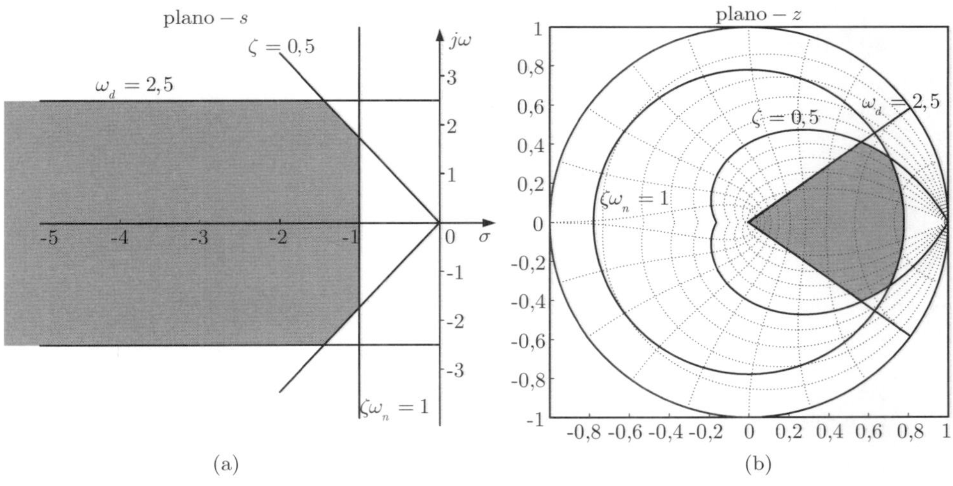

Figura 5.2 – Mapeamento $s \to z$ do Exemplo 5.1.

5.2 Análise de estabilidade

Considere o sistema em malha fechada representado na Figura 5.3.

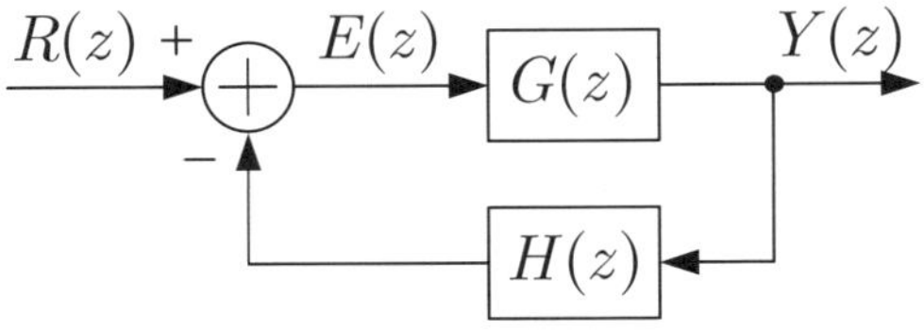

Figura 5.3 – Sistema em tempo discreto em malha fechada.

A função de transferência de malha aberta é dada por

$$F(z) = G(z)H(z), \tag{5.1}$$

e a de malha fechada por

$$G_{MF}(z) = \frac{Y(z)}{R(z)} = \frac{G(z)}{1 + F(z)} = \frac{G(z)}{1 + G(z)H(z)}. \tag{5.2}$$

A estabilidade desse sistema é determinada pela localização dos polos de malha fechada, obtidos pela solução da seguinte equação característica:

$$P(z) = 1 + F(z) = 0. \tag{5.3}$$

O sistema é absolutamente estável se os polos de malha fechada possuírem raio menor do que a unidade.

Caso não se conheça explicitamente as raízes de $P(z)$, pode-se utilizar o critério de Jury para determinar a estabilidade de um sistema em tempo discreto. Detalhes sobre esse critério são encontrados em referências clássicas de controle digital, tais como [Ogata 1995, Kuo 1992, Castrucci, Bittar e Sales 2018]. Em especial, em [Kuo 1992] é citado o artigo de E. I. Jury and J. Blanchard (1961) em que o método é proposto.

5.3 Análise de erro em regime estacionário

Alterações na entrada de referência causarão erros inevitáveis em regime transitório e, possivelmente, erros estacionários. Nesta seção será estudado o tipo de erro estacionário causado pela incapacidade de um sistema em tempo discreto seguir determinados tipos de sinal de entrada.

Sistemas de controle em tempo discreto podem ser classificados de acordo com o número de polos de malha aberta em $z = 1$. Suponha que um sistema possua a seguinte função de transferência em malha aberta:

$$F(z) = \frac{1}{(z-1)^N} \frac{B(z)}{A(z)}, \tag{5.4}$$

onde $\frac{B(z)}{A(z)}$ não possui nem polo nem zero em $z = 1$. Tal sistema é classificado como tipo 0 se $N = 0$, tipo 1 se $N = 1$, tipo 2 se $N = 2$, e assim por diante. O tipo de sistema está relacionado com o erro em regime estacionário para uma dada entrada.

Considere novamente o sistema em tempo discreto da Figura 5.3. O sinal de erro é dado por

$$E(z) = R(z) - F(z)E(z). \tag{5.5}$$

Logo,

$$E(z) = \frac{1}{1+F(z)} R(z). \tag{5.6}$$

Aplicando o teorema do valor final, tem-se

$$e_{ss} = \lim_{n\to\infty} e(nT_s) = \lim_{z\to 1} \left[(1-z^{-1}) \frac{1}{1+F(z)} R(z)\right]. \tag{5.7}$$

O erro estático de posição é definido em relação à entrada degrau unitário $R(z) = \frac{1}{1-z^{-1}}$, ou seja,

$$e_{ss} = \lim_{z\to 1} \left[(1-z^{-1}) \frac{1}{1+F(z)} \frac{1}{1-z^{-1}}\right], \tag{5.8}$$

que é equivalente a

$$e_{ss} = \lim_{z\to 1} \frac{1}{1+F(z)}. \tag{5.9}$$

Define-se $K_p = \lim_{z\to 1} F(z) = \lim_{z\to 1} \frac{1}{(z-1)^N} \frac{B(z)}{A(z)}$ como a constante de erro estático de posição. Logo,

$$e_{ss} = \frac{1}{1+K_p}. \tag{5.10}$$

Note que o erro estático de posição se torna zero se $K_p \to \infty$, o que requer que $F(z)$ possua um polo (ou mais) em $z = 1$ (seja pelo menos tipo 1).

Para entrada rampa unitária, $R(z) = \frac{T_s z^{-1}}{(1-z^{-1})^2}$, o erro em regime estacionário, definido como erro estático de velocidade, é dado por

$$e_{ss} = \lim_{z\to 1} \left[(1-z^{-1}) \frac{1}{1+F(z)} \frac{T_s z^{-1}}{(1-z^{-1})^2}\right], \tag{5.11}$$

que é equivalente a

$$e_{ss} = \lim_{z\to 1} \frac{T_s}{(1-z^{-1})F(z)}. \tag{5.12}$$

Define-se $K_v = \lim_{z\to 1} \frac{(1-z^{-1})F(z)}{T_s} = \lim_{z\to 1} \frac{(1-z^{-1})\frac{1}{(z-1)^N}\frac{B(z)}{A(z)}}{T_s}$ como a constante de erro estático de velocidade. Logo,

$$e_{ss} = \frac{1}{K_v}. \tag{5.13}$$

Note que erro estático de velocidade se torna zero se $K_v \to \infty$, o que requer que $F(z)$ possua pelo menos dois polos em $z = 1$ (seja pelo menos tipo 2).

O erro estático de aceleração é definido em função da entrada parábola unitária $R(z) = \frac{T_s^2(1+z^{-1})z^{-1}}{2(1-z^{-1})^3}$, de maneira que

$$e_{ss} = \lim_{z\to 1}\left[(1-z^{-1})\frac{1}{1+F(z)}\frac{T_s^2(1+z^{-1})z^{-1}}{2(1-z^{-1})^3}\right], \tag{5.14}$$

que, por sua vez, é equivalente a

$$e_{ss} = \lim_{z\to 1}\frac{T_s^2}{(1-z^{-1})^2F(z)}. \tag{5.15}$$

Similarmente, define-se $K_a = \lim_{z\to 1} \frac{(1-z^{-1})^2F(z)}{T_s^2} = \lim_{z\to 1} \frac{(1-z^{-1})^2\frac{1}{(z-1)^N}\frac{B(z)}{A(z)}}{T_s^2}$ como a constante de erro estático de aceleração. Desta forma,

$$e_{ss} = \frac{1}{K_a}. \tag{5.16}$$

Note que o erro estático de aceleração se torna zero se $K_a \to \infty$, o que requer que $F(z)$ possua pelo menos três polos em $z = 1$ (seja pelo menos tipo 3). A Tabela 5.1 relaciona o tipo de sistema com o erro em regime estacionário.

Tabela 5.1 – Sistema de controle com realimentação unitária.

	e_{ss} Posição	e_{ss} Velocidade	e_{ss} Aceleração
Tipo 0	$\frac{1}{1+K_p}$	∞	∞
Tipo 1	0	$\frac{1}{K_v}$	∞
Tipo 2	0	0	$\frac{1}{K_a}$

5.4 Lugar geométrico das raízes

Em sistemas de tempo discreto, a equação característica pode ser escrita como:

$$1 + F(z) = 0 \Rightarrow F(z) = -1. \tag{5.17}$$

Verifica-se que, no caso de sistemas de tempo discreto, as condições necessárias para que um dado ponto no plano-z esteja sobre o lugar geométrico das raízes (seja um polo de malha fechada) são semelhantes ao caso de sistemas contínuos, ou seja,

$$\text{Condição de módulo: } |F(z)| = 1, \tag{5.18}$$

$$\text{Condição de fase : } \angle F(z) = \pm 180^\circ(2k+1), \;\; k = 0,\, 1,\, 2,\, \ldots. \tag{5.19}$$

Para a construção do lugar geométrico das raízes (LGR) de sistemas discretos utilizando o MATLAB®, o comando `rlocus` é utilizado da mesma forma que em sistemas de tempo contínuo. O Exemplo 5.2 ilustra o processo de obtenção do LGR com auxílio do MATLAB® e apresenta uma análise de estabilidade em função do período de amostragem e do ganho em malha aberta.

✍ **Exemplo 5.2:** Considere o sistema da Figura 5.4, com $G(s) = 2/(s+2)$. Determine a equação característica do sistema e trace o gráfico do LGR utilizando o MATLAB®, considerando $T_s = 0,2$ s e $T_s = 1,0$ s.

Solução: o equivalente discreto de $G(s)$ com o ZOH é obtido como

$$\mathcal{Z}\left\{\text{ZOH}(s)G(s)\right\} = \mathcal{Z}\left\{\frac{1-e^{-sT_s}}{s}\frac{2}{s+2}\right\} = \left(1-z^{-1}\right)\mathcal{Z}\left\{\frac{2}{s(s+2)}\right\}.$$

Efetuando expansão em frações parciais e aplicando a transformada-z, tem-se

$$\begin{aligned}\mathcal{Z}\left\{\text{ZOH}(s)G(s)\right\} &= \left(1-z^{-1}\right)\mathcal{Z}\left\{\frac{1}{s}-\frac{1}{(s+2)}\right\}\\ &= \left(1-z^{-1}\right)\left(\frac{z}{z-1}-\frac{z}{z-e^{-2T_s}}\right) = \frac{1-e^{-2T_s}}{z-e^{-2T_s}}.\end{aligned}$$

A função de transferência de malha aberta é dada por

$$F(z) = C(z)\mathcal{Z}\left\{ZOH(s)G(s)\right\} = \frac{Kz}{z-1}\frac{1-e^{-2T_s}}{z-e^{-2T_s}}.$$

Para $T_s = 0,2$ s, tem-se:

$$F(z) = \frac{0,3297Kz}{(z-1)(z-0,6703)}.$$

Para $T_s = 1,0$ s, tem-se:

$$F(z) = \frac{0,8647Kz}{(z-1)(z-0,1353)}.$$

A Figura 5.5 apresenta os gráficos do lugar geométrico das raízes para os casos considerados no exemplo. O código MATLAB® utilizado para gerar a figura é o seguinte:

```
clear all; close all; clc;
T_s = 0.2;
num_1 = [1-exp(-2*T_s) 0];
den_1 = conv([1 -1],[1 -exp(-2*T_s)]);
F_1 = tf(num_1, den_1,T_s);
subplot(121); rlocus(F_1); axis([-2 2 -1 1]); hold on;
K_1_lim = margin(F_1);
plot(-1,0,'ks'); text(-1.95,0.1,['K = ',num2str(K_1_lim,4)]);
%%%%%%%%%%%%%%%%%%%%%%%%%%%%%%%%%%%%%%%%%%
T_s = 1.0;
num_2 = [1-exp(-2*T_s) 0];
den_2 = conv([1 -1],[1 -exp(-2*T_s)]);
F_2 = tf(num_2, den_2,T_s);
subplot(122); rlocus(F_2); axis([-2 2 -1 1]);hold on;
K_2_lim = margin(F_2);
plot(-1,0,'ks'); text(-1.95,0.1,['K = ',num2str(K_2_lim,3)]);
```

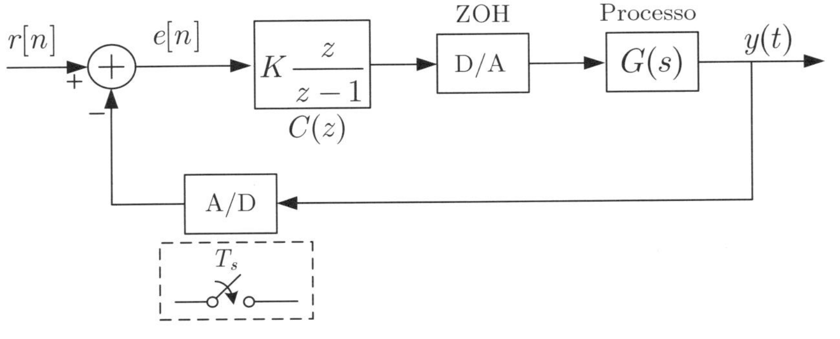

Figura 5.4 – Sistema de controle em tempo discreto do Exemplo 5.2.

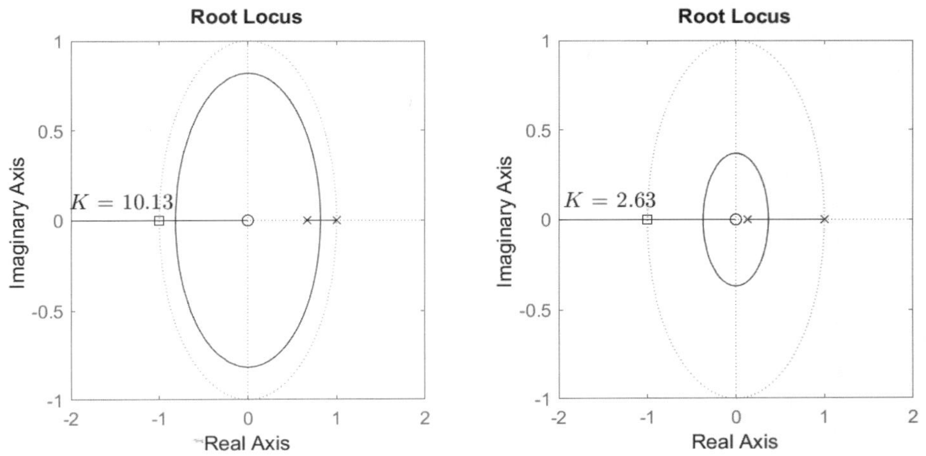

Figura 5.5 – LGR do Exemplo 5.2 para (a) $T_s = 0,2$ s e (b) $T_s = 1,0$ s.

Particularmente, no Exemplo 5.2, verificou-se que o ganho K crítico para levar o sistema ao limiar de estabilidade torna-se maior conforme o período de amostragem é reduzido.

O período de amostragem tem relação direta com a resposta transitória e a estabilidade do sistema.

O Exemplo 5.3 mostra um caso particular da influência de T_s na estabilidade.

✍ **Exemplo 5.3:** Determine a faixa de valores de T_s para que o sistema da Figura 5.6 seja estável.

Solução: inicialmente, obtém-se o equivalente discreto de $G(s)$ com o ZOH. Observe que $G(s) = 10(2/(s+2))$. Aproveitando parte do Exemplo 5.2, pode-se concluir que

$$G(z) = \mathcal{Z}\{ZOH(s)G(s)\} = 10\frac{1-e^{-2T_s}}{z-e^{-2T_s}}.$$

A função de transferência de malha fechada é, portanto, dada por

$$G_{MF}(z) = \frac{G(z)}{1+G(z)} = \frac{10(1-e^{-2T_s})}{z-(11e^{-2T_s}-10)}.$$

Para o sistema ser estável, $\left|11e^{-2T_s} - 10\right| < 1$. Resolvendo a inequação, pode-se verificar que $0 < T_s < 0,1003$.

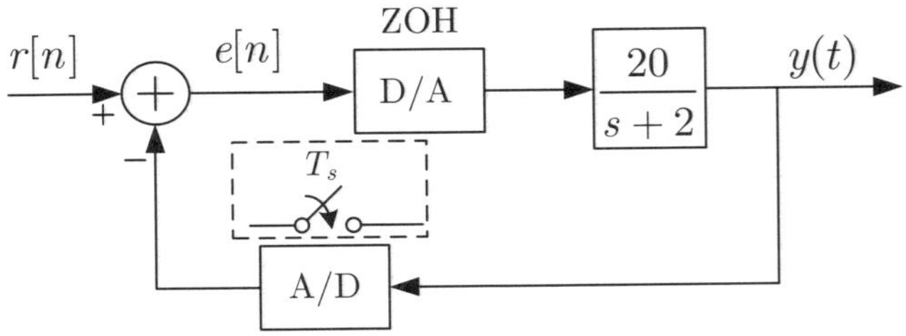

Figura 5.6 – Sistema de controle em tempo discreto do Exemplo 5.3.

5.5 Resposta em frequência

Em **regime permanente**, a resposta em frequência $G(z)$ pode ser calculada substituindo-se $z = e^{j\omega T_s}$. Da mesma forma que em sistemas LIT de tempo contínuo, pode-se mostrar que a resposta em regime estacionário de um sistema LIT discreto para uma entrada $r(nT_s) = A\,\text{sen}(n\omega T_s)$ é dada por

$$y_{ss}(nT_s) = A\underbrace{\left|G(e^{j\omega T_s})\right|}_{M}\ \text{sen}\left(n\omega T_s + \underbrace{\angle G(e^{j\omega T_s})}_{\phi}\right). \tag{5.20}$$

O Exemplo 5.4 apresenta a obtenção da resposta em frequência de um sistema LIT discreto.

✍ **Exemplo 5.4:** Encontre a resposta em frequência do sistema definido pela seguinte equação de diferenças:

$$x[n] = r[n] + 0,5x[n-1],$$

considerando $T_s = 0,1$ s. Em seguida, calcule o módulo e a fase do sistema na frequência $\omega = 2$ rad/s.

Solução: aplicando a transformada-z, tem-se

$$X(z) = R(z) + 0,5z^{-1}X(z).$$

Assim,

$$G(z) = \frac{X(z)}{R(z)} = \frac{1}{1-0,5z^{-1}}.$$

Substituindo $z = e^{j\omega T_s}$, resulta em

$$G(e^{j\omega T_s}) = \frac{1}{1-0,5e^{-j\omega T_s}} = \frac{1}{1-0,5\cos(\omega T_s)+j0,5\,\text{sen}(\omega T_s)}.$$

Para $\omega = 2$ rad/s, verifica-se que

$$\begin{aligned} \left|G(e^{j\omega T_s})\right| = M &= \frac{1}{\sqrt{1+0,5^2-2(0,5)\cos(\omega T_s)}} = \frac{1}{\sqrt{1+0,5^2-\cos(0,2)}} \\ &= 1,9247, \end{aligned}$$

e

$$\begin{aligned} \angle G(e^{j\omega T_s}) = \phi &= -\tan^{-1}\left(\frac{0,5\,\text{sen}(\omega T_s)}{1-0,5\cos(\omega T_s)}\right) = -\tan^{-1}\left(\frac{0,5\,\text{sen}(0,2)}{1-0,5\cos(0,2)}\right) \\ &= -0,1924. \end{aligned}$$

A forma gráfica mais tradicional de se obter a resposta em frequência de um sistema LIT é por meio de seu diagrama de Bode, que é dividido em dois gráficos: um com a resposta de ganho em decibéis (dB) e outro com a resposta de fase em graus, ambos em função da frequência angular ω em escala logarítmica de década. Assim como para sistemas LIT em tempo contínuo, o diagrama de Bode de uma função de transferência discreta pode ser obtido no MATLAB® utilizando-se o comando `bode`, conforme apresentado no Exemplo 5.5.

✍ **Exemplo 5.5:** Utilizando o MATLAB®, plote a resposta em frequência da planta

$$G(s) = \frac{2}{s(s+2)},$$

em tempo contínuo e em tempo discreto com ZOH na entrada e período de amostragem $T_s = 0,2$, $T_s = 1$ e $T_s = 2$ segundos.

Solução: a Figura 5.7 apresenta as curvas. O seguinte *script* foi utilizado para gerar a solução:

```
clear all; close all; clc;
G = tf(2,[1 2 0]);
G_d1 = c2d(G,0.2,'zoh');
G_d2 = c2d(G,1,'zoh');
G_d3 = c2d(G,2,'zoh');
bode(G,'k',G_d1,'b',G_d2,'r',G_d3,'g');
legend('$G(s)$','$G_D(z), T_s=0,2$','$G_D(z), T_s=1$','$G_D(z), T_s=2$',...
    'Interpreter','latex','Location','southwest');
```

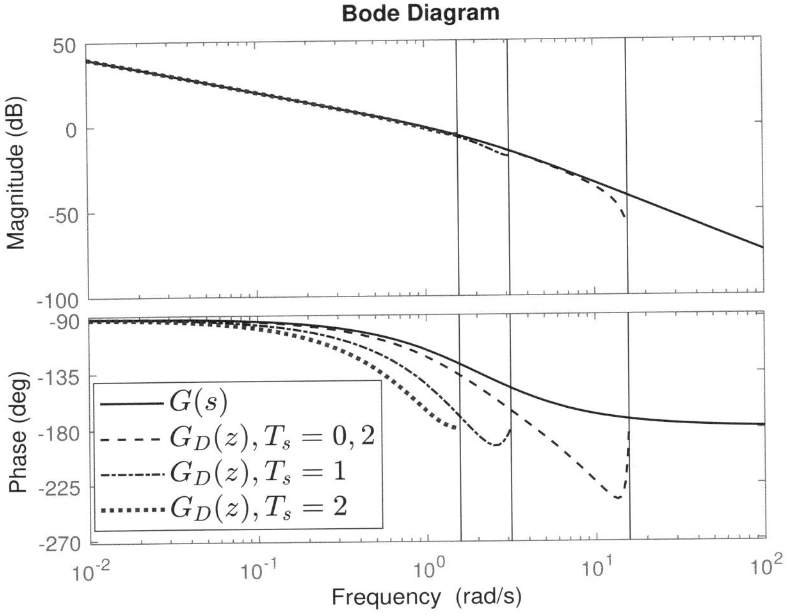

Figura 5.7 – Diagramas de Bode do Exemplo 5.5.

Pode-se observar que as curvas para os sistemas discretos se aproximam da curva do sistema contínuo para baixas frequências e diferem substancialmente da resposta contínua para valores próximos de $\omega = \omega_s/2 = \pi/T_s$. Note que os gráficos não tendem a curvas assintóticas como no caso contínuo.

5.5.1 Margem de ganho e margem de fase

A margem de ganho é definida como a mudança no valor do ganho de malha aberta no ponto com fase de $-180°$ necessária para tornar instável o sistema a malha fechada. Em outras palavras, é o recíproco de $\left|G(e^{j\omega T_s})\right|$ na frequência ω_1 em que o ângulo é $-180°$, ou seja,

$$MG = \frac{1}{\left|G(e^{j\omega_1 T_s})\right|}. \tag{5.21}$$

Quando expressa em dB, tem-se

$$MG = 20\log_{10}\frac{1}{\left|G(e^{j\omega_1 T_s})\right|}\ \text{dB} = -20\log_{10}\left|G(e^{j\omega_1 T_s})\right|\ \text{dB}. \tag{5.22}$$

Já a margem de fase é definida como a mudança no valor de fase de malha aberta no ponto com ganho unitário necessária para tornar instável o sistema a malha fechada. Em outras palavras, é o atraso de fase adicional, na frequência de cruzamento de ganho, necessário para que o sistema atinja o limiar de instabilidade. Matematicamente,

$$MF = 180^\circ + \phi, \tag{5.23}$$

onde $\phi = \angle G(e^{j\omega_G T_s})$ é a fase da função de transferência de malha aberta na frequência de cruzamento de ganho ω_G.

5.5.2 O plano-w

Como frequências no plano-s são mapeadas no plano-z da forma $z = e^{j\omega T_s}$, as propriedades assintóticas do diagrama de Bode verificadas no plano-s não se estendem para o plano-z, como visto no Exemplo 5.5. Para superar tais dificuldades na análise em frequência de sistemas discretos, o plano-z pode ser mapeado no plano-w. Tal processo é comumente denominado transformada-w, que também é bilinear, sendo definida como

$$z = \frac{1 + (T_s/2)\mathrm{w}}{1 - (T_s/2)\mathrm{w}}, \tag{5.24}$$

onde T_s é o período de amostragem. A relação inversa é dada por

$$\mathrm{w} = \frac{2}{T_s}\frac{z-1}{z+1}. \tag{5.25}$$

O plano-w é representado por uma frequência fictícia $\mathrm{w} = j\nu$. É interessante notar que, com a transformada-z, a faixa principal do plano-s é mapeada no interior do círculo unitário do plano-z. Com a transformada-w, o interior do círculo unitário é mapeado em todo o semiplano da esquerda do plano-w. A Figura 5.8 ilustra estes mapeamentos.

A diferença fundamental entre o plano-s e o plano-w é que a faixa de frequências no plano-s de $\omega = -\omega_s/2$ a $\omega = \omega_s/2$ é estendida de $\nu = -\infty$ a $\nu = \infty$ no plano-w. A frequência de Nyquist $\omega = \omega_s/2$ é mapeada em $\nu = \infty$, portanto não pode haver qualquer dinâmica significativa próxima ou acima da frequência de Nyquist.

Uma função de transferência $G(z)$ é transformada em $G(\mathrm{w})$ pela transformada-w e tratada da mesma forma que uma função de transferência convencional em s. Com isso, técnicas convencionais de resposta em frequência podem ser empregadas no plano-w para o projeto de sistemas em tempo discreto, fazendo-se $\mathrm{w} = j\nu$. O detalhe é que, devido à transformação, a função de transferência é de fase não mínima. As frequências ν e ω se

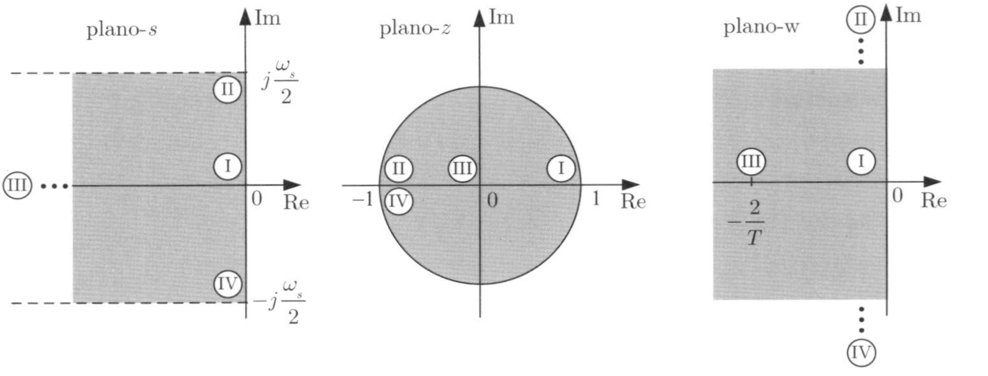

Figura 5.8 – Mapeamentos $s \to z$ e $z \to \mathrm{w}$.

relacionam da seguinte forma:

$$\begin{aligned} \mathrm{w}|_{\mathrm{w}=j\nu} &= j\nu = \frac{2}{T_s}\frac{z-1}{z+1}\bigg|_{z=e^{j\omega T_s}} = \frac{2}{T_s}\frac{e^{j\omega T_s}-1}{e^{j\omega T_s}+1} \\ &= \frac{2}{T_s}\frac{e^{j\omega T_s/2}-e^{-j\omega T_s/2}}{e^{j\omega T_s/2}+e^{-j\omega T_s/2}} = \frac{2}{T_s}j\tan(\omega T_s/2). \end{aligned} \tag{5.26}$$

Com isso, observe que $G(j\omega)$ pode ser convertida em $G(j\nu)$ fazendo-se $\omega = \frac{2}{T_s}\tan^{-1}(\nu T_s/2)$. Para ωT_s pequeno, $G(s)$ e $G(\mathrm{w})$ se aproximam. O Exemplo 5.6 ilustra as respostas em frequência de um dado sistema nos planos s e w.

✍ **Exemplo 5.6:** Considere o sistema da Figura 5.9. Obtenha $G(\mathrm{w})$ e plote o diagrama de Bode em função de ν. Assuma $T_s = 0,2$ s e $T_s = 0,02$ s.

Solução: para $T_s = 0,2$ s, tem-se

$$G(z) = (1-z^{-1})\mathcal{Z}\left\{\frac{2}{s\,(s+2)}\right\} = \frac{0,3297}{z-0,6703}.$$

Utilizando a transformação bilinear de z para w dada por

$$z = \frac{1+(T_s/2)\mathrm{w}}{1-(T_s/2)\mathrm{w}} = \frac{1+0,1\mathrm{w}}{1-0,1\mathrm{w}},$$

tem-se que

$$G(\mathrm{w}) = \frac{0,3297}{\frac{1+0,1\mathrm{w}}{1-0,1\mathrm{w}}-0,6703} = 1,9738\frac{1-0,1\mathrm{w}}{\mathrm{w}+1,9738}.$$

Efetuando o mesmo procedimento com $T_s = 0,02$ s, pode-se verificar que

$$G(\mathrm{w}) = 2\frac{1-0,01\mathrm{w}}{\mathrm{w}+2}.$$

Observe que tanto os polos quanto o ganho no plano-s são parecidos com os do plano-w. No entanto, para $T_s = 0,2$ s, $G(\mathrm{w})$ possui zero em $\mathrm{w} = 2/0,1 = 10$, ao passo que, para $T_s = 0,02$ s, o zero de $G(\mathrm{w})$ está em $\mathrm{w} = 2/0,1 = 100$. Note ainda que, com $T_s \to 0$, o zero do plano-w tende a infinito e o efeito de fase não mínima vai desvanecendo. Outro ponto a observar é que

$$\lim_{\mathrm{w}\to 0} G(\mathrm{w}) = \lim_{s\to 0} G(s),$$

ou seja, as curvas são semelhantes para baixas frequências. Os diagramas de Bode de $G(j\nu)$ e $G(j\omega)$ são ilustrados na Figura 5.10. O seguinte *script* em MATLAB® foi criado:

```
clear all; close all; clc;
s = tf('s'); z = tf('z'); Ts_1 = 0.2; Ts_2 = 0.02;
Gs = 2/(s+2);
Gz_1 = c2d(Gs,Ts_1,'zoh'); Gw_1 = d2c(Gz_1,'tustin');
Gz_2 = c2d(Gs,Ts_2,'zoh'); Gw_2 = d2c(Gz_2,'tustin');
opts = bodeoptions('cstprefs'); opts.PhaseWrapping = 'on';
w = logspace(log10(0.1),log10(100),1e5);
bode(Gs,w,opts); hold on; bode(Gw_1,w,opts); bode(Gw_2,w,opts);
legend('$G(s)$','$G_D(z), T_s=0,2$','$G_D(z), T_s=0,02$',...
    'Interpreter','latex','Location','southwest');
```

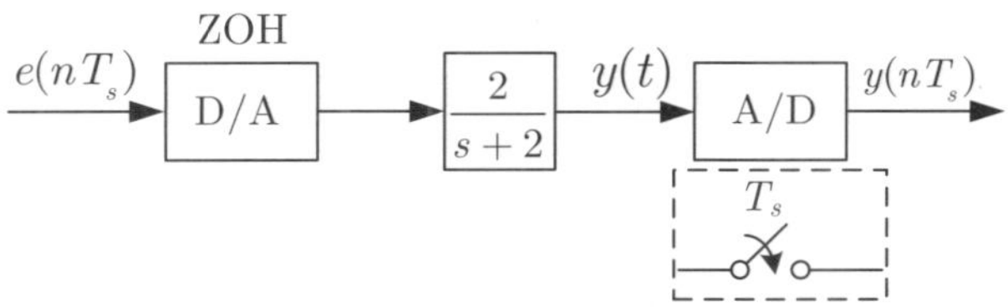

Figura 5.9 – Sistema do Exemplo 5.6.

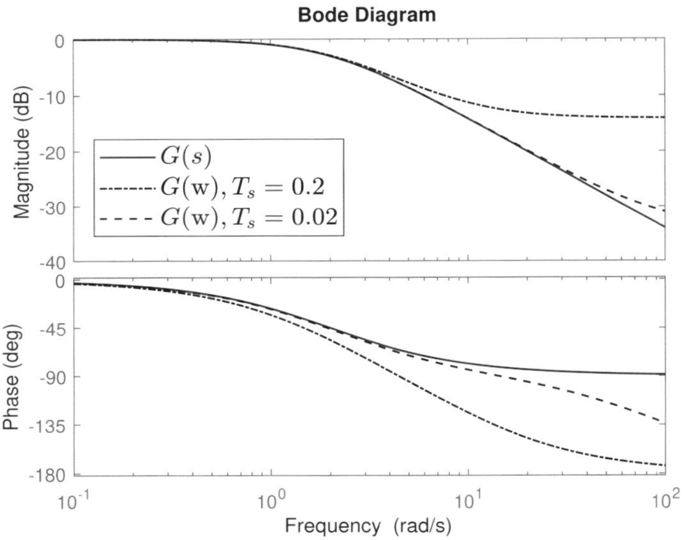

Figura 5.10 – Diagrama de Bode de $G(j\nu)$ e $G(j\omega)$ do Exemplo 5.6. Aqui assumiu-se que tanto ω quanto ν estão com unidades em rad/s.

Capítulo 6

Projeto de Controladores Digitais Clássicos

Neste capítulo, inicialmente, um controlador digital é obtido pela discretização de um controlador projetado em tempo contínuo, enfatizando o efeito do atraso devido à discretização. Em seguida, alguns exemplos de projeto de sistemas de controle digitais são apresentados diretamente no plano-z, considerando técnicas via LGR e resposta em frequência.

6.1 Projeto e discretização de controladores em tempo contínuo

Em muitos casos, controladores digitais são obtidos diretamente pela discretização de controladores projetados por técnicas tradicionais em tempo contínuo. Quando a frequência de amostragem é relativamente alta, o desempenho do sistema em malha fechada não é afetado. No entanto, em outros casos em que a frequência de amostragem não é muito mais alta do que a banda passante do sistema, pode-se ter perdas de desempenho. Tal aspecto é enfatizado a seguir.

6.1.1 Efeito da amostragem e do segurador de ordem zero

O processo de amostragem e o segurador de ordem zero introduzem um atraso na resposta do sistema. Se tal atraso for considerável em relação às maiores constantes de tempo do sistema, o desempenho pode ser comprometido. Como já visto, para o ZOH tem-se

$$\text{ZOH}(s) = \frac{1 - e^{-sT_s}}{s}. \tag{6.1}$$

O termo e^{-sT_s} pode ser escrito em uma forma racional utilizando-se a aproximação de Padé de primeira ordem, tal que

$$e^{-sT_s} \approx \frac{1 - sT_s/2}{1 + sT_s/2}. \tag{6.2}$$

Obviamente, aproximações de maiores ordens são melhores, mas resultam em termos mais complexos na função de transferência equivalente, o que dificulta o projeto do controlador. Assim,

$$\text{ZOH}(s) \approx \frac{1}{s}\left(1 - \frac{2 - sT_s}{2 + sT_s}\right) = \frac{2}{s + 2/T_s}. \tag{6.3}$$

Para que o ganho em baixas frequências seja unitário, utiliza-se a seguinte aproximação [Castrucci, Bittar e Sales 2018]:

$$\text{ZOH}(s) \approx \frac{2/T_s}{s + 2/T_s}. \tag{6.4}$$

Com isso, o controlador contínuo pode ser projetado conforme o diagrama da Figura 6.1.

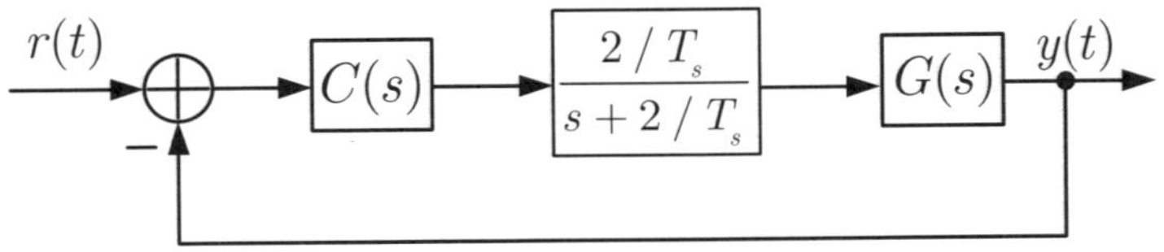

Figura 6.1 – Sistema de controle em malha fechada com aproximação de primeira ordem para ZOH(s).

Segundo [Franklin, Powell e Workman 2006], o efeito do ZOH pode ser desprezado se a frequência de amostragem for maior do que 30 vezes a banda passante do sistema. Para frequências de amostragem baixas, o efeito é considerável.

O Exemplo 6.1 apresenta um projeto de controlador no plano-s e analisa o impacto de considerar ou não o efeito do atraso do ZOH.

✍ **Exemplo 6.1:** Projete um controlador em tempo contínuo e obtenha a versão digital por discretização para o seguinte sistema:

$$G(s) = \frac{1}{s(s+0,3)},$$

tal que a resposta ao degrau tenha máximo sobressinal $M_p = 16,3\%$ e tempo de pico $t_p = 1\text{s}$.

Solução: da especificação de máximo sobressinal,

$$M_p(\%) = e^{-\zeta\pi/\sqrt{1-\zeta^2}}100\% \Rightarrow \zeta = 0,5.$$

Da especificação de tempo de pico,

$$t_p = \frac{\pi}{\omega_d} = 1 \Rightarrow \omega_d = \pi \text{ rad/s}.$$

Assim,

$$\omega_n = \frac{\omega_d}{\sqrt{1-\zeta^2}} \Rightarrow \omega_n = 3,628 \text{ rad/s}.$$

A resposta transitória amortecida ao degrau de entrada apresentará oscilações com período $T_d = 2\pi/\omega_d = 2\text{s}$. Portanto, escolhe-se o período de amostragem tal que $T_s = 0,2\text{s}$.

A função de transferência de um sistema de segunda ordem padrão é dada por

$$\frac{Y(s)}{R(s)} = \frac{\omega_n^2}{s^2 + 2\zeta\omega_n s + \omega_n^2},$$

com polos de malha fechada localizados em $s_{1,2} = -\zeta\omega_n \pm j\omega_d$. Conforme as especificações do problema, $s_{1,2} = -1,8138 \pm j\pi$.

O projeto será inicialmente feito sem considerar os efeitos da amostragem e do ZOH. O controlador para este problema pode ser da forma

$$C_1(s) = K_c\frac{(s+\alpha)}{(s+\beta)}.$$

Assim, a função de transferência de malha aberta é dada por

$$C_1(s)G(s) = K_c\frac{(s+\alpha)}{(s+\beta)}\frac{1}{s(s+0,3)}.$$

Uma opção de projeto consiste em cancelar o polo estável da planta ($s = -0,3$) com o zero do controlador. Logo,

$$C_1(s)G(s) = K_c\frac{1}{s(s+\beta)}.$$

Em malha fechada,

$$\frac{Y(s)}{R(s)} = \frac{K_c}{s^2 + \beta s + K_c}.$$

Com isso, tem-se que $K_c = \omega_n^2 = 13,159$ e $\beta = 2\zeta\omega_n = 3,628$, o que resulta em

$$C_1(s) = 13,159\frac{(s+0,3)}{(s+3,628)}.$$

Trata-se de um compensador do tipo avanço de fase, pois o zero está mais próximo da origem do que o polo. Ao utilizar o método casamento polo e zero para discretizar controlador, chega-se em:

$$C_1(z) = 9,6414\frac{(z-0,9418)}{(z-0,4841)}.$$

Uma observação importante é que os termos numéricos do controlador foram arredondados com quatro casas decimais apenas para fins de representação. Aproximações com esse propósito também serão feitas nos demais exemplos deste capítulo.

Será agora considerado o efeito aproximado do ZOH no projeto do controlador. Novamente, o controlador a ser projetado possui a seguinte forma:

$$C_2(s) = K_c\frac{(s+\alpha)}{(s+\beta)}.$$

A função de transferência em malha aberta é dada por

$$C_2(s)\text{ZOH}(s)G(s) = 10K_c\frac{(s+\alpha)}{(s+\beta)(s+10)s(s+0,3)}.$$

Ao assumir novamente que o controlador cancela o polo estável da planta original, tem-se

$$C_2(s)\text{ZOH}(s)G(s) = 10K_c\frac{1}{(s+\beta)(s+10)s}.$$

Em malha fechada,

$$G_{MF}(s) = 10K_c\frac{1}{s^3+(10+\beta)s^2+10\beta s+10K_c}.$$

Note que o sistema é de terceira ordem. Considere que o denominador de $G_{MF}(s)$ possui a seguinte forma:

$$G_{MF}(s) = \frac{10K_c}{(s^2+2\zeta\omega_n s+\omega_n^2)(s+p)} = \frac{10K_c}{s^3+(2\zeta\omega_n+p)s^2+(\omega_n^2+2\zeta\omega_n p)s+p\omega_n^2},$$

em que p é a posição do polo adicional em malha fechada, que passa a ser uma incógnita do problema. O seguinte sistema deve ser resolvido:

$$\begin{cases} \beta & -p & & = & 2\zeta\omega_n - 10 \\ 10\beta & -2\zeta\omega_n p & & = & \omega_n^2 \\ & p\omega_n^2 & -10K_c & = & 0 \end{cases}.$$

Assim, $K_c = 15,88$; $\beta = 5,69$ e $p = 12,07$. Para que os sistemas de segunda e terceira ordem tenham comportamentos semelhantes, o terceiro polo deve estar localizado mais à esquerda do ponto $-5\zeta\omega_n$. Neste exemplo, $-12,07 \leq -9,07$, o que está de acordo.

Com isso,

$$C_2(s) = 15,88\frac{(s+0,3)}{(s+5,69)}.$$

Discretizando novamente pelo método casamento polo e zero, tem-se

$$C_2(z) = 9,7659\frac{(z-0,9418)}{(z-0,3203)}.$$

As respostas do sistema compensado para o controle analógico e para os controles digitais $C_1(z)$ e $C_2(z)$ são apresentadas na Figura 6.2. Note que, quando a aproximação de primeira ordem do ZOH foi considerada, o projeto atendeu melhor às especificações. Os códigos e diagramas de simulação são apresentados junto com o Exemplo 6.2.

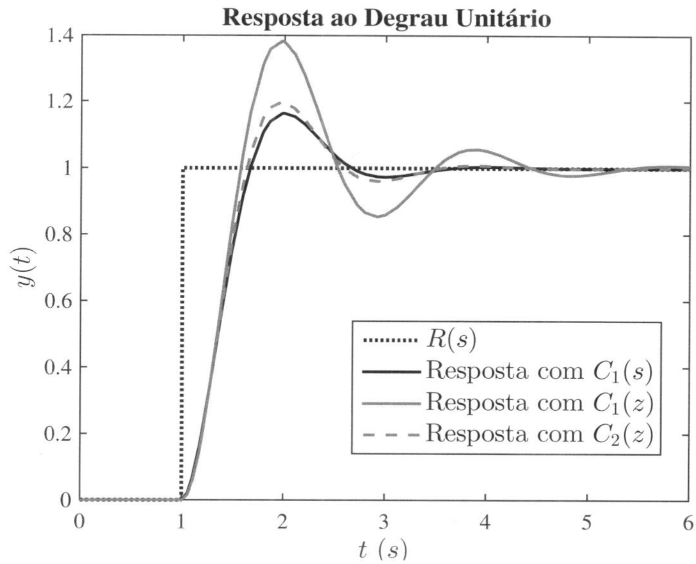

Figura 6.2 – Respostas para o sistema compensado do Exemplo 6.1.

6.2 Discretização da planta e projeto no plano-z

Nesta seção é apresentada uma motivação para projeto diretamente em tempo discreto. Para isso, o Exemplo 6.1 será tomado como base. O equivalente discreto da planta do exemplo anterior com ZOH é dado por

$$\mathcal{Z}\left\{\text{ZOH}(s)G(s)\right\} = \left(1 - z^{-1}\right)\mathcal{Z}\left\{\frac{1}{s^2(s+0,3)}\right\}.$$

A mesma metodologia de projeto por alocação de polos do Exemplo 6.1 é considerada no Exemplo 6.2, mas agora diretamente no plano-z. Para isso, as especificações da resposta transitória no plano-s também precisam ser mapeadas no plano-z a partir da relação $z = e^{sT_s}$.

✍ **Exemplo 6.2:** Utilizando o MATLAB®, verifica-se que o equivalente discreto da planta com ZOH é dado por

$$G_D(z) = K\frac{(z-a)}{(z-1)(z-b)},$$

em que $K = 0,0196$, $a = -0,9802$ e $b = 0,9418$.

Solução: O controlador discreto possui a seguinte forma:

$$C_3(z) = K_c\frac{(z-\alpha)}{(z-\beta)}.$$

A função de transferência de malha aberta é dada por

$$F(z) = C_3(z)G_D(z) = K_cK\frac{(z-\alpha)(z-a)}{(z-\beta)(z-1)(z-b)}.$$

Considere que o zero do controlador cancela o polo estável da planta em $z = b$. Logo,

$$F(z) = K_cK\frac{(z-a)}{(z-\beta)(z-1)}.$$

Em malha fechada,

$$G_{MF}(z) = \frac{K_cK(z-\alpha)}{z^2 - (\beta + 1 - K_cK)z + (\beta - K_cKa)}.$$

As especificações no plano-s são tais que $s_{1,2} = -1,8138 \pm j\pi$. No plano-$z$ verifica-se que $z_{1,2} = e^{T_s s_{1,2}} = 0,5629 \pm j0,4090$, o que resulta no seguinte denominador para a função de transferência do sistema em malha fechada:

$$(z - z_1)(z - z_1^*) = z^2 - \gamma z + \rho,$$

em que $\gamma = 1,1258$ e $\rho = 0,4841$. Assim, o seguinte sistema deve ser resolvido:

$$\begin{cases} \beta - KK_c = \gamma - 1 \\ \beta - KaK_c = \rho \end{cases}.$$

Ao substituir os valores e resolver o sistema, obtém-se $\beta = 0,3067$ e $K_c = 9,2294$. Portanto,

$$C_3(z) = 9,2294\frac{(z-0,9418)}{(z-0,3067)}.$$

O *script* de simulação utilizado nos Exemplos 6.2 e 6.2 é apresentado a seguir:

```
clear all; close all; clc;
%Ex. 6.1 - Projeto sem efeito de ZOH(s)
s = tf('s');
G = 1/(s*(s+0.3));
zeta = 0.5; wd = pi; wn = wd/sqrt(1-zeta^2);
s0 = -zeta*wn+sqrt(-1)*wd;
alpha = 0.3; Kc = wn^2; beta = 2*zeta*wn;
C = Kc*(s+alpha)/(s+beta);
Ts = 0.2; z0 = exp(s0*Ts);
Cd1 = zpk(c2d(C,Ts,'matched')); %Controlador discreto na forma ZPK
Kc_1 = Cd1.k; alpha_1 = Cd1.z{1}; beta_1 = Cd1.p{1};
%Ex. 6.1 - Projeto com efeito de ZOH(s)
A = [1 0 -1; 10 0 -2*zeta*wn; 0 -10 wn^2];
d = [2*zeta*wn-10; wn^2; 0];
x2 = A\d; %Ax=d
Kc_ = x2(2); beta_ = x2(1);
C2 = Kc_*(s+alpha)/(s+beta_);
Cd2 = zpk(c2d(C2,Ts,'matched')); %Controlador discreto na forma ZPK
Kc_2 = Cd2.k; alpha_2 = Cd2.z{1}; beta_2 = Cd2.p{1};
%Ex. 6.2 - Discretizar a planta e projetar no plano-z
Gd = zpk(c2d(G,Ts,'zoh'));
K = Gd.K; a = Gd.z{1}; b = Gd.p{1}(2);
temp = conv([1 -z0],[1 -z0']);
gamma = -temp(2); rho = temp(3);
A = [1 -K; 1 -K*a]; d = [gamma-1; rho];
x3 = A\d;
z = tf('z'); z.Ts = Ts;
Kc_3 =x3(2); alpha_3 = b; beta_3 = x3(1);
Cd3 = Kc_3*(z-alpha_3)/(z-beta_3);
t_run = 5; %Tempo de simulação (ajustar no Simulink)
sim('SIM_Ex_6_01_e_6_02.slx');
t_d = (0:length(u2)-1)*Ts; %Tempo discreto para gráfico do sinal de
    controle
subplot(121); p1_r = plot(tout,r,'k:');
```

```
p1 = plot(tout,y,'k',tout,y1,'b--',tout,y2,'r',tout,y3,'g--');
l = legend('$R(s)$','$C_1(s)$','$C_1(z)$','$C_2(z)$','$C_3(z)$');
subplot(122); p2 = plot(tout,u,'k'); hold on;
stairs(t_d,u1,'b--'); stairs(t_d,u2,'r'); stairs(t_d,u3,'g--');
```

Ao aplicar a transformada-z inversa nas funções de transferência discretas dos controladores, pode-se chegar na seguinte equação de diferenças:

$$u[n] = \beta u[n-1] + K_c(e[n] - \alpha e[n-1]).$$

A seguir é apresentado o código da *Matlab Function* para o controlador digital. A programação é idêntica para todos os controladores digitais dos Exemplos 6.1 e 6.2. Apenas os índices das variáveis são diferentes para cada controlador.

```
function u1 = fcn(e1,Kc_1,alpha_1,beta_1)

global e1_ant u1_ant
u1 = beta_1*u1_ant + Kc_1*(e1 -alpha_1*e1_ant);
u1_ant = u1; e1_ant = e1;
```

A programação em blocos do MATLAB/Simulink® é apresentada na Figura 6.3. As respostas do sistema compensado com $C(s)$, $C_1(z)$ e $C_2(z)$, do primeiro exemplo, e $C_3(z)$, obtido neste exemplo, são apresentadas na Figura 6.4. Note que a resposta de $C_3(z)$ foi a que mais se aproximou da resposta de $C(s)$.

6.3 Projeto pelo LGR

Considerando, inicialmente, que o traçado do LGR já passa sobre os polos desejados de malha fechada, o projeto consistirá apenas em um ajuste de ganho. O Exemplo 6.3 ilustra esse caso.

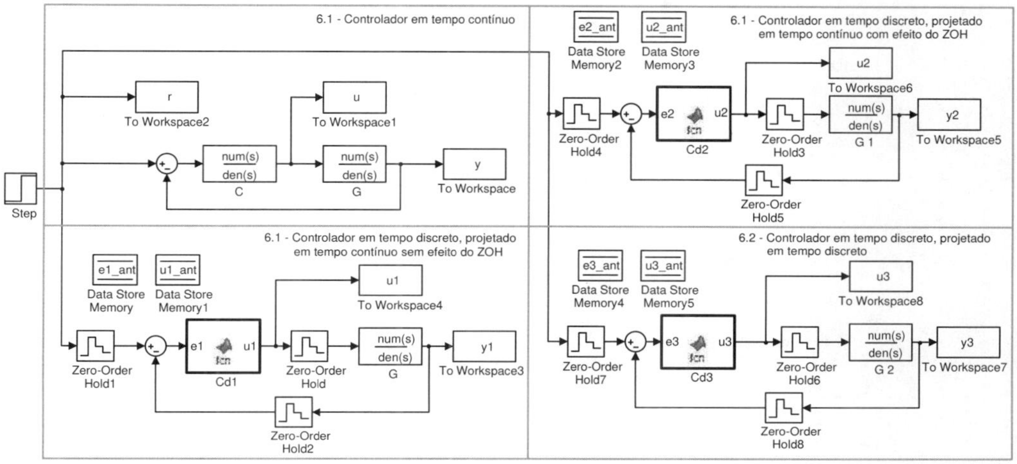

Figura 6.3 – Diagramas de simulação dos dois exemplos anteriores.

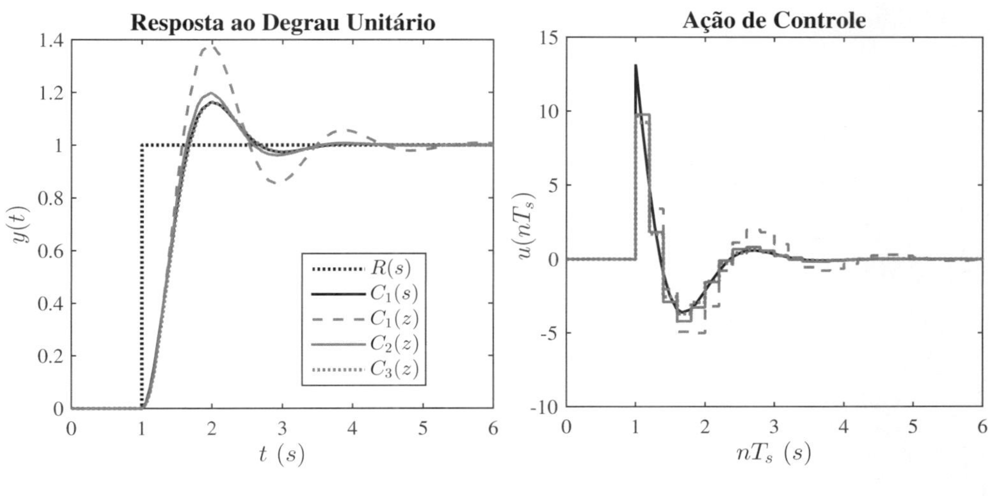

Figura 6.4 – Respostas para o sistema compensado dos dois exemplos anteriores.

✍ **Exemplo 6.3:** Para o sistema mostrado na Figura 6.5, obtenha o valor do ganho K que leva a um coeficiente de amortecimento $\zeta = 0,7$.

Solução: o lugar das raízes está apresentado na Figura 6.6. Verifica-se, graficamente, que o ganho para que os polos de malha fechada tenham $\zeta = 0,7$ é $K \approx 0,0722$. O código utilizado para zerar os gráficos é apresentado a seguir. O ponto de interesse foi encontrado utilizando a ferramenta `Data Cursor` do arquivo `.fig` gerado.

```
clear all; close all; clc;
z = tf('z');
G = (z+0.8)/((z-1)*(z-0.5));
subplot(121)
rlocus(G); hold on; zgrid(0.7,-1);
subplot(122)
rlocus(G,0:1e-4:0.2); hold on; zgrid(0.7,-1);axis([0 1 -0.4 0.4]);
```

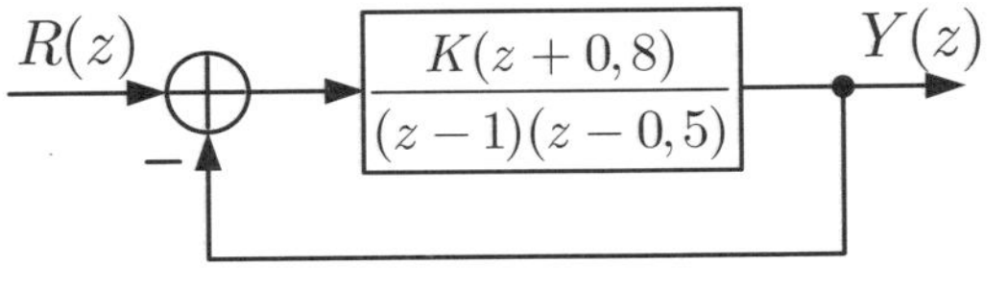

Figura 6.5 – Sistema de controle do Exemplo 6.3.

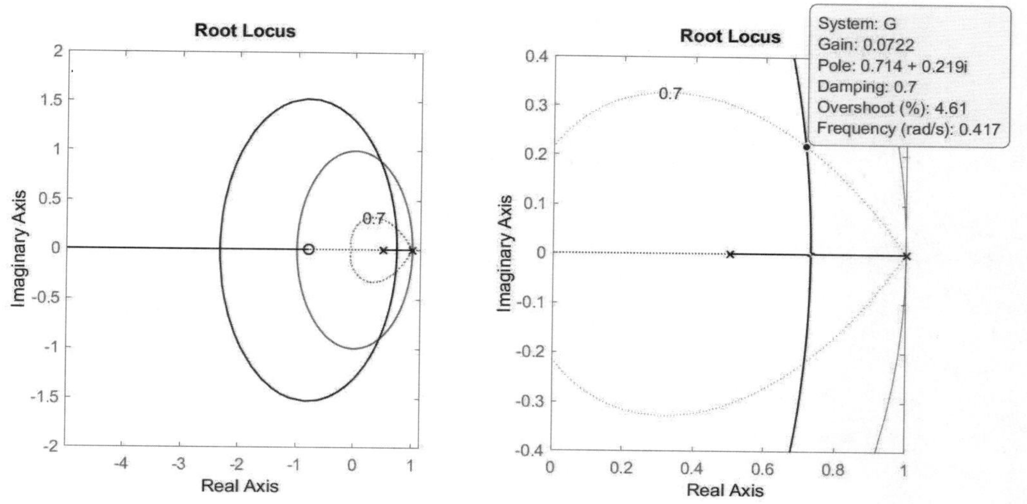

Figura 6.6 – Exemplo 6.3: lugar das raízes de $G(z)$ e gráfico ampliado com a solução.

6.3.1 Compensador por avanço de fase

Um compensador por avanço de fase discreto pode ser escrito como

$$C(z) = K_c \frac{z-\alpha}{z-\beta}, \quad -1 < \beta < \alpha < 1. \tag{6.5}$$

Tal compensador é comumente utilizado para melhorar as características da resposta transitória. Um procedimento (não único) de projeto é o seguinte:

1. Escolha a localização do polo de malha fechada do sistema, z_0, conforme a especificação de resposta transitória.
2. O polo e o zero do compensador devem ser escolhidos tais que a condição de fase do LGR seja satisfeita em $z = z_0$. Há infinitas formas de resolver o problema. Uma escolha consiste em:
   - O zero do compensador é escolhido para cancelar um polo **estável** de $G(z)$ sobre o eixo real.
   - Escolhe-se a localização do polo do compensador, tal que a condição de ângulo do lugar das raízes em relação ao ponto $z = z_0$ seja satisfeita.
3. Por fim, a condição de módulo é aplicada para se encontrar K_c, tal que

$$K_c = \left| \frac{1}{C(z)G_D(z)} \right|_{z=z_0}.$$

No MATLAB®, isso é feito como: `Kc = 1/abs(evalfr(C*G_D,z0))`.

Com esse procedimento, as localizações dos demais polos do sistema podem não ser satisfatórias. Assim, algumas iterações dos passos 2 e 3 podem ser requeridas (tentativa e erro). O Exemplo 6.4 ilustra esse procedimento.

✍ **Exemplo 6.4:** Considere o sistema de controle da Figura 6.7, com

$$G(s) = \frac{1}{s(s+1)}.$$

e $T_s = 0,1$ s. Deseja-se projetar $C(z)$ tal que os polos complexos dominantes de malha fechada possuam $\zeta = 0,7$ e $\omega_n = 5$.

Solução: inicialmente, o equivalente discreto $G_D(z)$ é encontrado

$$\mathcal{Z}\left\{\text{ZOH}(s)G(s)\right\} = \left(1 - z^{-1}\right)\mathcal{Z}\left\{\frac{1}{s^2(s+1)}\right\} = \frac{0,004837(z+0,9672)}{(z-1)(z-0,9048)}.$$

O lugar das raízes do sistema a ser compensado, juntamente com as linhas $\zeta = 0,7$ e $\omega_n = 5$, são apresentadas na Figura 6.8. No plano-s a posição desejada para os polos de malha fechada dominantes do sistema é tal que $s_{1,2} = -\zeta\omega_n \pm j\ \omega_n\sqrt{1-\zeta^2} = -3,5 \pm j\ 3,57$. No plano-$z$, tem-se $z_{1,2} = e^{sT_s} = 0,660 \pm j\ 0,246$.

O zero do compensador é fixado em $\alpha = 0,9048$ e cancela o polo estável do sistema, o que resulta em

$$F(z) = \frac{0,004837K_c(z+0,9672)}{(z-1)(z-\beta)}.$$

Pela condição angular do LGR,

$$\angle(z_1 - \beta) = \angle(z_1 + 0,9672) - \angle(z_1 - 1) - \pi = \Phi.$$

Assim, β é calculado como

$$\beta = \text{Re}(z_1) - \frac{\text{Im}(z_1)}{\tan(\Phi)} = 0,41,$$

o que também é visto graficamente na Figura 6.9. Com isso,

$$C(z) = K_c\frac{z-0,9048}{z-0,41}.$$

Para encontrar o ganho K_c deve-se aplicar a condição de módulo, ou seja,

$$|F(z)|_{z=z_1} = 1 \Rightarrow \left|\frac{0,004837K_c(z+0,9672)}{(z-1)(z-0,41)}\right|_{z=z_1} = 1,$$

o que resulta em $K_c = 18,5058$. A função de transferência do compensador é dada por

$$C(z) = 18,5058\frac{z - 0,9048}{z - 0,41}.$$

A Figura 6.10 ilustra o lugar das raízes do sistema compensado, juntamente com a posição dos polos de malha fechada, situados em $\{0,660 + j0,246;\ \ 0,660 - j0,246\}$. Portanto, o projeto é válido. O *script* MATLAB® apresentado a seguir é utilizado para resolver o problema. O diagrama de blocos da simulação é apresentado na Figura 6.11. A resposta ao degrau unitário é mostrada na Figura 6.12.

```
clear all; close all; clc;
s = tf('s'); z = tf('z'); Ts = 0.1;
G = 1/(s*(s+1)); zeta = 0.7; wn = 5;
Gd = zpk(c2d(G,Ts,'zoh'));
s1 = -zeta*wn+sqrt(-1)*wn*sqrt(1-zeta^2); z1 = exp(Ts*s1);
rlocus(Gd); hold on; axis([-4 2 -2 2]);
plot(real(z1),imag(z1),'sk');
set(findall(gcf,'type','line'),'linewidth',1.5);
zgrid(zeta,wn,Ts);
%Compensador por Avanço de Fase
K = Gd.K; a = Gd.z{1}; b = Gd.p{1}(2);
alpha = b;
Phi = pi + angle(evalfr(Gd *(z-alpha),z1));
beta = real(z1)-imag(z1)/tan(Phi);
C_ = (z-alpha)/(z-beta);
Kc = 1/abs(evalfr(C_*Gd,z1));
Cd = Kc*C_; Cd.Ts = Ts;
F = (Cd*Gd);
figure(2); rlocus(F,0:0.01:1000); hold on;
axis([-4 2 -2 2]); zgrid(zeta,wn,Ts);
T = tf(minreal(feedback(F,1)));
plot(real(roots(T.den{:})), imag(roots(T.den{:})),'sk');
t_run = 6; sim('SIM_Ex_6_04.slx');
figure(3); subplot(121);
p = plot(tout, r,'K:',tout, y,'b');
l = legend('Referência','Resposta');
subplot(122);t_d = (0:length(u)-1)*Ts;
p2=stairs(t_d,u,'b');
```

A equação de diferenças do controlador e o código da *Matlab Function* são omitidos, pois são idênticos aos dos Exemplos 6.1 e 6.2.

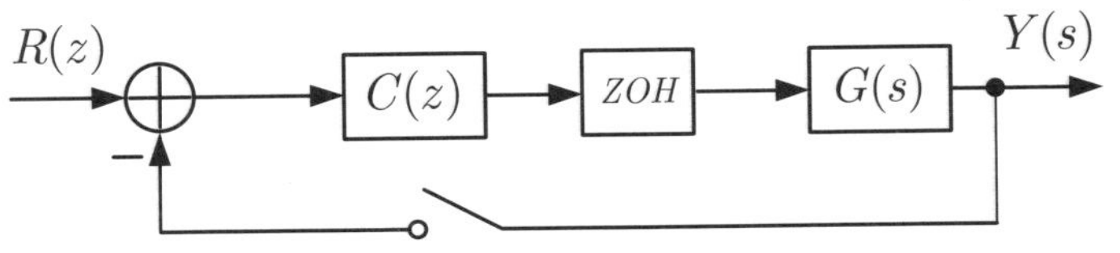

Figura 6.7 – Sistema de controle do Exemplo 6.4.

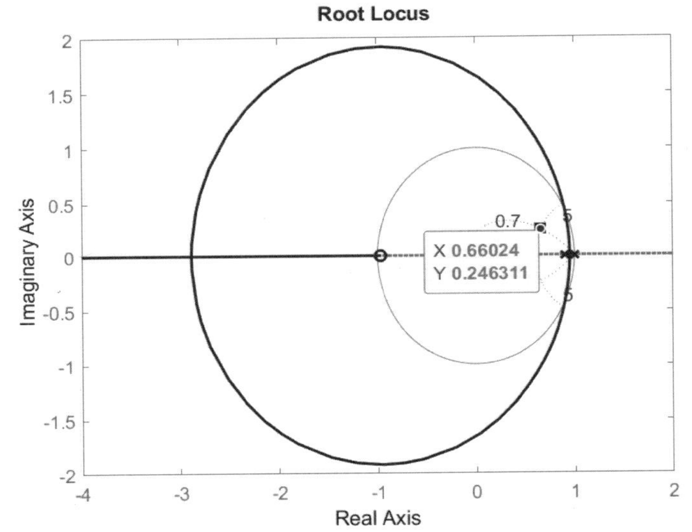

Figura 6.8 – Lugar das raízes de $G(z)$ do Exemplo 6.4.

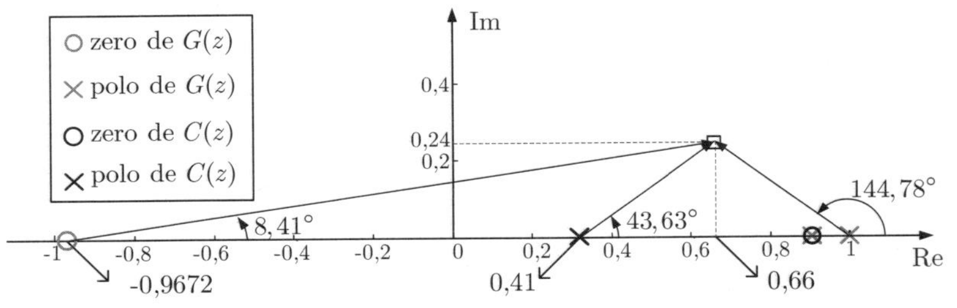

Figura 6.9 – Polos e zeros do sistema compensado do Exemplo 6.4.

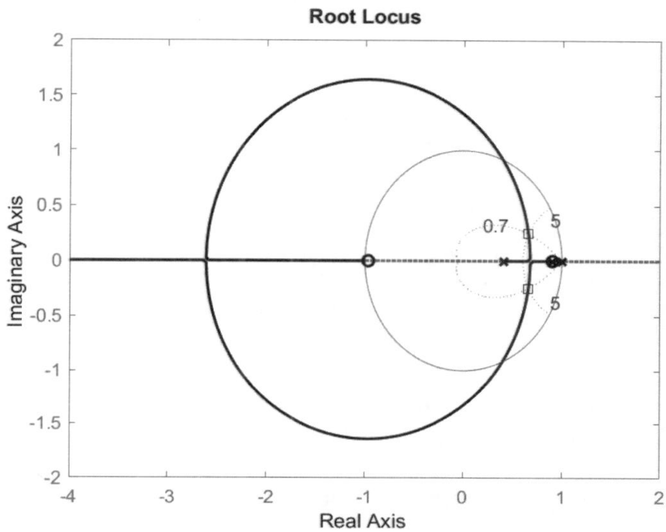

Figura 6.10 – Lugar das raízes do sistema compensado do Exemplo 6.4.

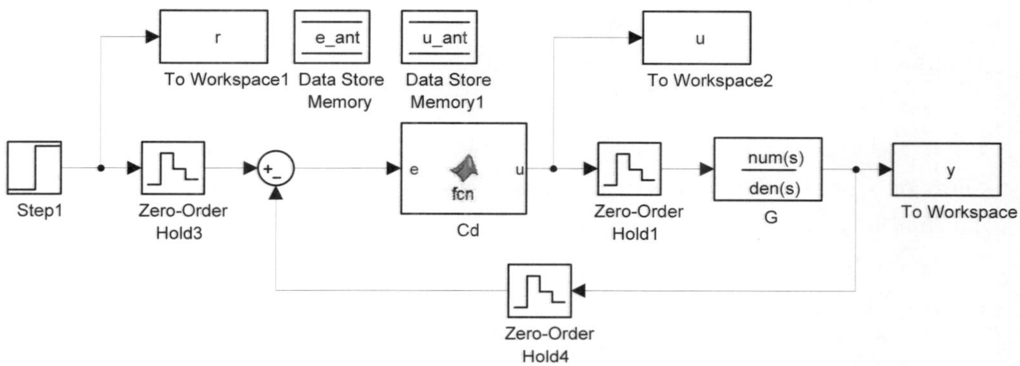

Figura 6.11 – Diagrama de blocos MATLAB/Simulink® para a simulação do Exemplo 6.4.

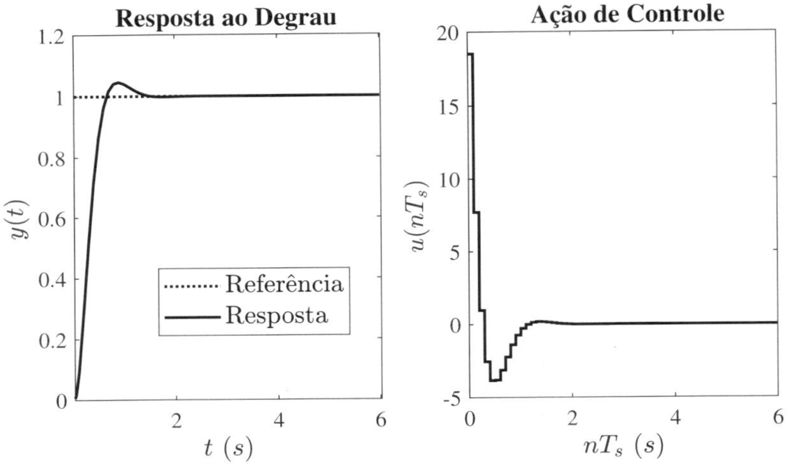

Figura 6.12 – Resposta ao degrau unitário e sinal de controle do Exemplo 6.4.

6.3.2 Compensador por atraso de fase

O compensador por atraso de fase possui a seguinte estrutura:

$$C(z) = K_c \frac{z-\alpha}{z-\beta}, \quad -1 < \alpha < \beta \leq 1. \tag{6.6}$$

Ao contrário do avanço de fase, o polo do compensador por atraso de fase é fixado à direita do zero do ($\alpha < \beta$). Tal compensador é utilizado para redução de erros em regime estacionário. A ideia é que o compensador não interfira substancialmente na resposta transitória[1], mas atue reduzindo o erro em regime estacionário. Para que isso seja satisfeito, o polo e o zero do compensador devem ficar muito próximos do ponto $z = 1$, ambos no interior do círculo unitário. Ainda, para que a resposta transitória não se altere significativamente, o ganho do controlador deve ser aproximadamente unitário. Assumindo que as especificações de resposta transitória já estão satisfeitas, dois casos serão considerados: sistema tipo 0 e sistema tipo 1.

Seja $G(z) = \frac{B(z)}{A(z)}$ do tipo 0, ou seja, $A(z)$, não possui raízes em $z = 1$. Considerando o controlador da forma (6.6), com ganho unitário, tem-se em malha aberta $F(z) = \frac{(z-\alpha)}{(z-\beta)} \frac{B(z)}{A(z)}$. Nesse caso, como visto na Seção 5.3, o erro estático de posição é dado por:

$$e_{ss} = \frac{1}{1 + \frac{(1-\alpha)}{(1-\beta)} \frac{B(1)}{A(1)}}. \tag{6.7}$$

[1]Na realidade, tal compensador piora ligeiramente a resposta transitória, pois desloca o lugar geométrico das raízes para a direita.

Um simples procedimento de projeto consiste no seguinte:

1. Determine o erro em regime estacionário desejado para o sistema compensado, considerando que ele é menor do que o do sistema sem o compensador.

2. Fixe o polo do compensador bem próximo ao ponto $z = 1$. Por exemplo, $\beta = 0,99$ ou $\beta = 0,999$. Quão próximo o polo deve ficar do ponto $z = 1$ depende do ajuste de ganho pela condição de módulo (passo 4 do procedimento seguinte), que deve resultar em um valor aproximadamente unitário. Quanto mais próximo o polo está de $z = 1$, menor é a distância relativa entre o polo e o zero do compensador, menores são suas contribuições de fase e módulo e mais próximo da unidade será o ganho ajustado para o compensador.

3. O zero do compensador é determinado resolvendo-se (6.7) para e_{ss} e β conhecidos, ou seja,
$$\alpha = 1 - \frac{(1-\beta)(1-e_{ss})}{(B(1)/A(1))e_{ss}}. \tag{6.8}$$

4. Considerando que o LGR praticamente não se alterou na região dos polos dominantes de malha fechada desejados[2], aplique a condição de módulo para encontrar o ganho do controlador.

Seja agora $G(z) = \frac{1}{(z-1)}\frac{B(z)}{A(z)}$ do tipo 1, em que $A(z)$ não possui raízes em $z = 1$. Considerando novamente o compensador por atraso de fase com ganho unitário, tem-se $F(z) = \frac{(z-\alpha)}{(z-\beta)}\frac{1}{(z-1)}\frac{B(z)}{A(z)}$. Nesse caso, o erro estático de velocidade é dado por (5.12)

$$e_{ss} = \frac{T_s}{\frac{(1-\alpha)}{(1-\beta)}\frac{B(1)}{A(1)}}. \tag{6.9}$$

O procedimento de projeto é o mesmo do caso anterior, alterando-se apenas o item 3, tal que

3 O zero do compensador é determinado resolvendo-se (6.7) para e_{ss} e β conhecidos, ou seja,
$$\alpha = 1 - \frac{(1-\beta)T_s}{(B(1)/A(1))e_{ss}}. \tag{6.10}$$

Tal procedimento é aproximado, o que, em alguns casos, necessita de ajustes finos.

[2]Pode-se verificar graficamente se há alterações significativas no LGR. A ideia é que não haja, pois não se deseja modificar as especificações da resposta transitória com este compensador.

O Exemplo 6.5 ilustra o procedimento de projeto de um compensador de atraso de fase.

✍ **Exemplo 6.5:** Considere um sistema com realimentação unitária, com a seguinte função de transferência de malha aberta:

$$G(s) = \frac{10}{(s+1)(s+2,5)}.$$

Projete um compensador digital por atraso de fase tal que a resposta transitória seja minimamente afetada e o erro estático de posição seja reduzido em 10 vezes. Assuma $T_s = 0,1$ s.

Solução: O equivalente discreto do sistema em malha aberta com ZOH é dado por

$$G_D(z) = 0,044553\frac{z+0,8899}{(z-0,9048)(z-0,7788)}.$$

A Figura 6.13 apresenta a resposta ao degrau do sistema em malha fechada com realimentação unitária e o LGR com a posição dos polos em malha fechada com realimentação unitária. Observe que o erro em regime estacionário é $e_{ss} = 0,2$ e que os polos dominantes possuem amortecimento $\zeta = 0,421$. O erro estático de posição desejado é, portanto, $e_{ss} = 0,02$. Fixa-se $\beta = 0,999$, o que resulta em

$$\alpha = 1 - \frac{(1-0,999)(1-0,02)}{\frac{0.044553(1+0.8899)}{(1-0.9048)(1-0.7788)}0,02} = 0,9877.$$

A Figura 6.14 apresenta o lugar das raízes do sistema compensado sem o ganho (esquerda). Note que, sobre a linha $\zeta = 0,421$, tem-se o ganho $K_c = 0,978$. Portanto,

$$C_D = 0,978\frac{z-0,9877}{z-0,999}.$$

A solução é feita com o *script* MATLAB® apresentado a seguir. O diagrama de blocos da simulação é apresentado na Figura 6.15. A resposta em degrau é apresentada na Figura 6.14 (direita).

```
clear all; close all; clc;
s = tf('s'); z = tf('z'); Ts = 0.1;
G = 10/((s+1)*(s+2.5)); %Panta contínua
Gd = c2d(G,Ts,'zoh'); %Planta discreta com ZOH
Gd_MF = feedback(Gd,1);
figure(1); subplot(121); step(Gd_MF);
subplot(122); rlocus(Gd); zgrid(0.421,-1);
Polos_MF = pole(Gd_MF);
```

```
hold on; plot(real(Polos_MF), imag(Polos_MF),'sk');
%Compensador por Atraso de Fase
ess = 0.02; beta = 0.999;
alpha = 1-((1-beta)*(1-ess))/(ess*evalfr(Gd,1));
Cd_temp = (z-alpha)/(z-beta);
CGd = Cd_temp*Gd; %Sistema compensado
figure(2); subplot(121); rlocus(CGd,0:0.0005:50);
set(findall(gcf,'type','line'),'linewidth',1);
zgrid(0.421,-1); axis([0 1.5, -1.1 1.1])
K = 0.978; %Obtido usando a ferramenta Data cursor
t_run = 40; sim('SIM_Ex_06_05.slx');
subplot(122); p = plot(tout, r,'K: ,tout, y_1,'b',tout, y_2,'r');
l = legend('Referência','Sem Compensador','Com Compensador');
```

A equação de diferenças do controlador e seu código de programação na *Matlab Function* são omitidos pela similaridade com exemplos anteriores.

Note na Figura 6.14 que o controlador atendeu às especificações de projeto. No entanto, observe que o polo e o zero do compensador por atraso de fase são próximos um do outro e próximos de $z = -1$, o que pode gerar problemas de aproximação numérica se o hardware utilizado não tiver precisão adequada.

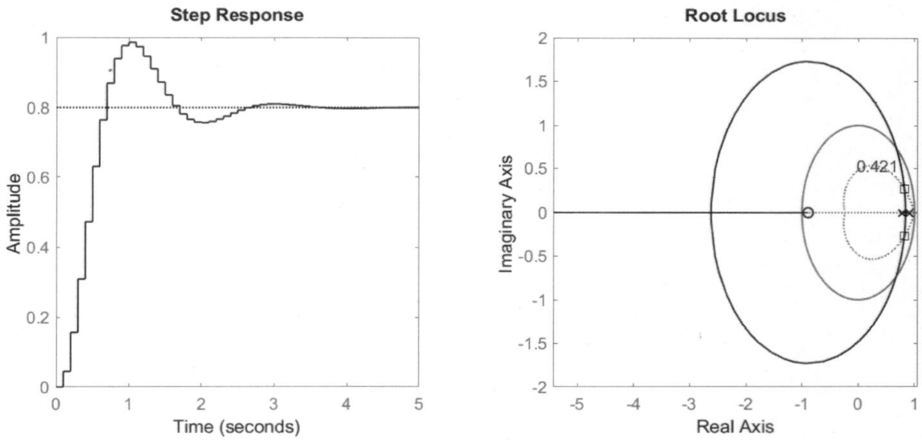

Figura 6.13 – Exemplo 6.5: resposta ao degrau do sistema em tempo discreto não compensado (esquerda) e LGR do sistema não compensado com os polos de malha fechada com realimentação unitária (direita).

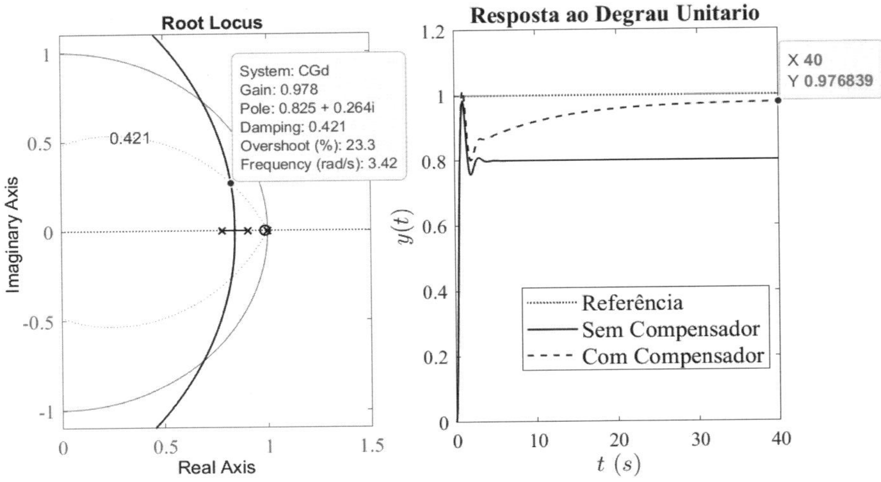

Figura 6.14 – Resultados do Exemplo 6.5: lugar das raízes do sistema compensado com os polos de malha fechada com realimentação unitária (esquerda) e resposta ao degrau do sistema compensado (direita).

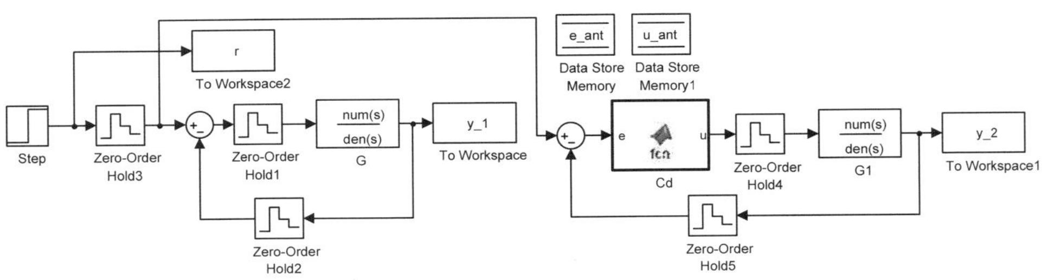

Figura 6.15 – Diagrama de blocos MATLAB/Simulink® para a simulação do Exemplo 6.5.

6.3.3 Controlador PID

O PID digital básico com aproximação de Tustin na parcela integrativa e retangular para trás na parcela derivativa possui a seguinte função de transferência:

$$\begin{aligned} PID(z) &= K_P\left(1+\frac{T_s}{2T_I}\frac{(z+1)}{(z-1)}+\frac{T_D}{T_s}\frac{z-1}{z}\right) \\ &= a+b\frac{(z+1)}{(z-1)}+c\frac{z-1}{z}=\frac{az(z-1)+bz(z+1)+c(z-1)^2}{z(z-1)}, \end{aligned} \tag{6.11}$$

com $a = K_P$, $b = K_P\frac{T_s}{2T_I}$ e $c = K_P\frac{T_D}{T_s}$. De forma equivalente, pode-se escrever a Equação (6.11) como

$$PID(z) = \frac{K(z-c_1)(z-c_2)}{z(z-1)}. \tag{6.12}$$

Assim, pode-se aplicar o método do LGR para projetar o PID. Uma solução razoável consiste em escolher um dos zeros do compensador para cancelar um polo estável da planta. Com isso, o outro zero é encontrado pela aplicação da condição de fase do LGR. Por fim, aplica-se a condição de módulo do para encontrar o ganho K.

Para implementação utilizando a equação de diferenças do controlador, pode-se aplicar diretamente a transformada-z inversa em

$$PID(z) = \frac{U(z)}{E(z)} = \frac{K(z-c_1)(z-c_2)}{z(z-1)}\frac{z^{-2}}{z^{-2}} = \frac{K(1-c_1z^{-1})(z-c_2z^{-1})}{1-z^{-1}}. \tag{6.13}$$

Note, entretanto, que, para obter as equações de diferenças do PID digital vistas no Capítulo 4 (*anti-windup*, filtro na derivada, derivada da saída), pode-se igualar os numeradores das Equações (6.11) e (6.12), e resolver o sistema de equações comparando os coeficientes dos polinômios em z para encontrar os valores equivalentes de K_P, T_I e T_D. Isso será feito utilizando o *Symbolic Math Toolbox* do MATLAB®, da seguinte forma:

```
clear all; close all; clc
syms z Ts Kp Ti Td K c1 c2 a b c c1 c2
a = Kp;  b = Kp*Ts/(2*Ti); c = Kp*Td/Ts;
num_PID = collect(a*z*(z-1) + b*z*(z+1) + c*(z-1)^2,z);
Cf_1 = coeffs(num_PID,z);
num_PID2 = collect(K*(z-c1)*(z-c2),z);
Cf_2 = coeffs(num_PID2,z);
X = solve(Cf_1(1)==Cf_2(1), Cf_1(2)==Cf_2(2), Cf_1(3)==Cf_2(3),Kp,Ti,Td);
K_P = X.Kp; %Valor de K_P
T_I = X.Ti; %Valor de T_I
T_D = X.Td; %Valor de T_D
disp('K_P = '); pretty(K_P);
```

```
disp('T_I = '); pretty(T_I);
disp('T_D = '); pretty(T_D);
```

Com isso, o seguinte resultado é obtido:

$$K_P = \frac{K}{2}(c_1 + c_2 - 3c_1c_2 + 1), \tag{6.14}$$

$$T_I = \frac{T_s}{2}\frac{1 + c_1 + c_2 - 3c_1c_2}{1 + c_1c_2 - c_1 - c_2}, \tag{6.15}$$

$$T_D = 2T_s\frac{c_1c_2}{c_1 + c_2 - 3c_1c_2 + 1}. \tag{6.16}$$

A seguir é apresentado o Exemplo 6.6 com um projeto de PID digital.

✍ **Exemplo 6.6:** Projete um controlador digital para o processo $G(s) = \frac{2}{(s+2)(s+3)}$, tal que o erro estacionário seja nulo para entrada degrau e que o par de polos dominantes de malha fechada tenha coeficiente de amortecimento $\zeta = 0,7$ e frequência natural $\omega_n = 2,5$ rad/s.

Solução: com as especificações apresentadas, se os polos dominantes forem predominantes na resposta, então o sistema apresentará um sobressinal $M_p \approx 4,6\%$ e um tempo de pico $t_s \approx 1,76$s. No plano-s, a posição dos polos dominantes de malha fechada é dada por

$$s_{1,2} = -\zeta\omega_n \pm j\omega_n\sqrt{1-\zeta^2} = -1,75 \pm j1,7854.$$

As oscilações da resposta subamortecida possuem período igual a $T_d = \frac{2\pi}{\omega_d} = \frac{2\pi}{\sqrt{3}} = 3,52$s. Assim, pode-se escolher o período de amostragem tal que $T_s \approx T_d/10$. Adota-se então $T_s = 0,3$s.

Os polos dominantes no plano-s são mapeados no plano-z da seguinte forma:

$$z_{1,2} = e^{0,4(-1\pm\sqrt{3}j)} = 0,5824 \pm j0,2787.$$

O equivalente discreto da planta é obtido como

$$\begin{aligned}\mathcal{Z}\{\mathrm{ZOH}(s)G(s)\} &= \left(1 - z^{-1}\right)\mathcal{Z}\left\{\frac{2}{s(s+2)(s+3)}\right\} \\ &= \frac{0,041714(z+0,659)}{(z-0,6065)(z-0,4724)}.\end{aligned}$$

A condição de erro estacionário nulo para entrada degrau exige que o sistema tenha um polo na origem e, como a planta não possui integrador, isso deve ser imposto pelo controlador. Além disso, a resposta transitório precisa ter o comportamento especificado no enunciado. O seguinte controlador pode ser utilizado:

$$C(z) = \frac{K(z-c_1)(z-c_2)}{z(z-1)},$$

que é um PID. Vamos assumir que um dos zeros do controlador cancela o polo estável da planta em $z = 0,6065$, ou seja, $c_2 = 0,6065$. A função de transferência em malha aberta resultante é dada por

$$F(z) = C(z)G(z) = \frac{0,041714K(z-c_1)(z+0,659)}{z(z-1)(z-0,4724)}.$$

Para obter c_1, aplica-se a condição de fase dada por

$$\angle(z_1-c_1) = -\angle(z_1+0,659) + \angle(z_1) + \angle(z_1-1) + \angle(z_1-0,4724) - \pi = \Phi.$$

Assim, c_1 é calculado como

$$c_1 = -\frac{\text{Im}(z_1)}{\tan(\Phi)} + \text{Re}(z_1) = 0,3284.$$

Com isso,

$$C(z) = \frac{K(z-0,6065)(z-0,3284)}{z(z-1)}.$$

Para encontrar o ganho K deve-se aplicar a condição de módulo, ou seja,

$$|F(z)|_{z=z_1} = 1 \Rightarrow \left|\frac{0,041714K(z-0,3284)(z+0,659)}{z(z-1)(z-0,4724)}\right|_{z=z_1} = 1,$$

o que resulta em $K = 4,8536$. Portanto,

$$C(z) = 4,8536\frac{(z-0,6065)(z-0,3284)}{z(z-1)}.$$

Ao aplicar a transformada-z inversa, pode-se chegar na seguinte equação de diferenças:

$$u[n] = u[n-1] + K(e[n] - (c1+c2)e[n-1] + c_1c_2e[n-2]).$$

Note que a programação do controlador está na forma incremental. No entanto, caso seja desejada outra forma de programação, pode-se transformar K, c_1 e c_2 em K_P, K_I e K_D e utilizar uma das formas apresentadas na Seção 4.3. O projeto pode ser feito utilizando o seguinte *script* em MATLAB®:

```
clear all; close all; clc;
Mp = 0.046; zeta = 0.7; %zeta = sqrt(log(Mp)^2 / (pi^2 + log(Mp)^2));
wn = 2.5; wd = wn*sqrt(1-zeta^2); tp = pi/wd; Td = 2*pi/wd;
```

```
s = tf('s'); z = tf('z'); Ts = 0.25;
G = 2/((s+2)*(s+3));
G_D = c2d(G,Ts,'zoh'); G_zer = zero(G_D); G_pol = pole(G_D);
s1 = -zeta*wn+j*wn*sqrt(1-zeta^2); z1 = exp(Ts*s1);
c2 = G_pol(1);
%Condição de Fase
P=-pi-angle(z1-G_zer)+angle(z1)+angle(z1-1)+angle(z1-G_pol(2));
c1 = -imag(z1)/tan(P)+real(z1);
%Condição de Módulo
C_D_temp = ((z-c1)*(z-c2))/(z*(z-1)); C_D_temp.Ts = Ts;
K = 1/abs(evalfr((G_D*C_D_temp),z1));
C_D = K*C_D_temp;
F = minreal(C_D*G_D);
figure(1);rlocus(C_D_temp*G_D);zgrid(zeta,wn,Ts);
axis([-2 2 -2 2]); hold on;
G_MF = feedback(F,1); G_MF_pol = pole(G_MF);
plot(real(G_MF_pol), imag(G_MF_pol),'sk')
%Obter os valores equivalentes de K_P, T_I e T_D
K_P = (K*(c1 + c2 - 3*c1*c2 + 1))/2;
T_I = -(Ts*(c1 + c2 - 3*c1*c2 + 1))/(2*(c1 + c2 - c1*c2 - 1));
T_D = (2*Ts*c1*c2)/(c1 + c2 - 3*c1*c2 + 1);
%Forma usando o toolbox de controle para achar Kp, Ti e Td
%G_D_PID = pid(C_D,'Iformula','Trapezoidal','Dformula','BackwardEuler')
%K_P = G_D_PID.Kp; T_I = K_P/G_D_PID.Ki; T_D = G_D_PID.Kd/K_P;
t_run = 6; sim('SIM_Ex_06_06.slx');
figure(2); subplot(121);
p = plot(tout, r,'K:',tout, y,'b');
l = legend('Referência','Resposta com PID');
title('Resposta ao Degrau Unitario');
xlabel('t(s)'); ylabel('y(t)');
subplot(122);t_d = (0:length(u)-1)*Ts;
p2=stairs(t_d,u,'b');
title('Ação de Controle');
xlabel('nT_s (s)'); ylabel('u(nT_s)');
```

O diagrama de blocos do Simulink® é apresentado na Figura 6.16. O código da *Matlab Function* de programação do controlador é apresentado a seguir:

```
%Código da Matlab Function para o Controlador
function u = fcn(e,K,c1,c2)

global e_ant_1 e_ant_2 u_ant
u = u_ant + K*(e - (c1+c2)*e_ant_1 + c1*c2*e_ant_2);
u_ant = u; e_ant_2 = e_ant_1; e_ant_1 = e;
```

O lugar das raízes do sistema compensado é apresentado na Figura 6.17. A resposta ao degrau unitário e o sinal de controle são apresentados na Figura 6.18. Observe que o projeto atendeu razoavelmente bem às especificações.

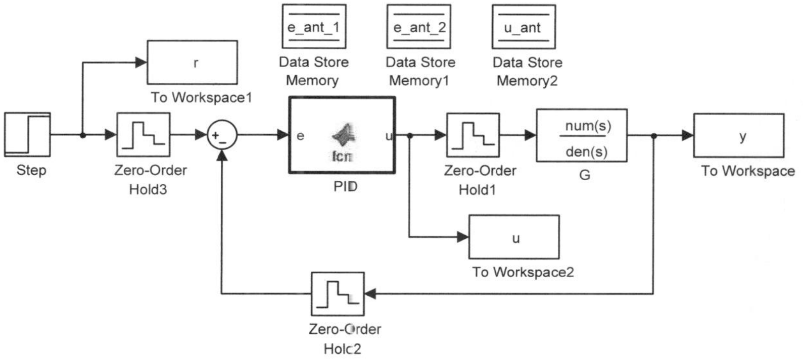

Figura 6.16 – Diagrama de blocos MATLAB/Simulink® do Exemplo 6.6.

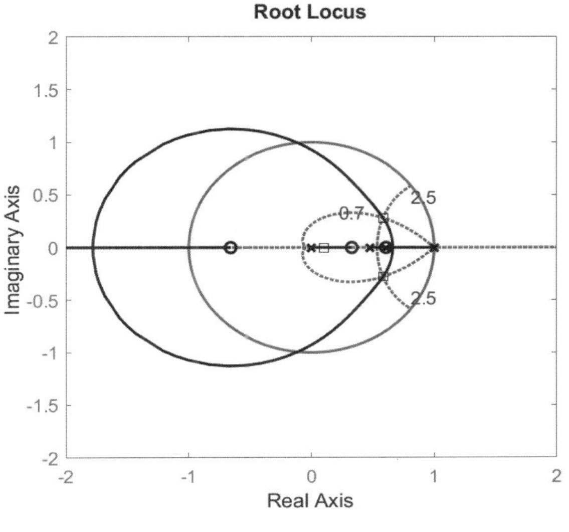

Figura 6.17 – Lugar das raízes e polos de malha fechada do sistema compensado com controlador PID do Exemplo 6.6.

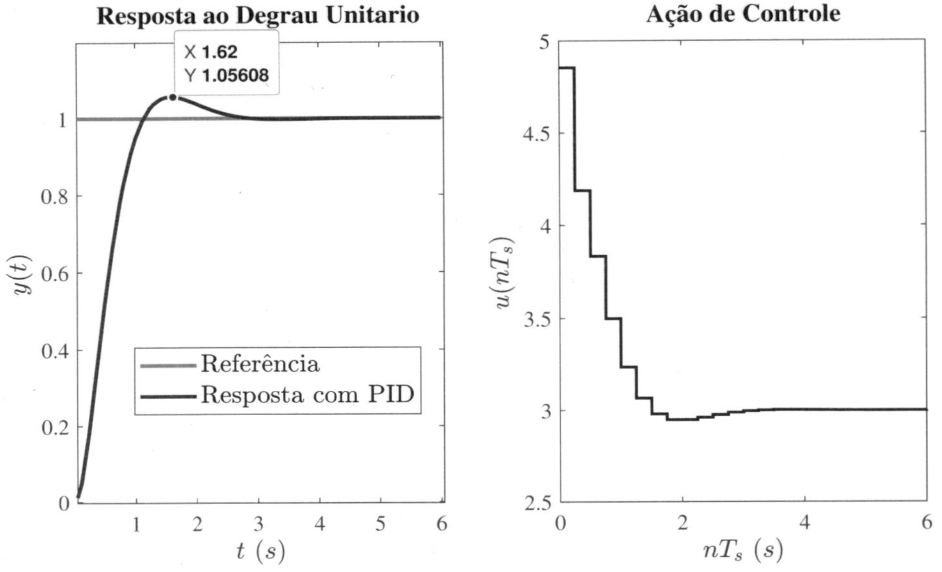

Figura 6.18 – Resposta ao degrau e sinal de controle do sistema compensado em malha fechada com controlador PID do Exemplo 6.6.

6.4 Projeto pelo método da resposta em frequência

A forma tradicional de projeto de compensadores digitais no domínio da frequência utiliza diagramas de Bode no plano-w, através da seguinte transformação:

$$z = \frac{1 + \frac{T_s}{2}\,\mathrm{w}}{1 - \frac{T_s}{2}\,\mathrm{w}}.$$

Com isso, tendo $G(\mathrm{z})$ chega-se em $G(\mathrm{w})$. Assim, para projetar $C(\mathrm{w})$, utilizam-se os mesmos procedimentos de projeto considerados no plano-s. Em seguida, $C(\mathrm{w})$ é convertido de volta para $C(z)$ pela transformação inversa, ou seja,

$$\mathrm{w} = \frac{2}{T_s}\frac{z-1}{z+1}.$$

A frequência de amostragem deve ser suficientemente alta para amenizar as distorções causadas pelas transformações. Com isso em mente, o projeto de controladores digitais no plano-w segue exatamente os mesmos procedimentos de projeto no plano-s apresentados em livros clássicos de engenharia de controle, por exemplo, [Ogata 2003], [Franklin, Powell e Emami-Naeini 2002], [Castrucci, Bittar e Sales 2018].

Quando feito no domínio da frequência, o projeto de compensadores considera, geralmente, como especificações a **margem de ganho** (MG), a **margem de fase** (MF), e a **frequência de cruzamento de ganho** (ω_G no caso contínuo ou ν_G no plano-w). Como ferramenta gráfica, o diagrama de Bode pode ser considerado.

A seguir é apresentado um procedimento de projeto para controladores PI em que as especificações de desempenho são a margem de fase e a frequência de cruzamento de ganho, tal como em [Angélico, Campanhol e Oliveira da Silva 2014], onde também há um procedimento para projeto de controladores PID.

No plano-w, um controlador PI pode ser descrito como

$$C_{PI}(\mathrm{w}) = K_c \frac{T_i \mathrm{w} + 1}{\mathrm{w}}, \tag{6.17}$$

sendo $K_c = K_p/T_i$, em que K_p é o ganho proporcional e T_i o *reset time* do integrador.

O procedimento de projeto é apresentado a seguir:

1. Trace o diagrama de Bode do sistema a ser compensado, $G(\mathrm{w})$. Calcule a fase θ_G do sistema na frequência de cruzamento de ganho especificada (ν_G).

2. Verifique qual é a contribuição de fase ϕ_C que o controlador PI precisa fornecer para garantir a MF desejada em ν_G. Note que ϕ_C precisar ser entre $(0, -90°)$ para o controlador PI.

3. Para obter T_i, note que $\angle C_{PI}(\nu) = \phi_C = \text{atan}(\nu_G T_i) - 90°$, ou seja,

$$T_i = \frac{\tan(\phi_C + 90°)}{\nu_G}.$$

4. Trace o diagrama de Bode de $C'_{PI}(\mathrm{w})G(\mathrm{w})$, onde $C'_{PI}(\mathrm{w}) = \frac{T_i \mathrm{w}+1}{\mathrm{w}}$. Calcule o ganho necessário para que o gráfico de amplitude seja 0 dB em ν_G. Tal ganho é numericamente igual e K_c.

O Exemplo 6.7 aplica esse procedimento de projeto.

✍ **Exemplo 6.7:** Considere o seguinte sistema:

$$G(s) = \frac{0,1}{s+1}.$$

Ao assumir $T_s = 0,2$ s, o equivalente discreto com ZOH é dado por

$$G(z) = \frac{0,01813}{z - 0,8187}.$$

Projete um controlador PI no plano-w tal que o sistema apresente uma margem de fase $MF = 60°$ e uma frequência de cruzamento de ganho $\nu_G = 2$ rad/s.

Solução: no plano-w, tem-se

$$G(\mathrm{w}) = -0,0099668\frac{\mathrm{w}-10}{\mathrm{w}+0,9967}.$$

O diagrama de Bode de $G(\mathrm{w})$ é apresentado na Figura 6.19. Note que $\theta_G = -74,821°$. Assim, a contribuição angular do PI para se ter $MF = 60°$ em $\nu_G = 2$ rad/s é igual a

$$\phi_C = 60° - (180° + \theta_G) = -45,179°.$$

Com isso, $T_i = 0,4969$, o que resulta em $C'_{PI}(\mathrm{w}) = \frac{0,4969\mathrm{w}+1}{\mathrm{w}}$. O diagrama de Bode de $C'_{PI}(\mathrm{w})G(\mathrm{w})$ é apresentado na Figura 6.20. Note que $K_c = 10^{29,8798/20} = 31,1883$. Assim,

$$C_{PI}(\mathrm{w}) = 31,1883\frac{0,4969\mathrm{w}+1}{\mathrm{w}}.$$

A resposta em frequência de $C_{PI}(\mathrm{w})G(\mathrm{w})$ é apresentada na Figura 6.21, juntamente com as margens de fase e de ganho resultantes. Ao converter para o plano-z com $T_s = 0,2$ s, tem-se

$$C_{PI}(z) = 18,616\frac{z-0,6649}{z-1}.$$

A resposta em frequência com as margens de fase e de ganho para o sistema compensado no plano-z são apresentadas na Figura 6.22. Note que a frequência de cruzamento de ganho é um pouco diferente da especificada. A resposta ao degrau do sistema em malha fechada é ilustrada na Figura 6.23. O *script* em MATLAB® utilizado para resolver o problema é apresentado a seguir. Os arquivos de simulação são omitidos devido à similaridade com exemplos anteriores.

```
clear all; close all; clc;
s = tf('s'); z = tf('z');  Ts = 0.2;
G = 0.1/((s+1));
Gd = c2d(G,Ts,'zoh'); %Sistema no plano-z
Gw = d2c(Gd,'Tustin');%Sistema no plano-w (em s, leia-se w)
w = logspace(log10(0.1),log10(100),1e5);
opts = bodeoptions('cstprefs');
opts.PhaseWrapping = 'on';
bode(Gw,w,opts);
nu_G = 2;
theta_G = angle(evalfr(Gw,j*nu_G))*180/pi; %Em graus
phi_C = (60-(180+theta_G)); %Em graus
T_i = tan(phi_C*pi/180 +pi/2)/nu_G; %Conta feita em rad
```

```
Cw_ = (T_i*s+1)/s;
CGw_ = Cw_*Gw;
figure; bode(Gw,w,opts);hold on; bode(CGw_,w);
set(findall(gcf,'type','line'),'linewidth',1);
K = 1/abs(evalfr(CGw_,j*nu_G)); %Ajuste para ter ganho unitário em nu_G
Cw = K*Cw_;
Cd = c2d(Cw,Ts,'Tustin'); %Conversão para o plano-z
figure; margin(Cw*Gw); %Bode com margens de fase e de ganho em w
figure; margin(Cd*Gd); %Bode com margens de fase e de ganho em z
Cd_zpk = zpk(Cd); Kc = Cd_zpk.k; alpha = Cd_zpk.z{1}(1); beta = Cd_zpk.p
    {1}(1);
t_run = 6; sim('SIM_Ex_06_04.slx'); %Mesmo arquivo de simulação do Ex. 6.4
figure; subplot(121); p = plot(tout, r,'K:',tout, y,'b');
subplot(122);t_d = (0:length(u)-1)*Ts; p2=stairs(t_d,u,'b');
```

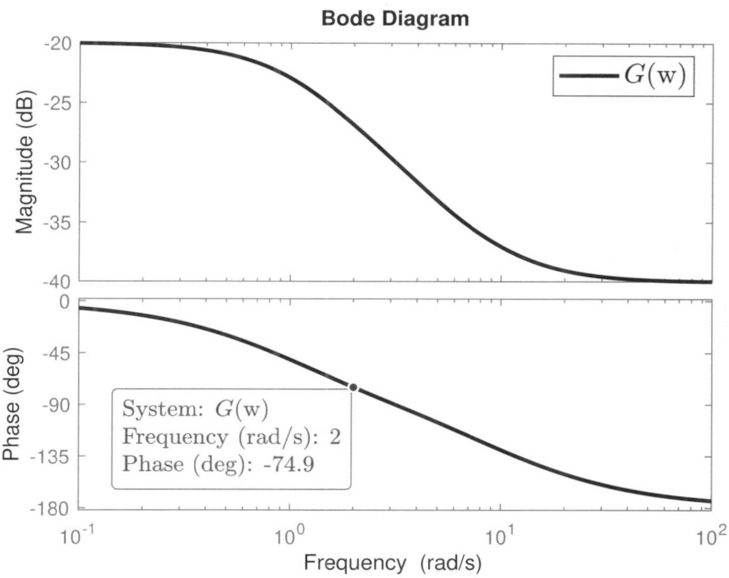

Figura 6.19 – Diagrama de Bode de $G(\mathrm{w})$ do Exemplo 6.7.

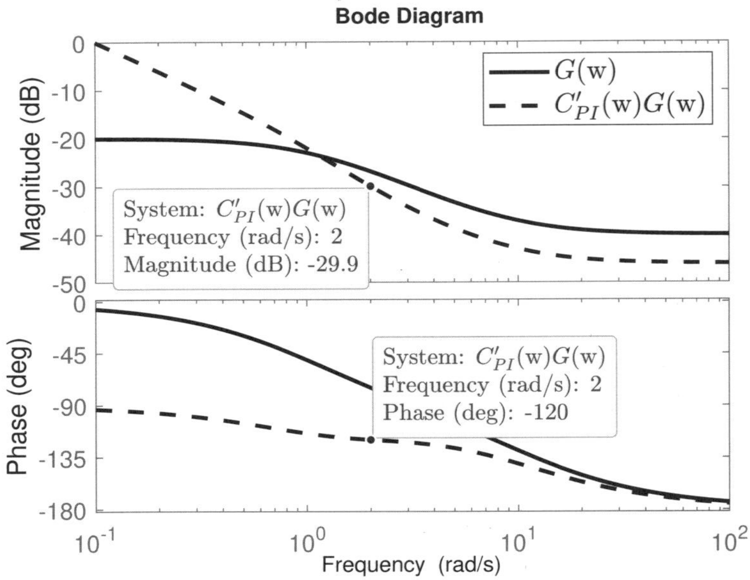

Figura 6.20 – Diagramas de Bode de $G(\mathrm{w})$ e $C'_{PI}(\mathrm{w})G(\mathrm{w})$ do Exemplo 6.7.

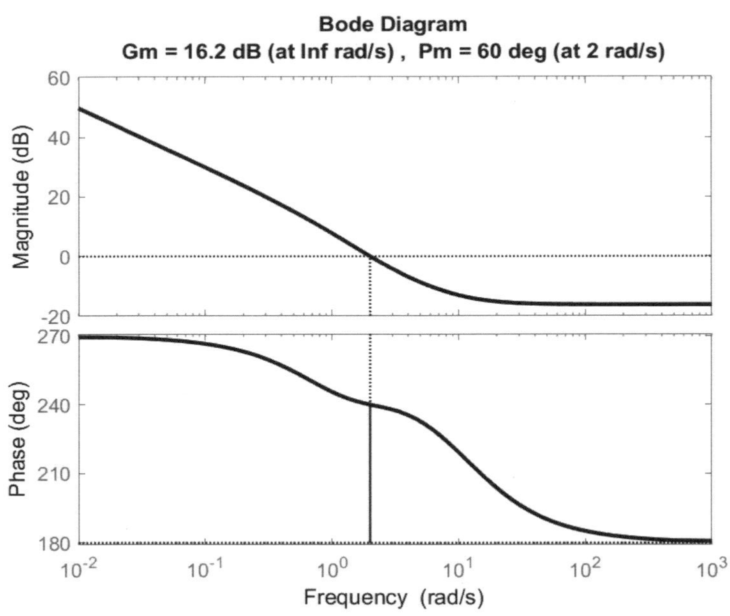

Figura 6.21 – Diagrama de Bode do sistema compensado no plano-w com as margens de ganho e de fase do Exemplo 6.7.

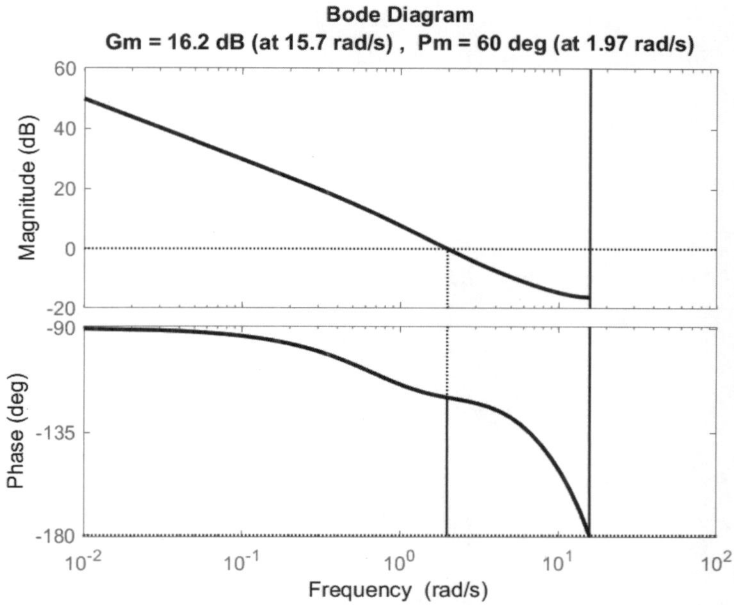

Figura 6.22 – Diagrama de Bode do sistema compensado no plano-z com as margens de ganho e de fase do Exemplo 6.7.

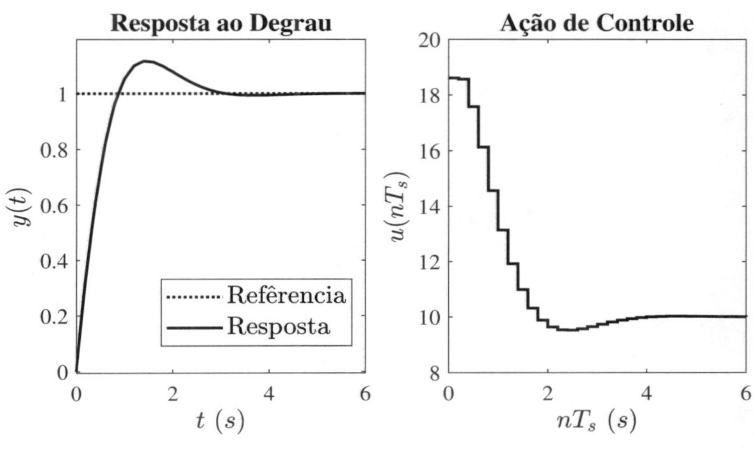

Figura 6.23 – Resposta ao degrau e sinal de controle sistema compensado no Exemplo 6.7.

No Exemplo 6.8 esse mesmo problema é resolvido, mas considerando agora a compensação pela resposta em frequência diretamente no plano-z. Isso não é comumente encontrado na literatura de controle digital, devido à característica não assintótica do diagrama de Bode. Para evitar os efeitos de distorção em altas frequências, tal procedimento é recomendado para frequências de cruzamento de ganho da ordem de pelo menos uma década abaixo de $\omega_s/2$.

✍ **Exemplo 6.8:** Refaça o Exemplo 6.7 considerando o projeto diretamente no plano-z.
Solução: note que $\omega_G = 2$ rad/s é aproximadamente 8 vezes menor do que $\omega_s/2 = 5\pi$. No plano-z, para $T_s = 0,2$ s, tem-se

$$G(z) = \frac{0,01813}{z - 0,8187}.$$

A resposta em frequência de $G(z)$ é apresentada na Figura 6.24. Para $\omega_G = 2$ rad/s, no plano-z deve-se calcular a resposta em frequência em $z = e^{j\Omega_G}$, onde $\Omega_G = T_s\omega_G$. O comando `bode` do MATLAB® já faz isso automaticamente quando o sistema está em tempo discreto.

A fase de $G(z)$ em $z = e^{j0,4}$ é $\theta_G = -75,2768°$. Assim, a contribuição angular do PI para se ter $MF = 60°$ em Ω_G é igual a

$$\phi_C = 60° - (180° + \theta_G) = -44,7232° = -0,7806 \text{ rad}.$$

O controlador é dado por

$$C_{PI}(z) = K_c\frac{z - \alpha}{z - 1}$$

ou seja,

$$\angle C_{PI}\left(e^{j\Omega_G}\right) = \angle\left(e^{j\Omega_G} - \alpha\right) - \angle\left(e^{j\Omega_G} - 1\right) = \phi_C.$$

Com isso,

$$\begin{aligned}
&\angle(\cos(\Omega_G) - \alpha + j\,\text{sen}(\Omega_G)) = \phi_C + \angle\left(e^{j\Omega_G} - 1\right),\\
&\text{atan}\left(\tfrac{\text{sen}(\Omega_G)}{\cos(\Omega_G)-\alpha}\right) = \phi_C + \angle\left(e^{j\Omega_G} - 1\right),\\
&\tfrac{\text{sen}(\Omega_G)}{\cos(\Omega_G)-\alpha} = \tan\left(\phi_C + \angle\left(e^{j\Omega_G} - 1\right)\right),\\
&\alpha = \cos(\Omega_G) - \tfrac{\text{sen}(\Omega_G)}{\tan\left(\phi_C + \angle\left(e^{j\Omega_G}-1\right)\right)} = 0,6656.
\end{aligned}$$

Logo, $C'_{PI}(z) = \frac{z-0,6656}{z-1}$. O diagrama de Bode de $C'_{PI}(z)G(z)$ é apresentado na Figura 6.25. Note que, para se ter ganho unitário (0 dB) em Ω_G, deve-se fazer $K_c = 10^{25,5524/20} = 18,9505$. Assim,

$$C_{PI}(z) = 18,9505\frac{z - 0,6656}{z - 1}.$$

A resposta em frequência com as margens de fase e de ganho para o sistema compensado no plano-z são apresentadas na Figura 6.26. A resposta ao degrau do sistema em malha fechada é ilustrada na Figura 6.27. O *script* em MATLAB® utilizado para resolver o problema é apresentado a seguir. Novamente, os arquivos de simulação são omitidos devido à similaridade com exemplos anteriores.

```
clear all; close all; clc;
s = tf('s'); z = tf('z');  Ts = 0.2;
G = 0.1/((s+1));
Gd = c2d(G,Ts,'zoh'); %Sistema no plano-z
Gw = d2c(Gd,'Tustin');%Sistema no plano-w (em s, leia-se w)
w = logspace(log10(0.1),log10(100),1e5);
opts = bodeoptions('cstprefs');
opts.PhaseWrapping = 'on';
bode(Gw,w,opts); nu_G = 2;
theta_G = angle(evalfr(Gw,j*nu_G))*180/pi; %Em graus
phi_C = (60-(180+theta_G)); %Em graus
T_i = tan(phi_C*pi/180 +pi/2)/nu_G; %Conta feita em rad
Cw_ = (T_i*s+1)/s; CGw_ = Cw_*Gw;
figure; bode(Gw,w,opts);hold on; bode(CGw_,w);
K = 1/abs(evalfr(CGw_,j*nu_G)); %Ajuste para ter ganho unitário em nu_G
Cw = K*Cw_;
Cd = c2d(Cw,Ts,'Tustin'); %Conversão para o plano-z
figure; margin(Cw*Gw); %Bode com margens de fase e de ganho em w
figure; margin(Cd*Gd); %Bode com margens de fase e de ganho em z
Cd_zpk = zpk(Cd);
Kc = Cd_zpk.k; alpha = Cd_zpk.z{1}(1); beta = Cd_zpk.p{1}(1);
t_run = 6; sim('SIM_Ex_06_04.slx'); %Mesmo arquivo de simulação do Ex. 6.4
figure; subplot(121);
p = plot(tout, r,'K:',tout, y,'b'); title('Resposta ao Degrau');
xlabel('t(s)'); ylabel('y(t)'); l = legend('Referência','Resposta');
subplot(122);t_d = (0:length(u)-1)*Ts;
p2=stairs(t_d,u,'b');
title('Ação de Controle');xlabel('nT_s (s)'); ylabel('u(nT_s)');
```

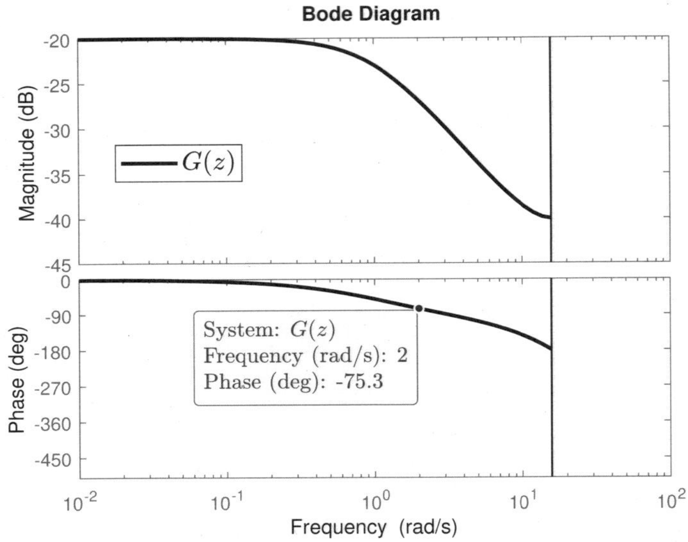

Figura 6.24 – Diagrama de Bode de $G(z)$ do Exemplo 6.8.

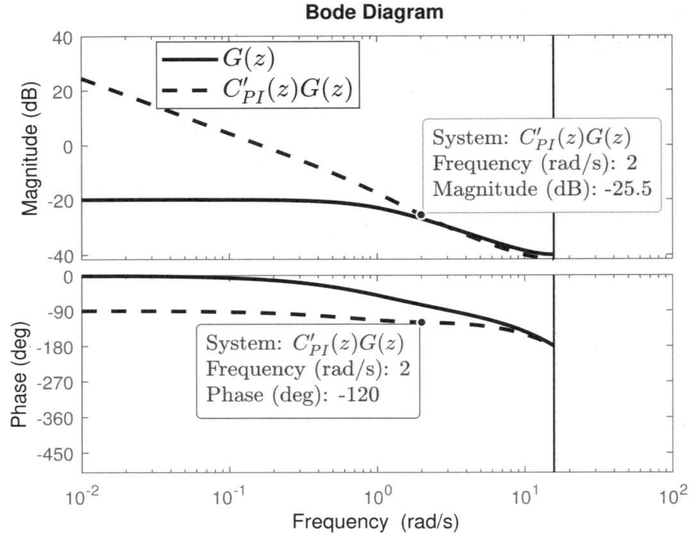

Figura 6.25 – Diagramas de Bode de $G(z)$ e $C'_{PI}(z)G(z)$ do Exemplo 6.8.

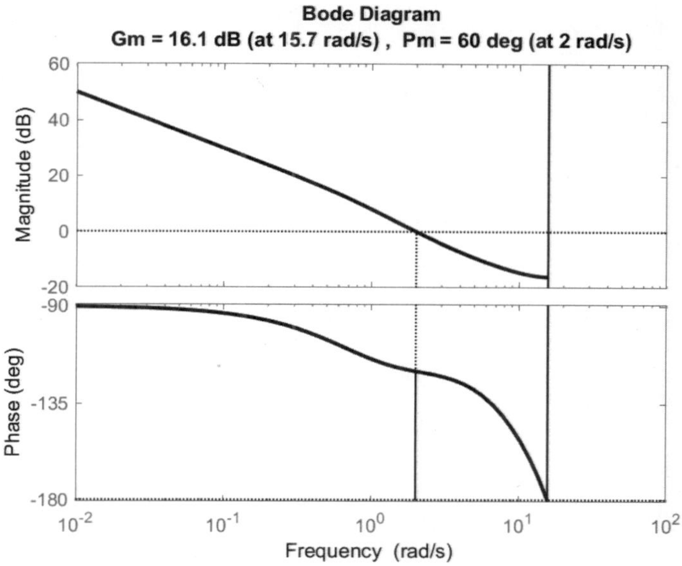

Figura 6.26 – Diagrama de Bode do sistema compensado no plano-z com as margens de ganho e de fase do Exemplo 6.8.

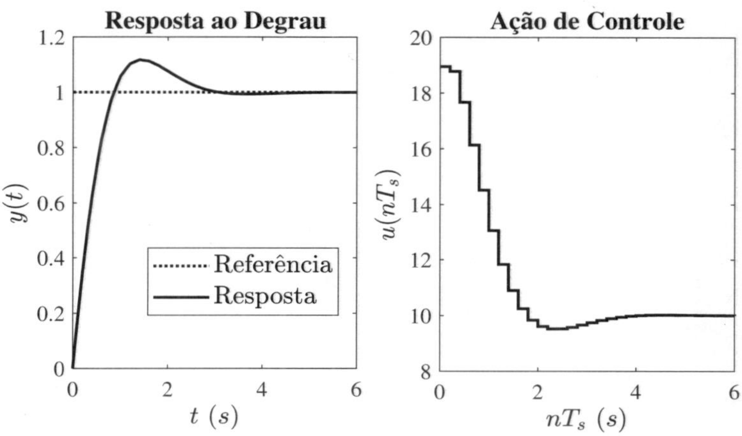

Figura 6.27 – Resposta ao degrau e sinal de controle sistema compensado no Exemplo 6.8.

Capítulo 7

Projeto Direto de Controladores Digitais

Neste capítulo o projeto de controladores digitais será feito a partir de um modelo de referência de tempo discreto em malha fechada, $G_{MF}(z)$. O controlador digital $C(z)$ será sintetizado de forma que a malha fechada discreta resulte no modelo de referência desejado. Isso é conhecido na literatura como método direto de Ragazzini [Franklin, Powell e Workman 2006].

Em suma, o controlador resultante tende a cancelar a dinâmica do processo e impor a dinâmica desejada em malha fechada. Com isso, algumas restrições no modelo de referência precisam sem impostas para garantir estabilidade, causalidade, entre outros aspectos, como será visto em seguida.

Inicialmente, o método de Ragazzini é descrito e, em seguida, dois casos particulares são apresentados: *dead beat* e Dahlin.

7.1 Método de Ragazzini

Considere o sistema da Figura 7.1.

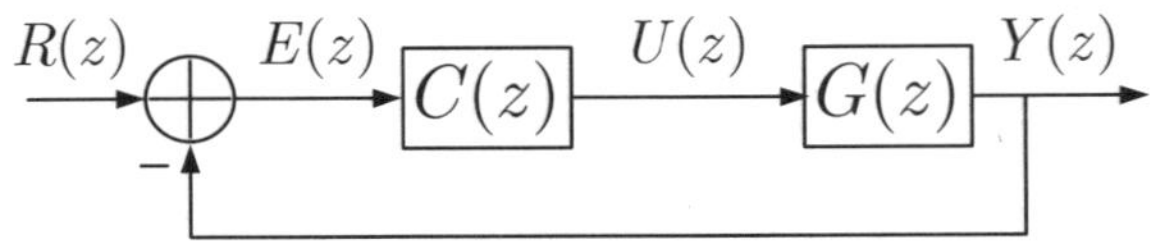

Figura 7.1 – Controle digital com realimentação unitária.

Em malha fechada:

$$\frac{Y(z)}{R(z)} = G_{MF}(z) = \frac{C(z)G(z)}{1 + C(z)G(z)}. \tag{7.1}$$

Ao isolar $C(z)$, tem-se:

$$C(z) = \frac{1}{G(z)} \frac{G_{MF}(z)}{1 - G_{MF}(z)}. \tag{7.2}$$

Note que em (7.2) o controlador inverte a planta. Obviamente isso não é possível para todos os casos. O projeto se resume em escolher adequadamente $G_{MF}(z)$. A seguir serão apresentadas algumas condições para que exista um controlador neste formato.

- **Causalidade**

Inicialmente, $C(z)$ precisa ser causal, ou seja, ele não pode possuir mais zeros finitos do que polos finitos. De (7.2), se $G(z)$ possuir zeros no infinito, então $C(z)$ terá mais zeros finitos que polos, a menos que $G_{MF}(z)$ tenha os zeros no infinito de $G(z)$. Portanto, $G_{MF}(z)$ deve ser escolhida respeitando a seguinte condição:

> **C1**: *$G_{MF}(z)$ deve possuir número de zeros no infinito maior ou igual ao número de zeros de $G(z)$ no infinito.*

Uma consequência direta da condição **C1** é que o atraso em $G_{MF}(z)$ precisa ser igual ou maior do que o atraso em $G(z)$. A ordem de $G_{MF}(z)$ também deve ser maior ou igual à ordem de $G(z)$.

- **Estabilidade**

Os zeros de $C(z)$ não podem cancelar polos instáveis de $G(z)$. Suponha que $G(z)$ possua um polo fora do círculo unitário. Dessa forma, de (7.2), a parcela do controlador que inverte a planta terá um zero fora do círculo unitário cancelando esse polo instável, a menos que o numerador do termo $1 - G_{MF}(z)$ cancele tal termo. Disso vem a primeira condição de estabilidade quanto à escolha de $G_{MF}(z)$, definida aqui como **C2**:

> **C2**: $[1 - G_{MF}(z)]$ *deve possuir como zeros todos os polos instáveis de* $G(z)$.

Além disso, os polos de $C(z)$ não devem cancelar eventuais zeros de fase não mínima de $G(z)$. A equação característica do sistema é dada por $1 + C(z)G(z) = 0$. Suponha que $G(z)$ possua um zero fora do círculo unitário. Com isso, verifica-se em (7.2) que o termo do controlador que inverte a planta terá um polo fora do círculo unitário, a menos que esse zero seja cancelado pelo numerador de $G_{MF}(z)$, resultando na segunda restrição de estabilidade, definida aqui como **C3**:

> **C3**: $G_{MF}(z)$ *deve ter como zeros todos os zeros de fase não mínima de* $G(z)$.

- **Erro Estacionário**

O sinal de erro é definido como

$$E(z) = R(z) - Y(z) = R(z) - G_{MF}(z)R(z) = R(z)[1 - G_{MF}(z)], \tag{7.3}$$

sendo $R(z)$ a entrada de referência e $Y(z)$ a saída da planta. O erro em regime estacionário é dado por

$$\lim_{n\to\infty} e[n] = \lim_{z\to 1} \left(1 - z^{-1}\right) E(z) = \lim_{z\to 1} \left(1 - z^{-1}\right) R(z)[1 - G_{MF}(z)]. \tag{7.4}$$

Se $R(z)$ for um sinal degrau unitário, $R(z) = \frac{1}{1-z^{-1}}$, tem-se

$$\lim_{n\to\infty} e[n] = \lim_{z\to 1} \left(1 - z^{-1}\right) \frac{1}{(1 - z^{-1})}[1 - G_{MF}(z)]. \tag{7.5}$$

Se o sistema for tipo 1 ou mais, então $\lim_{n\to\infty} e[n] = 0$ e, portanto, chega-se à seguinte condição:

> **C4**: *Para que o sistema seja tipo 1 ou mais deve-se garantir que* $G_{MF}(1) = 1$.

A condição **C4** resulta em erro nulo para entrada do tipo degrau. Por outro lado, para entrada $R(z) = \frac{T_s z^{-1}}{(1-z^{-1})^2}$, ou seja, rampa unitária,

$$\lim_{n\to\infty} e[n] = \lim_{z\to 1}(1 - z^{-1})[1 - G_{MF}(z)]\frac{T_s z^{-1}}{(1 - z^{-1})^2} = \lim_{z\to 1}[1 - G_{MF}(z)]\frac{T_s}{z - 1}. \tag{7.6}$$

Para calcular o limite anterior é necessário aplicar a regra de L'Hospital, o que resulta em

$$\lim_{n\to\infty} e[n] = -T_s \left.\frac{dG_{MF}(z)}{dz}\right|_{z=1}. \tag{7.7}$$

Se o sistema for tipo 1, $\lim_{n\to\infty} e[n] = \frac{1}{K_v}$ para entrada rampa, o que resulta na seguinte condição:

> **C5**: *Para que o sistema seja tipo 1 deve-se garantir que* $\left.\frac{dG_{MF}(z)}{dz}\right|_{z=1} = -\frac{1}{T_s K_v}$.

As condições **C4** e **C5** garantem a síntese de um sistema tipo 1, ou seja, que tenha erro nulo para entrada degrau e erro finito e igual a $1/K_v$ para entrada rampa.

Se o sistema for tipo 2 ou mais, então $\lim_{n\to\infty} e[n] = 0$ para entrada rampa. Portanto, tem-se a seguinte condição:

> **C6**: *Para que o sistema seja tipo 2 deve-se garantir que* $\left.\frac{dG_{MF}(z)}{dz}\right|_{z=1} = 0$.

As condições **C4** e **C6** garantem a síntese de um sistema tipo 2, ou seja, que tenha erro nulo para as entradas degrau e rampa.

No projeto pelo método direto, se T_s for muito pequeno, o sinal de controle pode ser muito elevado e atingir a saturação. Se, por outro lado, T_s for muito grande o sistema pode se tornar instável. Na prática, deve-se escolher T_s pequeno suficientemente para não se ter saturação [Castrucci, Bittar e Sales 2018].

Um projeto de controlador é apresentado no Exemplo 7.1.

✍ **Exemplo 7.1:** Considere a seguinte função de transferência:

$$G(s) = \frac{1}{s(7s+1)}.$$

Projete um controlador digital pelo método direto, utilizando $T_s = 0,5$ s, de tal forma que o equivalente contínuo do sistema em malha fechada seja de segunda ordem, com coeficiente de amortecimento $\zeta = \sqrt{2}/2$, frequência natural $\omega_n = 1$ rad/s e que a constante de erro estático de velocidade do sistema $K_v = 1$.

Solução: o sistema em malha fechada deve ter polos em $s_{1,2} = -\sqrt{2}/2 \pm j\sqrt{2}/2$. No plano-$z$, tem-se o mapeamento $z = 0,6588 \pm j0,2431$, o que resulta na seguinte equação característica: $z^2 - 1,3175z + 0,4931 = 0$. O equivalente discreto da planta é dado por

$$G(z) = 0,01744\frac{z + 0,9765}{(z-1)(z-0,9311)}.$$

A forma geral de $G_{MF}(z)$ é dada por

$$G_{MF}(z) = \frac{b_0 + b_1z^{-1} + b_2z^{-2} + b_3z^{-3} + \cdots}{1 - 1,3175z^{-1} + 0,4931z^{-2}}.$$

Como $G(z)$ possui um zero no infinito, tem-se de **C1** que

$$G_{MF}(z)\big|_{z\to\infty} = 0 \Rightarrow b_0 = 0.$$

Como $G(z)$ não possui nem zero nem polo fora do círculo unitário, as restrições **C2** e **C3** não se aplicam, exceto pelo zero no infinito que já foi contemplado pela restrição de causalidade.

De **C4**, o requisito de erro estático de posição nulo implica que

$$G_{MF}(1) = 1 = \frac{b_1 + b_2 + b_3 + \cdots}{1 - 1,3175 + 0,4931} \Rightarrow b_1 + b_2 + b_3 + \cdots = 0,1756,$$

Por outro lado, o requisito de constante de erro estático de velocidade, a partir de **C5**, resulta em

$$\left.\frac{dG_{MF}(z)}{dz}\right|_{z=1} = -\frac{1}{T_sK_v} = -2.$$

Com isso,

$$\frac{(-b_1-2b_2-3b_3-\cdots)\underbrace{(1-1,3175+0,4931)}_{=0,1756} - \underbrace{(b_1+b_2+b_3+\cdots)}_{=0,1756}(1,3175 - 2\cdot 0,4931)}{0,1756^2} = -2,$$

ou seja,

$$\frac{(b_1 + 2b_2 + 3b_3 + \cdots) + 0,3313}{0,1756} = 2 \Rightarrow (b_1 + 2b_2 + 3b_3 + \cdots) = 0,0197.$$

Como há apenas duas equações, para o sistema ter solução, deve-se ter duas incógnitas. Fazendo-se $b_3 = b_4 = b_5 = \cdots = 0$, tem-se

$$\begin{cases} b_1 + b_2 = 0,1756 \\ b_1 + 2b_2 = 0,0197 \end{cases} \Rightarrow b_1 = 0,3314;\ b_2 = -0,1558.$$

Portanto,

$$G_{MF}(z) = \frac{0,33143z - 0,1558}{z^2 - 1,3175z + 0,4931},$$

e,

$$1 - G_{MF}(z) = \frac{z^2 - 1,649z + 0,6489}{z^2 - 1,318z + 0,4931} = \frac{(z-1)(z-0,6489)}{z^2 - 1,318z + 0,4931}.$$

Da Equação (7.2), tem-se

$$\begin{aligned} C(z) &= \frac{1}{G(z)} \frac{G_{MF}(z)}{1 - G_{MF}(z)} = \frac{57,341(z-1)(z-0,9311)}{(z+0,9765)} \frac{0,3313(z-0,4702)}{(z-1)(z-0,6489)} \\ &= 19,002 \frac{(z-0,9311)(z-0,4702)}{(z+0,9765)(z-0,6489)}. \end{aligned}$$

O controlador projetado possui dois zeros e dois polos reais, o que pode ser programado como dois sistemas de primeira ordem em cascata, chegando-se ao seguinte conjunto de equações de diferenças:

$$\begin{aligned} u_1[n] &= \beta_1 u_1[n-1] + K_c(e_1[n] - \alpha_1 e_1[n-1]), \\ e_2[n] &= u_1[n], \\ u_2[n] &= \beta_2 u_2[n-1] + (e_2[n] - \alpha_2 e_2[n-1]), \end{aligned}$$

em que, especificamente para este exemplo, $K_c = 19,002$, $\alpha_1 = 0,9311$, $\beta_1 = -0,9765$, $\alpha_2 = 0,4702$ e $\beta_2 = 0,6489$.

A programação em MATLAB/Simulink® utilizada para resolver o exemplo é apresentada a seguir, incluindo o *script* principal, o código do controlador na *Matlab Function* e o diagrama de blocos (Figura 7.2).

```
clear all; close all; clc;
s = tf('s'); z = tf('z'); Ts = 0.5;
G = 1/(s*(7*s +1)); Gd = c2d(G,Ts,'zoh');
zeta = sqrt(2)/2; wn = 1;
s1 = -zeta*wn+sqrt(-1)*wn*sqrt(1-zeta^2); z1 = exp(Ts*s1);
den_G_MF_coefs = poly([z1; z1']);
%Solucão do sistema para achar b1 e b2 (A*b = d)
A = [1 1; 1 2]; d = [0; 0];
d(1) = sum(den_G_MF_coefs); %b1+b2+b3...
d(2) = 2*d(1)-(-den_G_MF_coefs(2)-2*den_G_MF_coefs(3));
b = A\d; %Resolve A*b=d
Gd_MF = (b(1)*z+b(2))/((z-z1)*(z-z1')); Gd_MF.Ts = Ts;
Cd = minreal((1/Gd)*Gd_MF/(1-Gd_MF));
Cd_zpk = zpk(Cd);
Kc_1 = Cd_zpk.k; alpha_1 = Cd_zpk.z{1}(1); beta_1 = Cd_zpk.p{1}(1);
Kc_2 = 1;        alpha_2 = Cd_zpk.z{1}(2); beta_2 = Cd_zpk.p{1}(2);
t_run = 10; sim('SIM_Ex_07_01_a_07_05.slx');
subplot(211); plot(t, y_1); hold on;
```

```
n = 0:Ts:Ts*(length(y_2)-1); stairs(n, y_2,'r-*');
subplot(212); stairs(n, u);
figure(2); subplot(211); plot(t,t,'k--'); hold on;
plot(t, y_3); stairs(n, y_4,'r-*');
subplot(212); stairs(n, u1);
```

```
function u2 = fcn(e1,Kc_1,Kc_2,alpha_1,beta_1,alpha_2,beta_2)
global e1_ant u1_ant e2_ant u2_ant
u1 = beta_1*u1_ant + Kc_1*(e1 - alpha_1*e1_ant);
u1_ant = u1; e1_ant = e1;
e2 = u1;
u2 = beta_2*u2_ant + Kc_2*(e2 - alpha_2*e2_ant);
u2_ant = u2; e2_ant = e2;
%Códigos de Cd1, Cd2, Cd3 e Cd4 são idênticos aos dos Exemplos 5.7 a 5.13
```

A resposta ao degrau e a resposta à rampa do sistema são apresentadas nas Figuras 7.3 e 7.4, respectivamente. O sinal de controle possui amplitude elevada nos instantes iniciais. Além disso, tal sinal oscila muito, o que na prática provoca um *ripple* elevado entre amostras na resposta ao degrau.

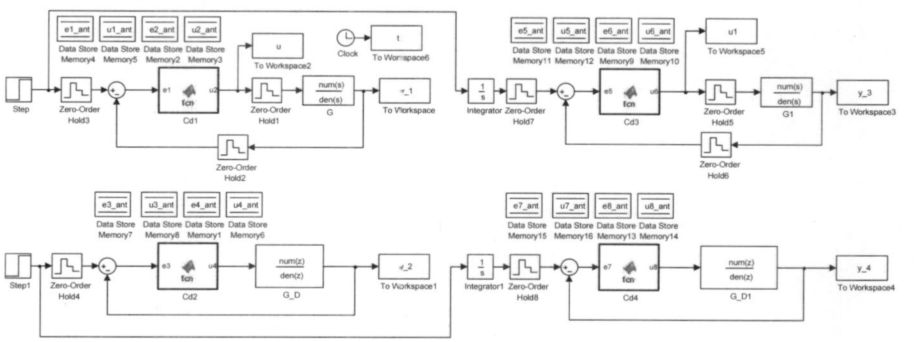

Figura 7.2 – Diagrama de blocos utilizado nas simulações do Exemplo 7.1.

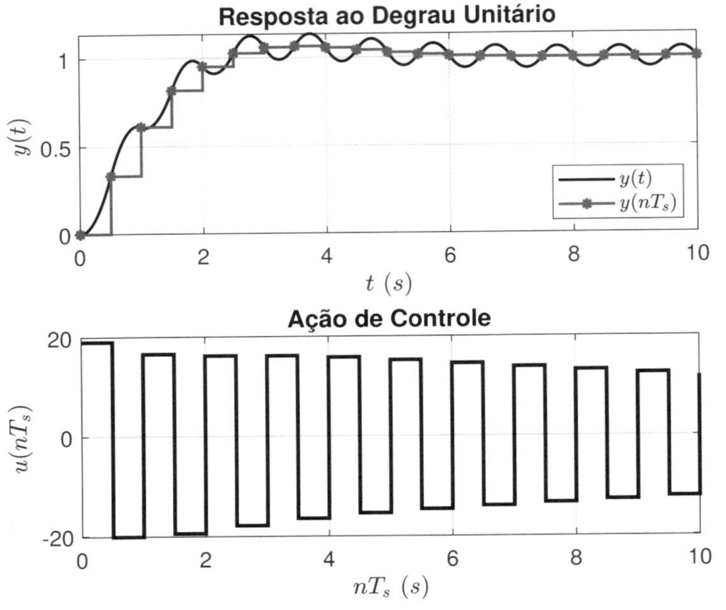

Figura 7.3 – Resposta ao degrau e sinal de controle do sistema compensado do Exemplo 7.1.

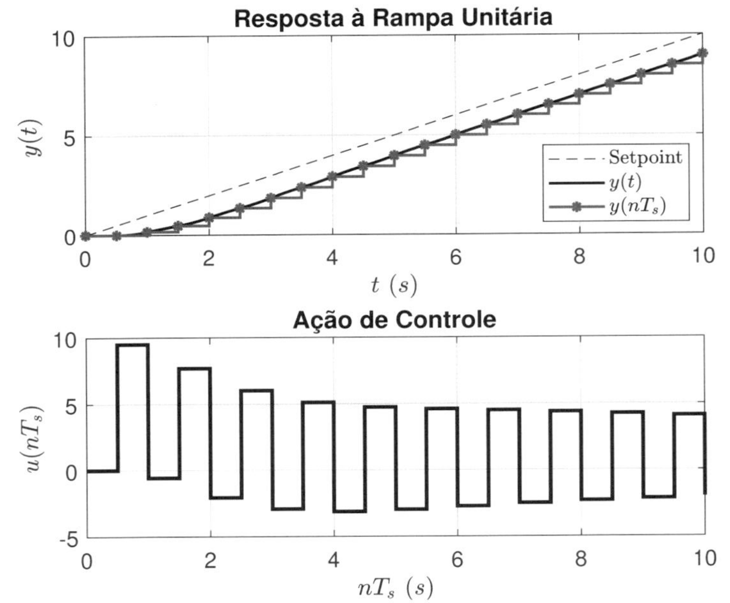

Figura 7.4 – Resposta à rampa e sinal de controle do sistema compensado do Exemplo 7.1.

O comportamento oscilatório entre períodos de amostragem na resposta ao degrau do sistema em tempo contínuo, observado no Exemplo 7.1, ocorre principalmente devido a ganhos elevados do controlador e/ou à presença de zeros de $G(z)$ próximos à circunferência unitária. Note, a partir da Figura 7.1, que

$$U(z) = \frac{Y(z)}{G(z)} = \frac{G_{MF}(z)}{G(z)} R(z). \tag{7.8}$$

Definindo $G(z) = N(z)/D(z)$, tem-se que

$$\frac{U(z)}{R(z)} = G_{MF}(z) \frac{D(z)}{N(z)}. \tag{7.9}$$

Se $R(z)$ é do tipo degrau, para o sinal de controle ser constante após o período transitório da resposta, os polos de (7.9) devem ficar afastados da circunferência unitária. No exemplo anterior os polos de $G_{MF}(z)$ estão relativamente afastados da circunferência unitária e, portanto, os zeros de $G(z)$ são responsáveis pelas oscilações. Para solucionar este problema acrescenta-se a seguinte condição:

C7: *$G_{MF}(z)$ deve ter como fatores comuns no numerador todos os zeros de $G(z)$ próximos à circunferência de raio unitário.*

O mesmo problema do Exemplo 7.1 é resolvido no Exemplo 7.2, mas agora considerando a condição **C7** adicionalmente.

✍ **Exemplo 7.2:** Projetar um controlador para o exemplo anterior em que a saída não apresente oscilações entre instantes de amostragem.

Solução: a planta possui um zero indesejável em $z = -0,9765$. Assim, de **C7**, deve-se incluir um zero a mais em $G_{MF}(z)$, tal que $G_{MF}(-0,9765) = 0$, ou seja,

$$G_{MF}(-0,9765) = 0 = -1,0241b_1 + 1,0487b_2 - 1,0739b_3,$$

onde se considerou $b_0 = 0$ pela restrição **C1**. As demais restrições são obtidas do exemplo anterior, lembrando que agora há três termos no numerador de $G_{MF}(z)$, tal que

$$b_1 + b_2 + b_3 = 0,1756,$$
$$b_1 + 2b_2 + 3b_3 = 0,0199.$$

Os valores de b_1, b_2 e b_3 são obtidos como solução do seguinte sistema:

$$\begin{bmatrix} -1,0241 & 1,0487 & -1,0739 \\ 1 & 1 & 1 \\ 1 & 2 & 3 \end{bmatrix} \begin{bmatrix} b_1 \\ b_2 \\ b_3 \end{bmatrix} = \begin{bmatrix} 0 \\ 0,1756 \\ 0,0199 \end{bmatrix}.$$

Assim, $b_1 = 0,2115$, $b_2 = 0,0839$ e $b_3 = -0,1198$. Com isso,

$$\begin{aligned} G_{MF}(z) &= \frac{0,2115z^{-1} + 0,0839z^{-2} - 0,1198z^{-3}}{1 - 1,3175z^{-1} + 0,4931z^{-2}} \\ &= \frac{0,2115z^2 + 0,0839z - 0,1198}{z^3 - 1,3175z^2 + 0,4931z}. \end{aligned} \tag{7.10}$$

O seguinte controlador é obtido:

$$C(z) = \frac{1}{G(z)} \frac{G_{MF}(z)}{1 - G_{MF}(z)} = 12,13 \frac{(z - 0,9311)(z - 0,58)}{(z - 0,7001)(z + 0,1711)}.$$

A resposta ao degrau e a resposta à rampa do sistema são apresentadas nas Figuras 7.5 e 7.6, respectivamente. Observe que agora não há *rippling* entre períodos de amostragem.

Devido à similaridade com o exemplo anterior, os códigos da simulação são omitidos.

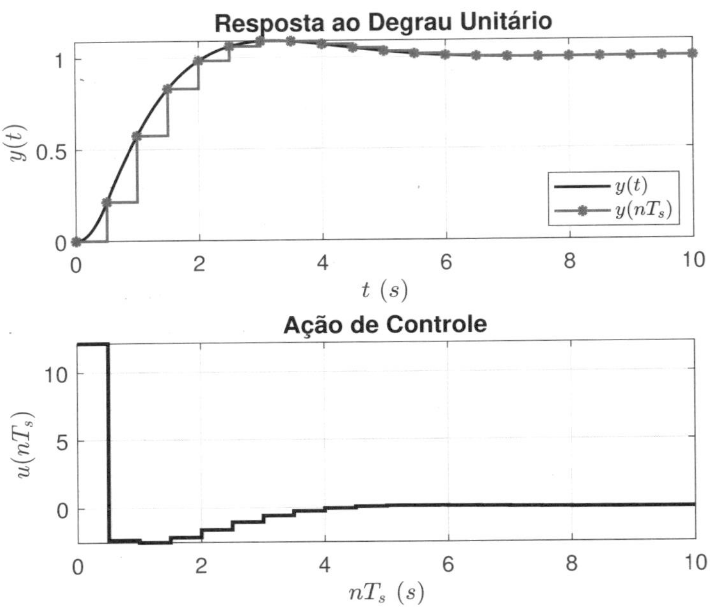

Figura 7.5 – Resposta ao degrau e sinal de controle do sistema compensado do Exemplo 7.2.

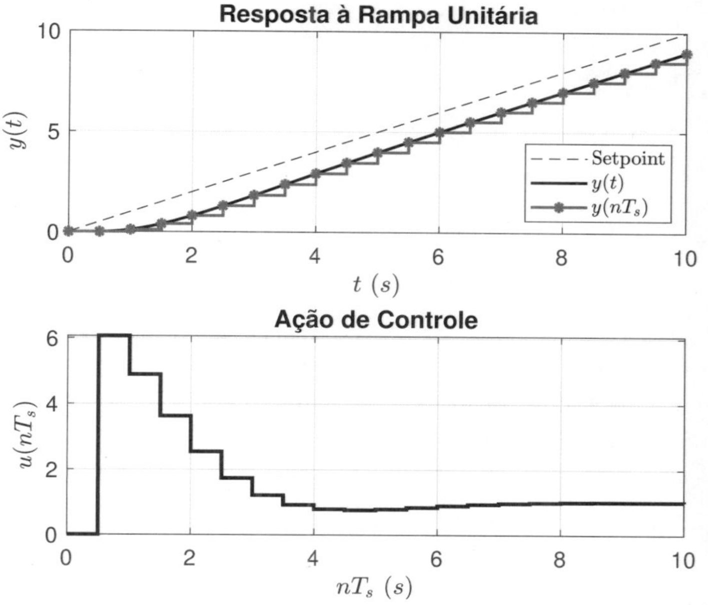

Figura 7.6 – Resposta à rampa e sinal de controle do sistema compensado do Exemplo 7.2.

7.2 Controle *dead beat*

Se a resposta transitória de um sistema possuir tempo de acomodação mínimo, erro estacionário nulo e não apresenta oscilações entre instantes de amostragem, a mesma é definida como *dead beat* [Ogata 1995], [Castrucci, Bittar e Sales 2018].

Nesse caso, $G_{MF}(z)$ possui a seguinte forma:

$$\begin{aligned} G_{MF}(z) &= \frac{b_0 z^p + b_1 z^{p-1} + b_2 z^{p-2} + \ldots + b_{p-1} z + bg_p}{z^p} \\ &= b_0 + b_1 z^{-1} + b_2 z^{-2} + \ldots + b_{p-1} z^{1-p} + b_p z^{-p}. \end{aligned} \tag{7.11}$$

com $p \geq n$, sendo n a ordem da planta. O sistema em (7.11) é uma estrutura com resposta impulsiva finita (FIR, *Finite Impulse Response*), naturalmente estável e que garante tempo de acomodação finito para a resposta em tempo discreto. Note que, neste caso, para respeitar a propriedade de causalidade, o menor atraso em $G_{MF}(z)$ deve ser no mínimo igual ao menor atraso em $G(z)$. Se, por exemplo, a expansão de $G(z)$ começar em z^{-2}, então $G_{MF}(z)$ deve ser da forma

$$G_{MF}(z) = b_2 z^{-2} + \ldots + b_{p-1} z^{1-p} + b_p z^{-p}. \tag{7.12}$$

Obviamente, deve-se testar se as demais restrições são satisfeitas.

Uma escolha particularmente simples para $G_{MF}(z)$ é tal que uma entrada degrau é seguida pelo sistema com atraso de um ou mais períodos de amostragem [Fadali e Visioli 2013]. Assim,

$$G_{MF}(z) = z^{-p}, \quad p \geq 1. \tag{7.13}$$

Logo,

$$C(z) = \frac{1}{G(z)} \frac{z^{-p}}{1 - z^{-p}} = \frac{1}{G(z)} \frac{1}{z^{p} - 1}. \tag{7.14}$$

O valor de p deve ser escolhido para garantir a causalidade de $C(z)$. Por exemplo, se a planta tiver m zeros no infinito, $G_{MF}(z)$ deve possuir $p \geq m$ zeros no infinito. Vale ressaltar que tal controlador resulta em esforços de controle elevados, o que limita sua utilização em aplicações práticas.

Note de (7.12) que a estrutura FIR desejada em malha fechada permite especificar o tempo de acomodação mínimo da resposta em tempo discreto, bem como o comportamento da resposta transitória discreta. Considere, por exemplo, que $G(z)$ seja de fase mínima e possua um zero no infinito. Se (7.13) fosse considerada, resultaria em $G_{MF}(z) = z^{-1}$ e no perfil apresentado na Figura 7.7(a). Outra opção seria considerar um perfil rampa, como o da Figura 7.7(b), ou mesmo um perfil em "S" aproximado como o da Figura 7.7(c).

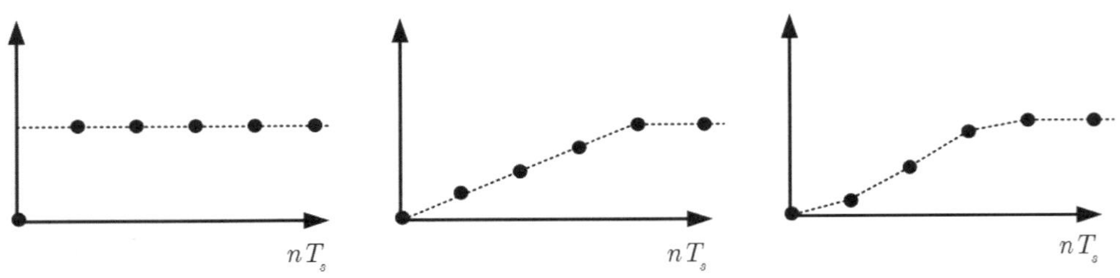

(a) Degrau (b) Rampa (c) Formato "S"

Figura 7.7 – Exemplos de perfis para resposta *dead beat*.

No exemplo com $G(z)$ de fase mínima e com um zero no infinito, para formar um perfil em rampa como o da Figura 7.7(b), pode-se escolher os coeficientes $\mathbf{b} = \begin{bmatrix} b_1 & b_2 & \ldots & b_{p-1} & b_p \end{bmatrix}$ de

$$G_{MF}(z) = b_1 z^{-1} + b_2 z^{-2} + \ldots + b_{p-1} z^{1-p} + b_p z^{-p}, \tag{7.15}$$

tal que

$$\mathbf{b} = \frac{\begin{bmatrix} 1 & 1 & \dots & 1 & 1 \end{bmatrix}_{1\times p}}{\sum_{i=1}^{p} b_i}.$$

Para a curva com formato aproximado de "S", se p for par, pode-se fazer

$$\mathbf{b} = \frac{\begin{bmatrix} 1 & \dots & p/2 & p/2 & \dots & 1 \end{bmatrix}}{\sum_{i=1}^{p} b_i}.$$

Para p ímpar, pode-se escolher

$$\mathbf{b} = \frac{\begin{bmatrix} 1 & \dots & (p+1)/2 & \dots & 1 \end{bmatrix}}{\sum_{i=1}^{p} b_i}.$$

A Tabela 7.1 apresenta vetores de coeficientes na forma de "S" para algumas ordens específicas de $G_{MF}(z)$. Quanto maior p, maior é a ordem do controlador gerado, o que pode resultar em controladores com ordens elevadas.

Tabela 7.1 – Coeficientes para perfil aproximado na forma de "S" para a resposta *dead beat*.

p	$\mathbf{b}$
3	$(1/4)\begin{bmatrix} 1 & 2 & 1 \end{bmatrix}$
4	$(1/6)\begin{bmatrix} 1 & 2 & 2 & 1 \end{bmatrix}$
5	$(1/9)\begin{bmatrix} 1 & 2 & 3 & 2 & 1 \end{bmatrix}$
6	$(1/12)\begin{bmatrix} 1 & 2 & 3 & 3 & 2 & 1 \end{bmatrix}$
7	$(1/16)\begin{bmatrix} 1 & 2 & 3 & 4 & 3 & 2 & 1 \end{bmatrix}$

O produto $p \times T_s$ é uma medida do tempo de duração da resposta transitória discreta. Controladores *dead beat* são projetados no Exemplo 7.3.

✍ **Exemplo 7.3:** A função de transferência de um sistema a ser controlado com realimentação unitária é dada por

$$G(s) = \frac{1}{(s+1)(s+2)}.$$

Projete controladores *dead beat* tal que o tempo de acomodação da resposta ao degrau seja inferior a 0,5 s. Considere $T_s \leq 0.2$.

Solução: optou-se por fazer três casos distintos para fins de comparação: $p = 1$ e o formato em "S" para $p = 3$ e $p = 4$, respectivamente com $T_s = 0,2$, $T_s = 0,16$ e $T_s = 0,12$. Note que, em todos os casos, $(pT_s) < 0,5$s.

Para os valores de T_s considerados, tem-se

$$G_D(z)|_{T_s=0,2} = \frac{0,016429(z+0.8187)}{(z-0.8187)(z-0.6703)},$$

$$G_D(z)|_{T_s=0,16} = \frac{0.010931(z+0.8521)}{(z-0.8521)(z-0.7261)},$$

$$G_D(z)|_{T_s=0,12} = \frac{0.0063935(z+0.8869)}{(z-0.8869)(z-0.7866)}.$$

Em todos os casos há um zero no infinito. Portanto, $b_0 = 0$. Os equivalentes discretos são de fase mínima. As funções de transferência discreta propostas para os três casos são as seguintes:

$$G_{MF_1}(z)|_{T_s=0,2} = z^{-1},$$

$$G_{MF_2}|_{T_s=0,16} = 0,25z^{-1} + 0,5z^{-2} + 0,25z^{-3},$$

$$G_{MF_3}|_{T_s=0,12} = 0,1667z^{-1} + 0,3333z^{-2} + 0,3333z^{-3} + 0,1667z^{-4}.$$

Os controladores resultantes são, respectivamente, dados por

$$C_{D_1} = 60,867\frac{(z-0,8187)(z-0,6703)}{(z-1)(z+0,8187)}, \quad T_s = 0,2\text{s},$$

$$C_{D_2} = 22,871\frac{(z+1)^2(z-0,8521)(z-0,7261)}{(z-1)(z+0,8521)(z^2+0,75z+0,25)}, \quad T_s = 0,16\text{s},$$

$$C_{D_3} = 26,068\frac{(z+1)(z-0,8869)(z-0,7866)(z^2+z+1)}{(z-1)(z+0,8869)(z+0,5)(z^2+0,333z+0,333)}, \quad T_s = 0,12\text{s}.$$

O restante do exercício é resolvido diretamente no MATLAB®.

```
clear all; clc; close all;
s = tf('s'); z = tf('z');
G = 1/((s+1)*(s+2)); %Planta em tempo contínuo
Ts_1 = 0.2; Ts_2 = 0.16; Ts_3 =  0.12; %Valores de Ts
Gd1 = c2d(G,Ts_1,'zoh'); %Discretiza a planta
Gd2 = c2d(G,Ts_2,'zoh'); %Discretiza a planta
Gd3 = c2d(G,Ts_3,'zoh'); %Discretiza a planta
G_MF_1 = z^(-1);
G_MF_1 = G_MF_1/evalfr(G_MF_1,1); %Primeira GM_F
G_MF_2 = 1*z^(-1) + 2*z^(-2) + 1*z^(-3);
G_MF_2 = minreal(G_MF_2/evalfr(G_MF_2,1)); %Segunda GM_F
```

```
G_MF_3 = 1*z^(-1) + 2*z^(-2) + 2*z^(-3) + 1*z^(-4);
G_MF_3 = minreal(G_MF_3/evalfr(G_MF_3,1)); %Terceira GM_F
t_run = 3; %Tempo de simulação
%%Controlador 1
Cd1 =(1/Gd1)*G_MF_1/(1-G_MF_1);
Cd1 = minreal(Cd1); %Simplifica a F.T. do controlador
Cd1_zpk = zpk(Cd1);
sos_1 = zp2sos(Cd1_zpk.z{:},Cd1_zpk.p{:},Cd1_zpk.k); %Converte para a
%forma serial com sistemas de ordem 2
b11 = sos_1(1,1:3); a11 = sos_1(1,5:6);
%Simula Controlador 1
sim('SIM_07_03_a.slx');
%Código de geração dos gráficos omitido
%%Controlador 2
Cd2 =(1/Gd2)*G_MF_2/(1-G_MF_2);
Cd2 = minreal(Cd2);
Cd2_zpk = zpk(Cd2);
sos_2 = zp2sos(Cd2_zpk.z{:},Cd2_zpk.p{:},Cd2_zpk.k); %ordem 4 (2 sistemas
%de ordem 2 em série)
b21 = sos_2(1,1:3); a21 = sos_2(1,5:6);
b22 = sos_2(2,1:3); a22 = sos_2(2,5:6);
%Simula Controlador 2
sim('SIM_07_03_b.slx');
%Código de geração dos gráficos omitido
%%Controlador 3
Cd3 =(1/Gd3)*G_MF_3/(1-G_MF_3);
Cd3 = minreal(Cd3);
Cd3_zpk = zpk(Cd3);
sos_3 = zp2sos(Cd3_zpk.z{:},Cd3_zpk.p{:},Cd3_zpk.k); %ordem 5 (3 sistemas
%de ordem 2 em série, sendo um deles com coef. de maior ordem nulo)
b31 = sos_3(1,1:3); a31 = sos_3(1,5:6);
b32 = sos_3(2,1:3); a32 = sos_3(2,5:6);
b33 = sos_3(3,1:3); a33 = sos_3(3,5:6);
%Simula Controlador 3
sim('SIM_07_03_c.slx');
%Código de geração dos gráficos omitido
```

O código utiliza a função `zp2sos`, que converte um sistema da forma `zpk` para sistemas de segunda ordem em série na forma

```
                b0k + b1k z^-1 + b2k z^-2
       Hk(z) = -------------------------
                 1 + a1k z^-1 + a2k z^-2
```

Os diagramas de simulação são apresentados nas Figuras 7.8(a), (b) e (c). Os códigos das *Matlab Functions* dos controladores são, respectivamente, dados por

```
function u1_ = fcn(e1_,a11,b11)
global e1_ant_ e1_ant_ant_ u1_ant_ u1_ant_ant_
u1_ = -a11(1)*u1_ant_ -a11(2)*u1_ant_ant_ + b11(1)*e1_ + ...
    b11(2)*e1_ant_ + b11(3)*e1_ant_ant_;
u1_ant_ant_ = u1_ant_; u1_ant_ = u1_;
e1_ant_ant_ = e1_ant_; e1_ant_ = e1_;
```

```
function u2_ = fcn(e1_,b21,a21, b22, a22)
global e1_ant_ e1_ant_ant_ u1_ant_ u1_ant_ant_
global u2_ant_ u2_ant_ant_
u1_ = -a21(1)*u1_ant_ -a21(2)*u1_ant_ant_ + b21(1)*e1_ + ...
    b21(2)*e1_ant_ + b21(3)*e1_ant_ant_;
u2_ = -a22(1)*u2_ant_ -a22(2)*u2_ant_ant_ + b22(1)*u1_ + ...
    b22(2)*u1_ant_ + b22(3)*u1_ant_ant_;
u1_ant_ant_ = u1_ant_; u1_ant_ = u1_;
e1_ant_ant_ = e1_ant_; e1_ant_ = e1_;
u2_ant_ant_ = u2_ant_; u2_ant_ = u2_;
```

```
function u3 = fcn(e1, a32, a33, a31, b33, b32, b31)
global e1_ant e1_ant_ant u1_ant u1_ant_ant
global u2_ant u2_ant_ant
global u3_ant u3_ant_ant
u1 = -a31(1)*u1_ant -a31(2)*u1_ant_ant + b31(1)*e1 + b31(2)*e1_ant +...
    b31(3)*e1_ant_ant;
u2 = -a32(1)*u2_ant -a32(2)*u2_ant_ant + b32(1)*u1 + b32(2)*u1_ant +...
    b32(3)*u1_ant_ant;
u3 = -a33(1)*u3_ant -a33(2)*u3_ant_ant + b33(1)*u2 + b33(2)*u2_ant +...
    b33(3)*u2_ant_ant;
u1_ant_ant = u1_ant; u1_ant = u1;
e1_ant_ant = e1_ant; e1_ant = e1;
u2_ant_ant = u2_ant; u2_ant = u2;
u3_ant_ant = u3_ant; u3_ant = u3;
```

As respostas estão apresentadas na Figura 7.9, com os respectivos sinais de controle da Figura 7.10. Note que as respostas em tempo discreto satisfazem a especificação do enunciado. No entanto, o controlador com $p = 1$ resultou em *rippling* considerável na resposta em tempo contínuo. Para os casos em que o controlador foi sintetizado considerando uma resposta no formato de "S", tanto em tempo discreto quanto em tempo contínuo, a especificação de desempenho não foi violada.

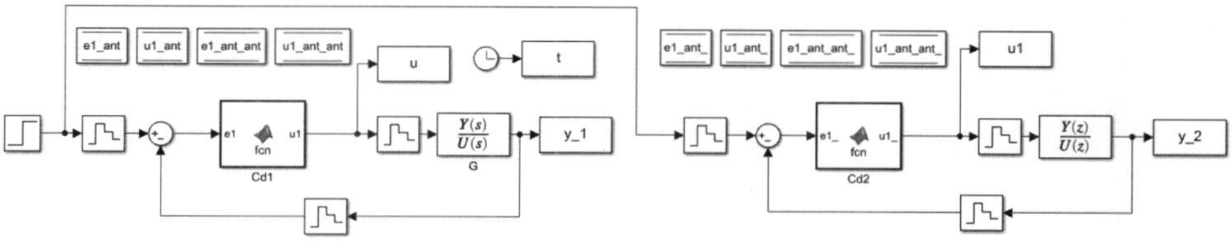

(a) SIM_07_03_a.slx

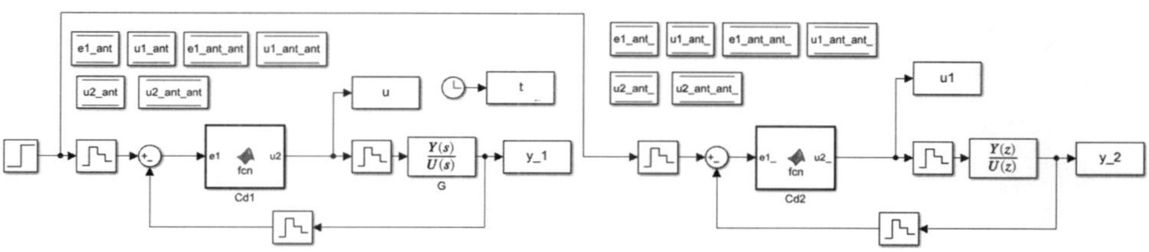

(b) SIM_07_03_b.slx

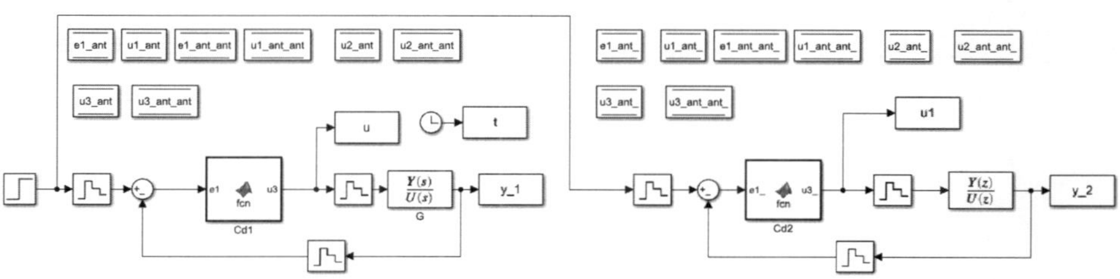

(c) SIM_07_03_c.slx

Figura 7.8 – Diagramas de simulação do Exemplo 7.3.

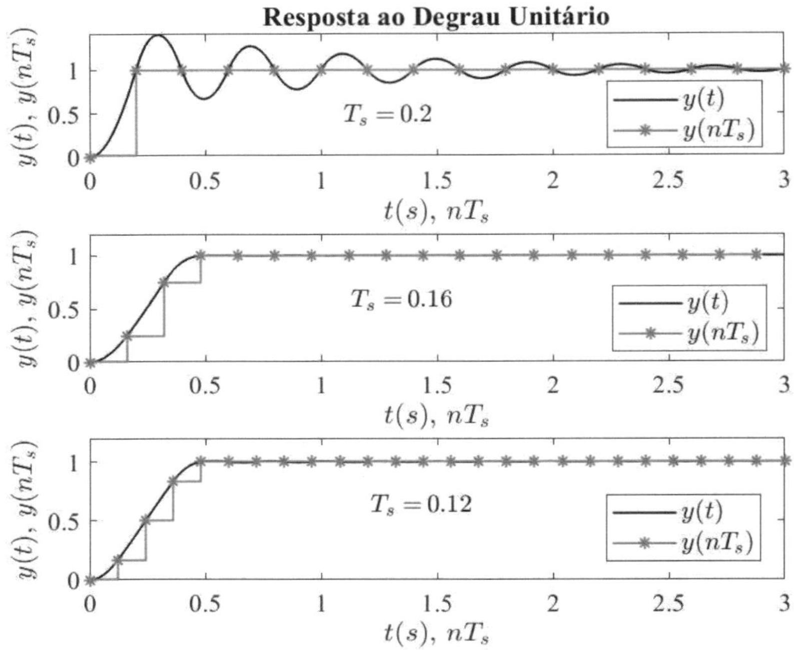

Figura 7.9 – Resposta ao degrau do sistema compensado do Exemplo 7.3.

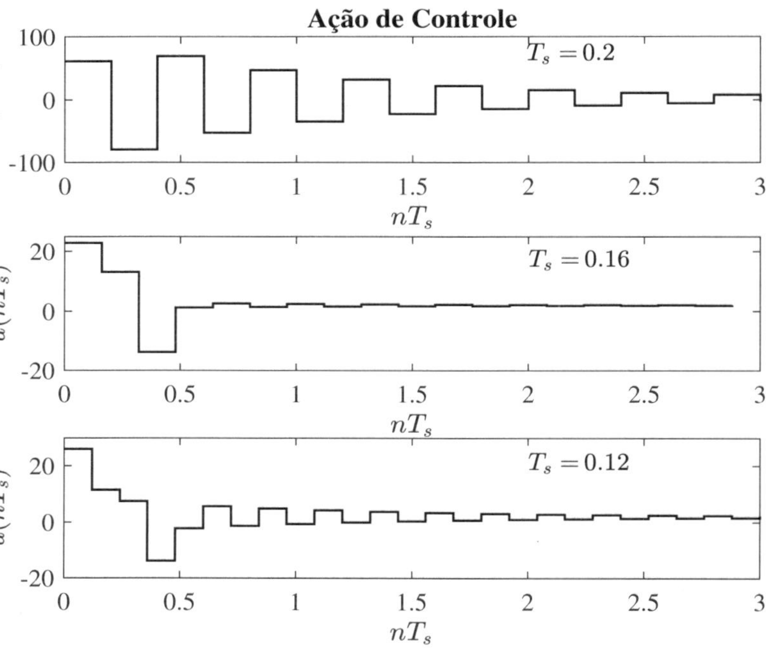

Figura 7.10 – Sinal de controle dos casos do Exemplo 7.3.

7.3 Controle Dahlin

O controlador Dahlin considera que a função de transferência em malha fechada seja a forma discreta de um sistema de primeira ordem com atraso de transporte. No plano-s, tem-se

$$G_{MF}(s) = \frac{e^{-as}}{qs+1}. \tag{7.16}$$

Após discretização, verifica-se que

$$G_{MF}(z) = \frac{z^{-k-1}\left(1-e^{-T_s/q}\right)}{\left(1-e^{-T_s/q}z^{-1}\right)} = \frac{1-e^{-T_s/q}}{z^{k+1}-z^{k}e^{-T_s/q}}. \tag{7.17}$$

O termo k deve ser escolhido para garantir causalidade[1]. A função de transferência do controlador é, portanto, obtida como

$$\begin{aligned} C(z) &= \frac{1}{G(z)}\frac{G_{MF}(z)}{1-G_{MF}(z)} = \frac{1}{G(z)}\frac{z^{-k-1}\left(1-e^{-T_s/q}\right)}{1-e^{-T_s/q}z^{-1}-\left(1-e^{-T_s/q}\right)z^{-k-1}} \\ &= \frac{1}{G(z)}\frac{1-e^{-T_s/q}}{z^{k+1}-e^{-T_s/q}z^{k}-(1-e^{-T_s/q})}. \end{aligned} \tag{7.18}$$

Os Exemplos 7.4 e 7.6 projetam controladores tipo Dahlin.

✍ **Exemplo 7.4:** Refaça o Exemplo 7.3 com um controlador tipo Dahlin considerando $T_s = 0,15$ s e $q = 0.3$. O equivalente discreto de $G(s)$ com ZOH na entrada é dado por

$$G(z) = 0,0097011\frac{(z+0,8607)}{(z-0,8607)(z-0,7408)}.$$

Como há um zero no infinito, qualquer $k \geq 0$ já satisfaz a restrição de causalidade. Para $k = 0$, tem-se

$$\begin{aligned} C(z) &= 103,0811\frac{(z-0,8607)(z-0,7408)}{(z+0,8607)}\frac{(1-e^{-0,5})}{z-e^{-0,5}-(1-e^{-0,5})} \\ &= 103,0807\frac{(z-0,8607)(z-0,7408)}{(z+0,8607)}\frac{0,3935}{z-1} \\ &= 40,5591\frac{(z-0,8607)(z-0,7408)}{(z+0,8607)(z-1)}. \end{aligned}$$

A resposta ao degrau e a ação de controle do sistema compensado são apresentadas na Figura 7.11. Note que o desempenho é superior se comparado ao *dead beat* com perfil degrau do Exemplo 7.3, mas inferior aos projetos *dead beat* com perfil "S" aproximado.

[1] A relação entre k e a é tal que $k = \lceil a/T_s \rceil$.

No entanto, o controlador projetado aqui possui ordem menor do que os casos com perfil "S" aproximado do Exemplo 7.3.

O *script* principal da simulação em MATLAB® é apresentado a seguir. O diagrama de blocos em Simulink e o código da *Matlab Function* do controlador são os mesmos do Exemplo 7.1.

```
clear all; clc; close all;
s = tf('s'); z = tf('z'); Ts = 0.15;
G = 1/((s+1)*(s+2));q=0.3; k=0;
Gd = c2d(G,Ts,'zoh'); %Discretiza a planta
Cd = (1/Gd)*(z^(-k-1)*(1-exp(-Ts/q))/...
     (1-exp(-Ts/q)*z^-1 - (1-exp(-Ts/q))*z^(-k-1)));
Cd = minreal(Cd); %Simplifica a F.T. do controlador
Cd_zpk = zpk(Cd);
Kc_1 = Cd_zpk.k; alpha_1 = Cd_zpk.z{1}(1); beta_1 = Cd_zpk.p{1}(1);
Kc_2 = 1;        alpha_2 = Cd_zpk.z{1}(2); beta_2 = Cd_zpk.p{1}(2);
t_run = 3; sim('SIM_Ex_07_01_a_07_05.slx');
subplot(211); plot(t, y_1); hold on;
n = 0:Ts:Ts*(length(y_2)-1); stairs(n, y_2);
subplot(212); stairs(n, u);
```

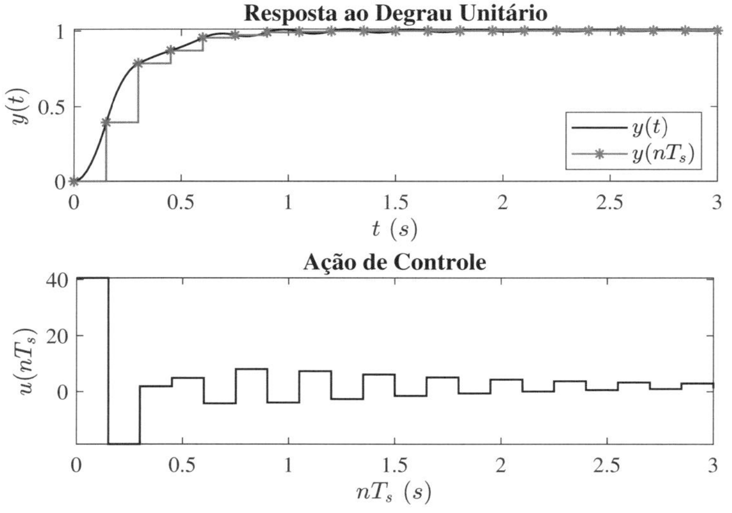

Figura 7.11 – Resposta ao degrau e sinal de controle do Exemplo 7.4.

✍ **Exemplo 7.5:** Considere o seguinte sistema:

$$G(s) = \frac{1}{(s+0,3)(s+0,7)}.$$

Projete um controlador Dahlin com $T_s = 0,2$ e $q = 0,5$.

Solução: o equivalente discreto da planta é dado por

$$G(z) = \frac{0,018718(z+0,9355)}{(z-0,9418)(z-0,8694)}.$$

Há novamente um zero no infinito. Para $k = 0$, segue que

$$G_{MF}(z) = \frac{0,3297}{z-0,6703}.$$

Logo,

$$\begin{aligned} C(z) &= \frac{1}{G(z)}\frac{G_{MF}(z)}{1-G_{MF}(z)} \\ &= \frac{17,613(z-0,9418)(z-0,8694)}{(z-1)(z+0,9355)}. \end{aligned}$$

A resposta ao degrau do sistema compensado é apresentada na Figura 7.12. Note que há oscilações entre períodos de amostragem e que o sinal de controle apresenta grandes oscilações devido ao zero de $G(z)$ em $z = -0,9355$.

Como $G(z)$ possui um zero no infinito, não se pode acrescentar um zero finito em $G_{MF}(z)$, pois isso violaria a restrição de causalidade. Para aplicar a condição **C7** e gerar um controlador causal, pode-se fazer

$$G_{MF}(z) = \frac{K0,3297(z+0,9355)}{z(z-0,6703)},$$

ou seja, acrescentar um zero em $(z+0,9355)$ e um polo em $z = 0$. O valor de K é facilmente encontrado pela restrição de erro estacionário nulo, tal que

$$G_{MF}(1) = \frac{K0,3297(1+0,9355)}{(1-0,6703)} = 1 \Rightarrow K = 0,2016.$$

Com isso, chega-se em

$$C(z) = \frac{9,1(z-0,9418)(z-0,8694)}{(z-1)(z+0,1593)}.$$

A resposta ao degrau é apresentada na Figura 7.13. As oscilações foram extintas e a ação de controle está bem comportada. O código em MATLAB® do *script* principal é apresentado a seguir:

```
clear all; close all; clc;
s = tf('s'); z = tf('z'); Ts = 0.2;
G = 1/((s+0.3)*(s+0.7));
Gd = c2d(G,Ts,'zoh'); %Discretiza a planta
k = 0; q = 0.5; G_MF  = minreal((1-exp(-Ts/q))/(z-exp(-Ts/q)));
ze = zero(Gd);
K = evalfr(minreal(1/(G_MF*(z-ze)/z)),1);
G_MF_mod = K*G_MF*(z-ze)/z;
Cd = minreal((1/Gd)*G_MF_mod/(1-G_MF_mod));
Cd_zpk = zpk(Cd);
Kc_1 = Cd_zpk.k; alpha_1 = Cd_zpk.z{1}(1); beta_1 = Cd_zpk.p{1}(1);
Kc_2 = 1;        alpha_2 = Cd_zpk.z{1}(2); beta_2 = Cd_zpk.p{1}(2);
t_run = 4; sim('SIM_Ex_07_01_a_07_05.slx');
subplot(211); plot(t, y_1); hold on;
n = 0:Ts:Ts*(length(y_2)-1); stairs(n, y_2,'r-*');
subplot(212); stairs(n, u);
```

O diagrama de blocos no Simulink® e o código da *Matlab Function* do controlador são os mesmos do Exemplo 7.1.

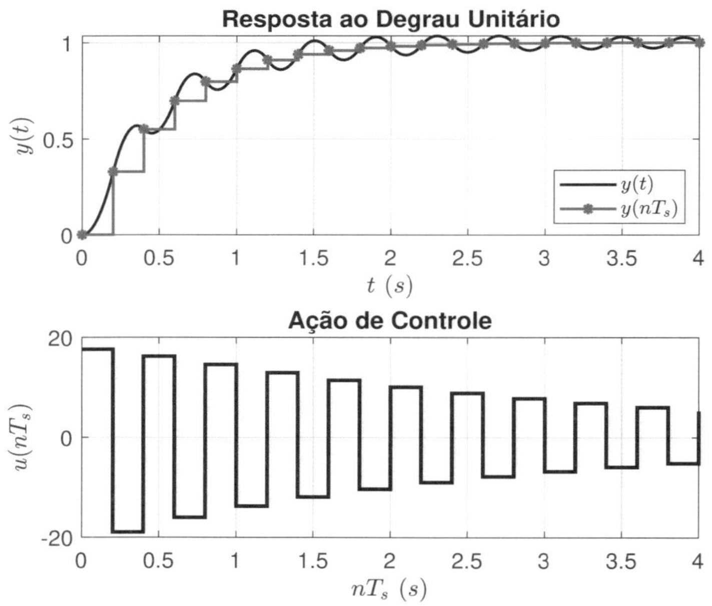

Figura 7.12 – Resposta ao degrau e ao sinal de controle do Exemplo 7.5 sem considerar compensação das oscilações entre períodos de amostragem.

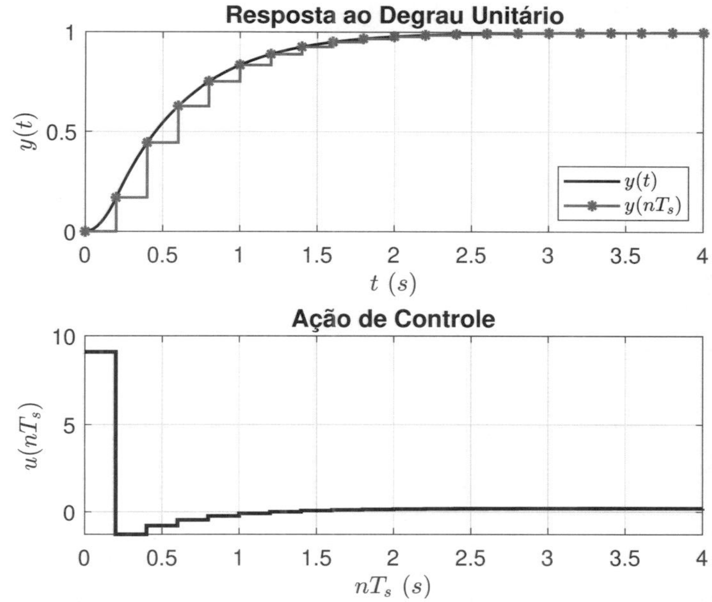

Figura 7.13 – Resposta ao degrau e ao sinal de controle do Exemplo 7.5 com compensação das oscilações entre períodos de amostragem.

✍ **Exemplo 7.6:** Obtenha um controlador Dahlin para o sistema

$$G(s) = \frac{e^{-2s}}{1+10s}.$$

Solução: serão considerados $T_s = 1$ s e $q = 5$. O equivalente discreto é dado por

$$G(z) = z^{-2}\frac{0,09516}{z-0,9048} = \frac{0,09516}{z^3 - 0,9048z^2}.$$

Note que, para garantir a causalidade, $k \geq 2$. Fazendo-se $k = 2$, tem-se

$$\begin{aligned} C(z) &= \left(\frac{z^3-0,9048z^2}{0,09516}\right)\left(\frac{1-e^{-0,2}}{z^3-(e^{-0,2})z^2-(1-e^{-0,2})}\right) \\ &= \left(\frac{z^3-0,9048z^2}{0,09516}\right)\left(\frac{0,1813}{z^3-0,8187z^2-0,1813}\right) \\ &= \frac{0,1813z^3-0,1640z^2}{0,09516z^3-0,0779z^2-0,0173} = \frac{1,905z^3-1,724z^2}{z^3-0,8187z^2-0,1813}. \end{aligned}$$

Para este exemplo, o seguinte *script* MATLAB® foi utilizado:

```
clear all; clc; close all;
s = tf('s'); z = tf('z'); Ts = 1;
G_sem_delay = 1/(1+10*s);
G = G_sem_delay * exp(-2*s);
q=5; k=2;
Gd_sem_delay = c2d(G_sem_delay,Ts,'zoh');
Gd = Gd_sem_delay * z^(-2);
Cd = (1/Gd)*(z^(-k-1)*(1-exp(-Ts/q))/(1-exp(-Ts/q)*z^-1 - ...
(1-exp(-Ts/q))*z^(-k-1)));
Cd = minreal(Cd); %Simplifica a F.T. do controlador
num_Cd = Cd.num{:}; den_Cd = Cd.den{:};
beta_0 = num_Cd(1); beta_1 = num_Cd(2);
alpha_1 = den_Cd(2); alpha_3 = den_Cd(4); %alpha(2) = den_Cd(3) é ~ 0
Cd_zpk = zpk(Cd);
t_run = 40; sim('SIM_Ex_07_06.slx');
subplot(211); plot(t, y_1); hold on;
n = 0:Ts:Ts*(length(y_2)-1); stairs(n, y_2,'r-*');
subplot(212); stairs(n, u);
```

O diagrama de blocos da simulação é apresentado na Figura 7.14. O código da *Matlab Function* do controlador é mostrado a seguir:

```
function u1 = fcn(e1,alpha_1,alpha_3,beta_0,beta_1)

global e1_ant u1_ant u1_ant2 u1_ant3
u1 = -alpha_1*u1_ant - alpha_3*u1_ant3 + beta_0*e1 + beta_1*e1_ant;
u1_ant3 = u1_ant2; u1_ant2 = u1_ant; u1_ant = u1; e1_ant = e1;
%Códigos do Cd1 e do Cd2 são idênticos.
```

A resposta ao degrau do sistema compensado é apresentada na Figura 7.15, juntamente com o sinal de controle.

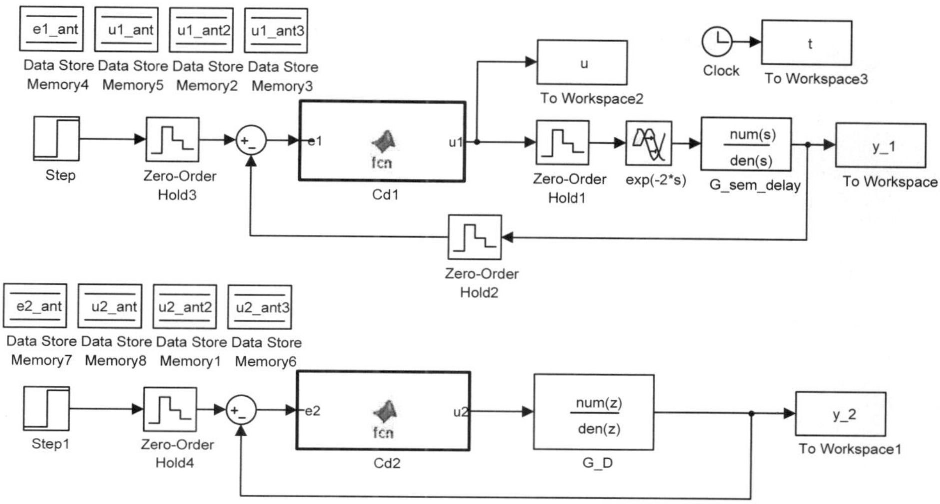

Figura 7.14 – Diagrama de blocos MATLAB/Simulink® do Exemplo 7.6.

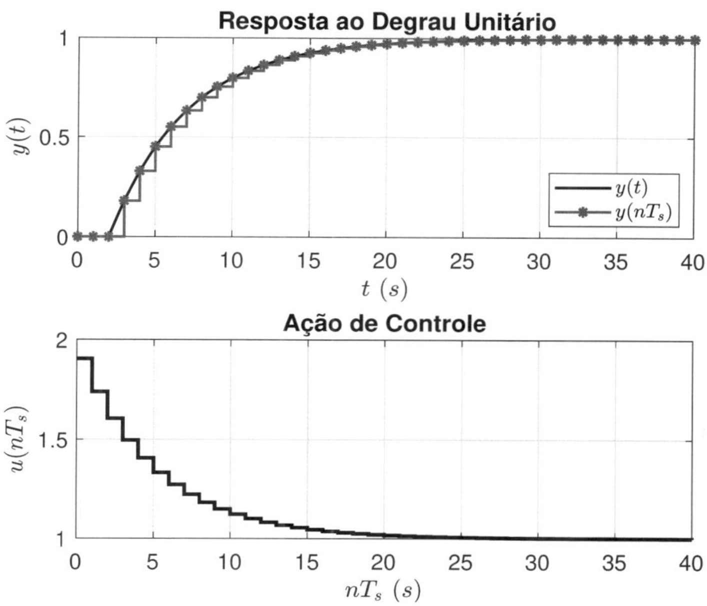

Figura 7.15 – Resposta ao degrau e ao sinal de controle do Exemplo 7.6.

Capítulo 8

Controle Digital por Variáveis de Estado

Este capítulo apresenta análise e controle de sistemas LIT em tempo discreto considerando a representação em espaço de estados. Seja um sistema dinâmico de múltiplas entradas e múltiplas saídas (MIMO, *Multiple Input Multiple Output*) com r entradas, $u_1(t)$, $u_2(t)$, $\ldots$, $u_r(t)$, m saídas, $y_1(t)$, $y_2(t)$, $\ldots$, $y_m(t)$ e k estados, $x_1(t)$, $x_2(t)$, $\ldots$, $x_k(t)$. Pode-se ter a seguinte representação em espaço de estados:

$$\dot{\mathbf{x}}(t) = \mathbf{f}\left(\mathbf{x}(t), \mathbf{u}(t)\right), \tag{8.1}$$

$$\mathbf{y}(t) = \mathbf{g}\left(\mathbf{x}(t), \mathbf{u}(t)\right), \tag{8.2}$$

em que a primeira equação é denominada equação de estado e a segunda equação de saída, $\mathbf{x}(t)$, $\mathbf{u}(t)$ e $\mathbf{y}(t)$ são, respectivamente, os vetores de estado, de entrada e de saída. As funções $\mathbf{f}$ e $\mathbf{g}$, no caso geral, são não lineares e variantes no tempo.

Se o conjunto de equações em questão for linearizado em torno de algum ponto de equilíbrio, tem-se a seguinte representação em espaço de estados:

$$\dot{\mathbf{x}}(t) = \mathbf{A}\mathbf{x}(t) + \mathbf{B}\mathbf{u}(t), \tag{8.3}$$

$$\mathbf{y}(t) = \mathbf{C}\mathbf{x}(t) + \mathbf{D}\mathbf{u}(t), \tag{8.4}$$

em que $\mathbf{A}$ $(k \times k)$ é chamada de matriz de estado, $\mathbf{B}$ $(k \times r)$ de matriz de entrada, $\mathbf{C}$ $(m \times k)$ de matriz de saída e $\mathbf{D}$ $(m \times r)$ de matriz de transição direta. Aqui serão considerados sistemas invariantes no tempo, tais que as matrizes da representação em espaço de estados não dependem explícita ou implicitamente do tempo. Neste caso, tem-se a classe de sistemas LIT, como ilustrado na Figura 8.1.

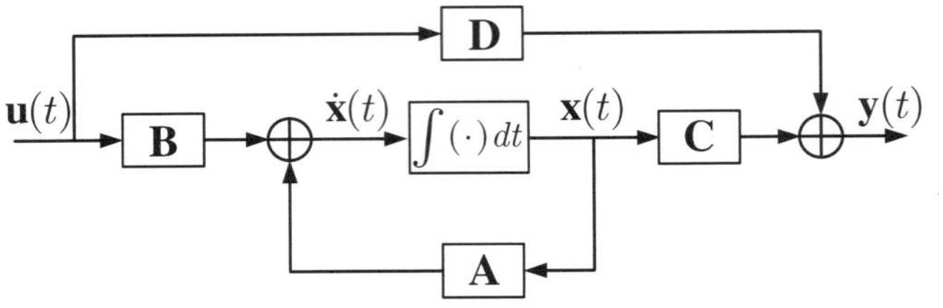

Figura 8.1 – Diagrama de blocos de um sistema LIT de tempo contínuo representado no espaço de estados.

Para sistemas em tempo discreto, as equações de estado e de saída podem ser representadas como

$$\mathbf{x}[n+1] = \mathbf{f}(\mathbf{x}[n], \mathbf{u}[n], n), \tag{8.5}$$

$$\mathbf{y}[n] = \mathbf{g}(\mathbf{x}[n], \mathbf{u}[n], n), \tag{8.6}$$

em que $\mathbf{x}[n]$, $\mathbf{u}[n]$ e $\mathbf{y}[n]$ são, respectivamente, os vetores de estado, de entrada e de saída em tempo discreto.

Para sistemas LIT de tempo discreto, tem-se a seguinte notação:

$$\mathbf{x}[n+1] = \mathbf{\Phi}\mathbf{x}[n] + \mathbf{\Gamma}\mathbf{u}[n], \tag{8.7}$$

$$\mathbf{y}[n] = \mathbf{C}\mathbf{x}[n] + \mathbf{D}\mathbf{u}[n], \tag{8.8}$$

em que $\mathbf{\Phi}$ agora $(k \times k)$ é a de matriz de estados, $\mathbf{\Gamma}$ $(k \times r)$ a matriz de entrada, $\mathbf{C}$ $(m \times k)$ a matriz de saída e $\mathbf{D}$ $(m \times r)$ matriz de transição direta. A representação em diagrama de blocos desse sistema de equações lineares é mostrada na Figura 8.2.

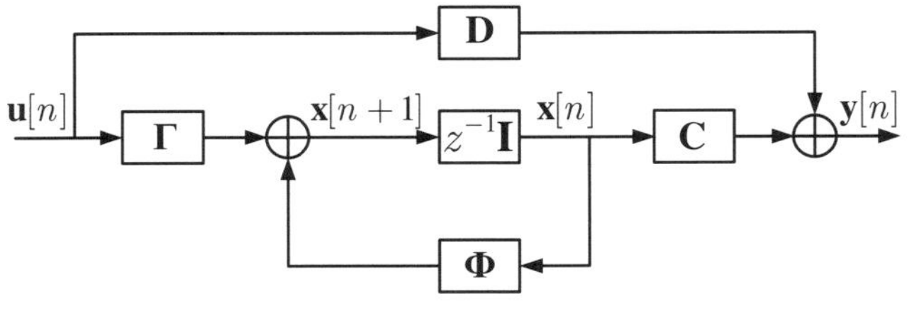

Figura 8.2 – Diagrama de blocos de um sistema LIT de tempo discreto representado no espaço de estados.

Particularmente, neste livro, serão considerados sistemas LIT de tempo discreto.

8.1 Linearização de equação de estados não linear

Considere o sistema não linear descrito em (8.1)-(8.2). De forma expandida, para a dinâmica dos estados

$$\begin{aligned} \dot{x}_1(t) &= f_1\left(\mathbf{x}(t),\, \mathbf{u}(t)\right), \\ \dot{x}_2(t) &= f_2\left(\mathbf{x}(t),\, \mathbf{u}(t)\right), \\ &\vdots \\ \dot{x}_k(t) &= f_k\left(\mathbf{x}(t),\, \mathbf{u}(t)\right). \end{aligned} \tag{8.9}$$

Considere a linearização em torno do ponto de equilíbrio $(\mathbf{x}_0, \mathbf{u}_0)$, em que $\mathbf{x}_0 = \begin{bmatrix} x_{10} & x_{20} & \dots x_{k0} \end{bmatrix}^\top$ e $\mathbf{u}_0 = \begin{bmatrix} u_{10} & u_{20} & \dots u_{r0} \end{bmatrix}^\top$. Para cada equação da dinâmica do sistema, $f_i\left(\mathbf{x}(t),\, \mathbf{u}(t)\right)$, pode-se efetuar uma expansão em série de Taylor em torno de $(\mathbf{x}_0, \mathbf{u}_0)$, tal que

$$\begin{aligned} f_i\left(\mathbf{x}(t),\, \mathbf{u}(t)\right) &= f_i\left(\mathbf{x}_0,\, \mathbf{u}_0\right) + \left.\frac{\partial f_i}{\partial x_1}\right|_{(\mathbf{x}_0,\, \mathbf{u}_0)} \Delta x_1 + \ldots + \left.\frac{\partial f_i}{\partial x_k}\right|_{(\mathbf{x}_0,\, \mathbf{u}_0)} \Delta x_k + \\ &\quad \left.\frac{\partial f_i}{\partial u_1}\right|_{(\mathbf{x}_0,\, \mathbf{u}_0)} \Delta u_1 + \ldots + \left.\frac{\partial f_i}{\partial u_r}\right|_{(\mathbf{x}_0,\, \mathbf{u}_0)} \Delta u_r + \text{T.O.S.}, \end{aligned} \tag{8.10}$$

em que $\Delta x_i = x_i - x_{i0}$ e $\Delta u_j = u_j - u_{j0}$. Ao desprezar os termos de ordem superior (T.O.S.), tem-se que

$$\begin{aligned} \Delta \dot{x}_i &= \left.\frac{\partial f_i}{\partial x_1}\right|_{(\mathbf{x}_0,\, \mathbf{u}_0)} \Delta x_1 + \ldots + \left.\frac{\partial f_i}{\partial x_k}\right|_{(\mathbf{x}_0,\, \mathbf{u}_0)} \Delta x_k + \\ &\quad \left.\frac{\partial f_i}{\partial u_1}\right|_{(\mathbf{x}_0,\, \mathbf{u}_0)} \Delta u_1 + \ldots + \left.\frac{\partial f_i}{\partial u_r}\right|_{(\mathbf{x}_0,\, \mathbf{u}_0)} \Delta u_r. \end{aligned} \tag{8.11}$$

Na forma matricial, para $i = 1,\, 2, \ldots k$, tem-se

$$\begin{aligned} \Delta \dot{\mathbf{x}} &= \begin{bmatrix} \left.\frac{\partial f_1}{\partial x_1}\right|_{(\mathbf{x}_0,\, \mathbf{u}_0)} & \cdots & \left.\frac{\partial f_1}{\partial x_k}\right|_{(\mathbf{x}_0,\, \mathbf{u}_0)} \\ \cdots & \cdots & \cdots \\ \left.\frac{\partial f_k}{\partial x_1}\right|_{(\mathbf{x}_0,\, \mathbf{u}_0)} & \cdots & \left.\frac{\partial f_k}{\partial x_k}\right|_{(\mathbf{x}_0,\, \mathbf{u}_0)} \end{bmatrix} \begin{bmatrix} \Delta x_1 \\ \vdots \\ \Delta x_k \end{bmatrix} + \\ &\quad \begin{bmatrix} \left.\frac{\partial f_1}{\partial u_1}\right|_{(\mathbf{x}_0,\, \mathbf{u}_0)} & \cdots & \left.\frac{\partial f_1}{\partial u_r}\right|_{(\mathbf{x}_0,\, \mathbf{u}_0)} \\ \cdots & \cdots & \cdots \\ \left.\frac{\partial f_k}{\partial u_1}\right|_{(\mathbf{x}_0,\, \mathbf{u}_0)} & \cdots & \left.\frac{\partial f_k}{\partial u_r}\right|_{(\mathbf{x}_0,\, \mathbf{u}_0)} \end{bmatrix} \begin{bmatrix} \Delta u_1 \\ \vdots \\ \Delta u_r \end{bmatrix}. \end{aligned} \tag{8.12}$$

Similarmente, para a saída do sistema

$$
\Delta\mathbf{y} = \begin{bmatrix} \left.\frac{\partial g_1}{\partial x_1}\right|_{(\mathbf{x}_0,\,\mathbf{u}_0)} & \cdots & \left.\frac{\partial g_1}{\partial x_k}\right|_{(\mathbf{x}_0,\,\mathbf{u}_0)} \\ \cdots & \cdots & \cdots \\ \left.\frac{\partial g_m}{\partial x_1}\right|_{(\mathbf{x}_0,\,\mathbf{u}_0)} & \cdots & \left.\frac{\partial g_m}{\partial x_k}\right|_{(\mathbf{x}_0,\,\mathbf{u}_0)} \end{bmatrix} \begin{bmatrix} \Delta x_1 \\ \vdots \\ \Delta x_k \end{bmatrix} + \begin{bmatrix} \left.\frac{\partial g_1}{\partial u_1}\right|_{(\mathbf{x}_0,\,\mathbf{u}_0)} & \cdots & \left.\frac{\partial g_1}{\partial u_r}\right|_{(\mathbf{x}_0,\,\mathbf{u}_0)} \\ \cdots & \cdots & \cdots \\ \left.\frac{\partial g_m}{\partial u_1}\right|_{(\mathbf{x}_0,\,\mathbf{u}_0)} & \cdots & \left.\frac{\partial g_m}{\partial u_r}\right|_{(\mathbf{x}_0,\,\mathbf{u}_0)} \end{bmatrix} \begin{bmatrix} \Delta u_1 \\ \vdots \\ \Delta u_r \end{bmatrix}. \tag{8.13}
$$

Observe que a dinâmica de $\Delta\dot{\mathbf{x}}$ representa o comportamento do sistema em torno do ponto de operação $(\mathbf{x}_0, \mathbf{u}_0)$ que, em muitos casos, é a origem, ou seja, pode-se eliminar a notação com Δ e manter apenas $\dot{\mathbf{x}}$, sendo que agora o vetor de estados representa uma dinâmica linear. De qualquer forma, para fins de simplificação da notação, vamos desconsiderar a notação com Δ, o que resulta na seguinte representação:

$$
\dot{\mathbf{x}} = \mathbf{A}\mathbf{x} + \mathbf{B}\mathbf{u}, \tag{8.14}
$$

$$
\mathbf{y} = \mathbf{C}\mathbf{x} + \mathbf{D}\mathbf{u}, \tag{8.15}
$$

em que

$$
\mathbf{A} = \begin{bmatrix} \left.\frac{\partial f_1}{\partial x_1}\right|_{(\mathbf{x}_0,\,\mathbf{u}_0)} & \cdots & \left.\frac{\partial f_1}{\partial x_k}\right|_{(\mathbf{x}_0,\,\mathbf{u}_0)} \\ \cdots & \cdots & \cdots \\ \left.\frac{\partial f_k}{\partial x_1}\right|_{(\mathbf{x}_0,\,\mathbf{u}_0)} & \cdots & \left.\frac{\partial f_k}{\partial x_k}\right|_{(\mathbf{x}_0,\,\mathbf{u}_0)} \end{bmatrix}, \quad \mathbf{B} = \begin{bmatrix} \left.\frac{\partial f_1}{\partial u_1}\right|_{(\mathbf{x}_0,\,\mathbf{u}_0)} & \cdots & \left.\frac{\partial f_1}{\partial u_r}\right|_{(\mathbf{x}_0,\,\mathbf{u}_0)} \\ \cdots & \cdots & \cdots \\ \left.\frac{\partial f_k}{\partial u_1}\right|_{(\mathbf{x}_0,\,\mathbf{u}_0)} & \cdots & \left.\frac{\partial f_k}{\partial u_r}\right|_{(\mathbf{x}_0,\,\mathbf{u}_0)} \end{bmatrix},
$$

$$
\mathbf{C} = \begin{bmatrix} \left.\frac{\partial g_1}{\partial x_1}\right|_{(\mathbf{x}_0,\,\mathbf{u}_0)} & \cdots & \left.\frac{\partial g_1}{\partial x_k}\right|_{(\mathbf{x}_0,\,\mathbf{u}_0)} \\ \cdots & \cdots & \cdots \\ \left.\frac{\partial g_m}{\partial x_1}\right|_{(\mathbf{x}_0,\,\mathbf{u}_0)} & \cdots & \left.\frac{\partial g_m}{\partial x_k}\right|_{(\mathbf{x}_0,\,\mathbf{u}_0)} \end{bmatrix}, \quad \mathbf{D} = \begin{bmatrix} \left.\frac{\partial g_1}{\partial u_1}\right|_{(\mathbf{x}_0,\,\mathbf{u}_0)} & \cdots & \left.\frac{\partial g_1}{\partial u_r}\right|_{(\mathbf{x}_0,\,\mathbf{u}_0)} \\ \cdots & \cdots & \cdots \\ \left.\frac{\partial g_m}{\partial u_1}\right|_{(\mathbf{x}_0,\,\mathbf{u}_0)} & \cdots & \left.\frac{\partial g_m}{\partial u_r}\right|_{(\mathbf{x}_0,\,\mathbf{u}_0)} \end{bmatrix}.
$$

As matrizes $\mathbf{A}$ e $\mathbf{B}$ são os Jacobianos de $\mathbf{f}$ em relação a $\mathbf{x}$ e $\mathbf{u}$, enquanto $\mathbf{C}$ e $\mathbf{D}$ são os Jacobianos de $\mathbf{g}$ em relação a $\mathbf{x}$ e $\mathbf{u}$, respectivamente.

O Exemplo 8.1 apresenta esse procedimento.

✍ **Exemplo 8.1:** Linearize o modelo do pêndulo invertido da Figura 8.3, cujo conjunto de equações de movimento é dado por

$$(M+m)\ddot{x} - m\ell\ddot{\theta}\cos(\theta) + m\ell\dot{\theta}^2\,\mathrm{sen}(\theta) = F,$$
$$\ell\ddot{\theta} - \ddot{x}\cos(\theta) - g\,\mathrm{sen}(\theta) = 0,$$

em que o vetor de estados é dado por $\mathbf{x} = \begin{bmatrix} x & \dot{x} & \theta & \dot{\theta} \end{bmatrix}^\top$ e a entrada $u = F$.

Solução: ao resolver o sistema para $\ddot{x}$ e $\ddot{\theta}$, tem-se

$$\ddot{x} = \frac{1}{M_{\mathrm{eq}}}\left(F - m\ell\,\mathrm{sen}(\theta)\dot{\theta}^2 + mg\cos(\theta)\,\mathrm{sen}(\theta)\right),$$
$$\ddot{\theta} = \frac{1}{\ell M_{\mathrm{eq}}}\left(F\cos(\theta) - m\ell\cos(\theta)\,\mathrm{sen}(\theta)\dot{\theta}^2 + (M+m)g\,\mathrm{sen}(\theta)\right),$$

com $M_{\mathrm{eq}} = (M + m - m\cos(\theta)^2)$. Como $\mathbf{f}(\mathbf{x}, u) = \dot{\mathbf{x}} = \begin{bmatrix} \dot{x} & \ddot{x} & \dot{\theta} & \ddot{\theta} \end{bmatrix}^\top$, verifica-se que no ponto $\mathbf{x}_0 = \begin{bmatrix} 0 & 0 & 0 & 0 \end{bmatrix}^\top$, $u_0 = 0$, tem-se

$$\mathbf{A} = \begin{bmatrix} \frac{\partial f_1}{\partial x_1}\Big|_{(\mathbf{x}_0,\,\mathbf{u}_0)} & \cdots & \frac{\partial f_1}{\partial x_k}\Big|_{(\mathbf{x}_0,\,\mathbf{u}_0)} \\ \cdots & \cdots & \cdots \\ \frac{\partial f_k}{\partial x_1}\Big|_{(\mathbf{x}_0,\,\mathbf{u}_0)} & \cdots & \frac{\partial f_k}{\partial x_k}\Big|_{(\mathbf{x}_0,\,\mathbf{u}_0)} \end{bmatrix} = \begin{bmatrix} 0 & 1 & 0 & 0 \\ 0 & 0 & \frac{mg}{M} & 0 \\ 0 & 0 & 0 & 1 \\ 0 & 0 & \frac{(M+m)g}{M\ell} & 0 \end{bmatrix},$$

$$\mathbf{B} = \begin{bmatrix} \frac{\partial f_1}{\partial u_1}\Big|_{(\mathbf{x}_0,\,\mathbf{u}_0)} & \cdots & \frac{\partial f_1}{\partial u_r}\Big|_{(\mathbf{x}_0,\,\mathbf{u}_0)} \\ \cdots & \cdots & \cdots \\ \frac{\partial f_k}{\partial u_1}\Big|_{(\mathbf{x}_0,\,\mathbf{u}_0)} & \cdots & \frac{\partial f_k}{\partial u_r}\Big|_{(\mathbf{x}_0,\,\mathbf{u}_0)} \end{bmatrix} = \begin{bmatrix} 0 \\ \frac{1}{M} \\ 0 \\ \frac{1}{M\ell} \end{bmatrix}.$$

Para a saída, tem-se que $y = \begin{bmatrix} x \\ \theta \end{bmatrix}$, ou seja, $\mathbf{C} = \begin{bmatrix} 1 & 0 & 0 & 0 \\ 0 & 0 & 1 & 0 \end{bmatrix}$, $\mathbf{D} = \begin{bmatrix} 0 \\ 0 \end{bmatrix}$. O exemplo também é resolvido computacionalmente com o seguinte código MATLAB®:

```
clear all; close all; clc
syms m M l F g
syms th th_d th_dd
syms x x_d x_dd
%Eqs. de movimento
Eq_1 = (M+m)*x_dd - m*l*th_dd*cos(th)+m*l*th_d^2*sin(th) - F;
Eq_2 = l*th_dd - x_dd*cos(th)-g*sin(th);
u = F;
S = solve(Eq_1 == 0, Eq_2 == 0, x_dd, th_dd);
%Vetor de estados e sua derivada
```

```
x_vet = [x; x_d;th; th_d];
x_vet_dot = [x_d; S.x_dd; th_d; S.th_dd];
%%Linearização
Am=simplify(jacobian(x_vet_dot,x_vet));
Bm=simplify(jacobian(x_vet_dot,u));
%Ponto de equilíbrio
x=0; x_d=0; th=0;th_d=0;u=0;
A = simplify(subs(Am));
B = simplify(subs(Bm));
```

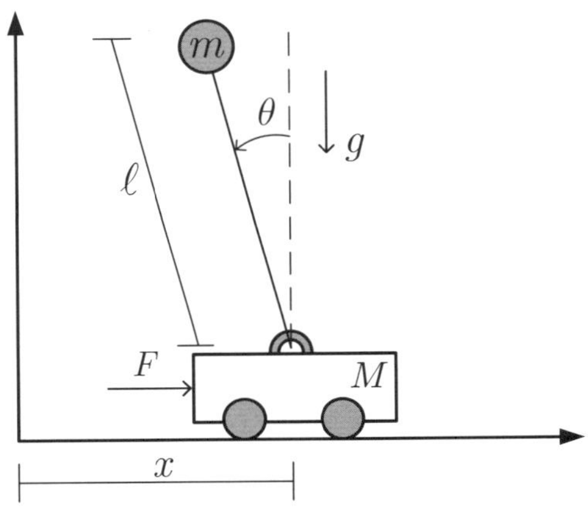

Figura 8.3 – Diagrama esquemático do pêndulo invertido do Exemplo 8.1.

8.2 Discretização de equação de estados contínua

Verificou-se que a solução da equação de estados dada em (8.3) é da forma

$$\mathbf{x}(t) = e^{\mathbf{A}(t)}\,\mathbf{x}(0) + \int_0^t e^{\mathbf{A}(t-\tau)}\,\mathbf{B}\mathbf{u}(\tau)\,d\tau. \tag{8.16}$$

A representação em tempo discreto para (8.3) é dada por

$$\mathbf{x}([n+1]T_s) = \mathbf{\Phi}\mathbf{x}(nT_s) + \mathbf{\Gamma}\mathbf{u}(nT_s). \tag{8.17}$$

Para determinar $\mathbf{\Phi}$ e $\mathbf{\Gamma}$, pode-se utilizar a equação (8.16). Assume-se, adicionalmente, que a entrada $\mathbf{u}(t)$ é amostrada e mantida constante dentro do período de amostragem (segurador de ordem zero), tal que $\mathbf{u}(t) = \mathbf{u}(nT_s)$, para $nT_s \leq t \leq (n+1)T_s$. Desta forma, verifica-se que

$$\mathbf{x}([n+1]T_s) = e^{\mathbf{A}([n+1]T_s)}\,\mathbf{x}(0) + e^{\mathbf{A}([n+1]T_s)} \int_0^{(n+1)T_s} e^{-\mathbf{A}\tau}\,\mathbf{Bu}(\tau)\,d\tau, \tag{8.18}$$

e,

$$\mathbf{x}(nT_s) = e^{\mathbf{A}(nT_s)}\,\mathbf{x}(0) + e^{\mathbf{A}(nT_s)} \int_0^{nT_s} e^{-\mathbf{A}\tau}\,\mathbf{Bu}(\tau)\,d\tau. \tag{8.19}$$

Multiplicando (8.19) por $e^{\mathbf{A}T_s}$ e subtraindo de (8.18), obtém-se

$$\mathbf{x}([n+1]T_s) = e^{\mathbf{A}T_s}\,\mathbf{x}(nT_s) + e^{\mathbf{A}([n+1]T_s)} \int_{nT_s}^{(n+1)T_s} e^{-\mathbf{A}\tau}\,\mathbf{Bu}(\tau)\,d\tau, \tag{8.20}$$

que pode ser reescrita como

$$\mathbf{x}([n+1]T_s) = e^{\mathbf{A}T_s}\,\mathbf{x}(nT_s) + \int_{nT_s}^{(n+1)T_s} e^{\mathbf{A}([n+1]T_s-\tau)}\,d\tau\,\mathbf{Bu}(nT_s). \tag{8.21}$$

Em seguida, substituindo $\eta = nT_s + T_s - \tau$ em (8.21), obtém-se

$$\mathbf{x}([n+1]T_s) = e^{\mathbf{A}T_s}\,\mathbf{x}(nT_s) + \int_0^{T_s} e^{\mathbf{A}\eta}\,d\eta\,\mathbf{Bu}(nT_s). \tag{8.22}$$

Comparando a Equação (8.7) com a obtida em (8.22), verifica-se que $\mathbf{\Phi} = e^{\mathbf{A}T_s}$ e $\mathbf{\Gamma} = \int_0^{T_s} e^{\mathbf{A}\eta}\,d\eta\,\mathbf{B}$. Desta forma, tem-se o equivalente discreto do sistema em espaço de estados. Note que $\mathbf{\Phi}$ e $\mathbf{\Gamma}$ dependem de T_s. Se $\mathbf{A}$ for não singular, então a seguinte simplificação pode ser feita [Ogata 1995]:

$$\mathbf{\Gamma} = \left(\int_0^{T_s} e^{\mathbf{A}\eta}\,d\eta\right)\mathbf{B} = \mathbf{A}^{-1}\left(e^{\mathbf{A}T_s} - \mathbf{I}\right)\mathbf{B} = \left(e^{\mathbf{A}T_s} - \mathbf{I}\right)\mathbf{A}^{-1}\mathbf{B}. \tag{8.23}$$

Quanto à equação de saída, como não há dinâmica, sua versão discreta é simplesmente dada por

$$\mathbf{y}([n+1]T_s) = \mathbf{Cx}(nT_s) + \mathbf{Du}(nT_s). \tag{8.24}$$

No MATLAB®, o comando `c2d` pode ser utilizado para encontrar a representação discreta com segurador de ordem zero, da seguinte forma: `[Phi,Gamma] = c2d(A,B,Ts)`. O Exemplo 8.2 considera a discretização de uma representação no espaço de estados.

✍ **Exemplo 8.2:** Seja a seguinte equação de estados em tempo contínuo:

$$\dot{\mathbf{x}}(t) = \begin{bmatrix} 1 & 1 \\ 0 & 2 \end{bmatrix} \mathbf{x}(t) + \begin{bmatrix} 1 \\ 3 \end{bmatrix} u(t).$$

Encontre o equivalente discreto, considerando um período de amostragem $T_s = 0,1$.

Solução: seja uma matriz $\mathbf{M}$ com dois autovalores distintos e, portanto, diagonalizável, tal que

$$\mathbf{M} = \mathbf{E}\mathbf{\Lambda}\mathbf{E}^{-1},$$

em que $\mathbf{\Lambda} = \text{diag}(\lambda_1, \lambda_2)$ é a matriz diagonal formada pelos autovalores de $\mathbf{M}$ e $\mathbf{E}$ é a matriz cujas colunas são os autovetores de $\mathbf{M}$. Assim,

$$\mathbf{M}^{\gamma} = \mathbf{E}\,\mathbf{\Lambda}^{\gamma}\,\mathbf{E}^{-1},$$

e,

$$e^{\mathbf{M}} = \mathbf{E}\,e^{\mathbf{\Lambda}}\,\mathbf{E}^{-1}.$$

O equivalente discreto do par $(\mathbf{A}, \mathbf{B})$ é obtido como

$$\mathbf{\Phi} = e^{\mathbf{A}T_s} = e^{\begin{bmatrix} 1 & 1 \\ 0 & 2 \end{bmatrix} 0,1} = e^{\begin{bmatrix} 0,1 & 0,1 \\ 0 & 0,2 \end{bmatrix}} = e^{\mathbf{M}}.$$

Como $\mathbf{M}$ é diagonalizável,

$$\begin{aligned} \mathbf{\Phi} = e^{\mathbf{M}} = \mathbf{E}\,e^{\mathbf{\Lambda}}\,\mathbf{E}^{-1} &= \begin{bmatrix} 1 & \sqrt{2}/2 \\ 0 & \sqrt{2}/2 \end{bmatrix} \begin{bmatrix} e^{0,1} & 0 \\ 0 & e^{0,2} \end{bmatrix} \begin{bmatrix} 1 & \sqrt{2}/2 \\ 0 & \sqrt{2}/2 \end{bmatrix}^{-1} \\ &= \begin{bmatrix} 1,1052 & 0,1162 \\ 0 & 1,2214 \end{bmatrix}. \end{aligned}$$

Como a matriz $\mathbf{A}$ é não singular, tem-se

$$\begin{aligned} \mathbf{\Gamma} = \mathbf{A}^{-1}\left(e^{\mathbf{A}T_s} - \mathbf{I}\right)\mathbf{B} &= \begin{bmatrix} 1 & -0,5 \\ 0 & 0,5 \end{bmatrix} \left(\begin{bmatrix} 1,1052 & 0,1162 \\ 0 & 1,2214 \end{bmatrix} - \begin{bmatrix} 1 & 0 \\ 0 & 1 \end{bmatrix} \right) \begin{bmatrix} 1 \\ 3 \end{bmatrix} \\ &= \begin{bmatrix} 0,1218 \\ 0,3321 \end{bmatrix}. \end{aligned}$$

Com auxílio do MATLAB® o problema pode ser resolvido da seguinte forma:

```
clear all; clc;
A = [1 1; 0 2]; B = [1; 3]; Ts = 0.1;
[Phi,Gamma] = c2d(A,B,Ts);
```

8.3 Solução da equação de estados em tempo discreto

A solução de (8.7) pode ser obtida diretamente por um procedimento de recursão, tal que

$$\begin{aligned}
&\mathbf{x}[1] = \mathbf{\Phi x}[0] + \mathbf{\Gamma u}[0],\\
&\mathbf{x}[2] = \mathbf{\Phi x}[1] + \mathbf{\Gamma u}[1] = \mathbf{\Phi}^2\mathbf{x}[0] + \mathbf{\Phi\Gamma u}[0] + \mathbf{\Gamma u}[1],\\
&\mathbf{x}[3] = \mathbf{\Phi x}[2] + \mathbf{\Gamma u}[2] = \mathbf{\Phi}^3\mathbf{x}[0] + \mathbf{\Phi}^2\mathbf{\Gamma u}[0] + \mathbf{\Phi\Gamma u}[1] + \mathbf{\Gamma u}[2],\\
&\vdots
\end{aligned} \tag{8.25}$$

sendo que, no instante n, tem-se

$$\mathbf{x}[n] = \mathbf{\Phi}^n\mathbf{x}[0] + \sum_{j=0}^{n-1}\mathbf{\Phi}^{n-j-1}\mathbf{\Gamma u}[j], \quad n = 1, 2, 3, \ldots. \tag{8.26}$$

Substituindo (8.26) na equação de saída, obtém-se

$$\mathbf{y}[n] = \mathbf{C\Phi}^n\mathbf{x}[0] + \mathbf{C}\sum_{j=0}^{n-1}\mathbf{\Phi}^{n-j-1}\mathbf{\Gamma u}[j] + \mathbf{Du}[n], \quad n = 1, 2, 3, \ldots . \tag{8.27}$$

Observe que a solução homogênea é dada por

$$\mathbf{x}[n] = \mathbf{\Phi}^n\mathbf{x}[0] = \mathbf{\Psi}[n]\mathbf{x}[0], \tag{8.28}$$

onde $\mathbf{\Psi}[n] = \mathbf{\Phi}^n$ é uma matriz $k \times k$ que satisfaz a seguinte condição:

$$\mathbf{\Psi}[n+1] = \mathbf{\Phi\Psi}[n], \quad \mathbf{\Psi}[0] = \mathbf{I}. \tag{8.29}$$

Note que a solução em (8.26) é simplesmente uma transformação do estado inicial. A matriz $\mathbf{\Psi}[n]$, portanto, denomina-se matriz de transição de estados (ou matriz fundamental). Em termos da matriz de transição de estados, a solução em (8.26) pode ser reescrita como

$$\begin{aligned}
\mathbf{x}[n] &= \mathbf{\Psi}[n]\mathbf{x}[0] + \sum_{j=0}^{n-1}\mathbf{\Psi}[n-j-1]\mathbf{\Gamma u}[j],\\
&= \mathbf{\Psi}[n]\mathbf{x}[0] + \sum_{j=0}^{n-1}\mathbf{\Psi}[j]\mathbf{\Gamma u}[n-j-1].
\end{aligned} \tag{8.30}$$

Com isso, a equação de saída é dada por

$$\mathbf{y}[n] = \mathbf{C\Psi}[n]\mathbf{x}[0] + \mathbf{C}\sum_{j=0}^{n-1}\mathbf{\Psi}[j]\mathbf{\Gamma u}[n-j-1] + \mathbf{Du}[n]. \tag{8.31}$$

Uma forma alternativa de obtenção de $\mathbf{\Psi}[n]$ é considerada a seguir. Seja a equação de estados discreta em (8.7). Ao aplicar a transformada-z, tem-se que

$$z\mathbf{X}(z) - z\mathbf{x}[0] = \mathbf{\Phi}\mathbf{X}(z) + \mathbf{\Gamma}\mathbf{U}(z). \tag{8.32}$$

Então

$$\begin{aligned} &(z\mathbf{I} - \mathbf{\Phi})\,\mathbf{X}(z) = z\mathbf{x}[0] + \mathbf{\Gamma}\mathbf{U}(z), \\ &\Rightarrow \mathbf{X}(z) = (z\mathbf{I} - \mathbf{\Phi})^{-1} z\mathbf{x}[0] + (z\mathbf{I} - \mathbf{\Phi})^{-1}\mathbf{\Gamma}\mathbf{U}(z), \end{aligned} \tag{8.33}$$

aplicando a transformada-z inversa em (8.33), obtém-se

$$\mathbf{x}[n] = \mathcal{Z}^{-1}\left\{(z\mathbf{I} - \mathbf{\Phi})^{-1} z\right\}\mathbf{x}[0] + \mathcal{Z}^{-1}\left\{(z\mathbf{I} - \mathbf{\Phi})^{-1}\mathbf{\Gamma}\mathbf{U}(z)\right\}. \tag{8.34}$$

Comparando (8.34) a (8.30), pode-se constatar que

$$\mathbf{\Psi}[n] = \mathcal{Z}^{-1}\left\{(z\mathbf{I} - \mathbf{\Phi})^{-1} z\right\}, \tag{8.35}$$

$$\sum_{j=0}^{n-1}\mathbf{\Psi}[j]\mathbf{\Gamma}\mathbf{u}[n-j-1] = \mathcal{Z}^{-1}\left\{(z\mathbf{I} - \mathbf{\Phi})^{-1}\mathbf{\Gamma}\mathbf{U}(z)\right\}. \tag{8.36}$$

8.4 Matriz de transferência discreta

Um sistema de uma entrada e uma saída (SISO, *Single Input Single Output*) pode ser modelado por uma função de transferência discreta. Tal representação pode ser generalizada para sistemas MIMO, chegando-se em uma matriz de transferência discreta.

Seja a representação discreta em espaço de estados de (8.7)-(8.8). Ao aplicar a transformada-z e considerar condições iniciais nulas, obtém-se

$$z\mathbf{X}(z) = \mathbf{\Phi}\mathbf{X}(z) + \mathbf{\Gamma}\mathbf{U}(z), \tag{8.37}$$

$$\mathbf{Y}(z) = \mathbf{C}\mathbf{X}(z) + \mathbf{D}\mathbf{U}(z). \tag{8.38}$$

Isolando $\mathbf{X}(z)$ em (8.37) e substituindo em (8.38), chega-se em

$$\mathbf{Y}(z) = \left[\mathbf{C}(z\mathbf{I} - \mathbf{\Phi})^{-1}\mathbf{\Gamma} + \mathbf{D}\right]\mathbf{U}(z). \tag{8.39}$$

Como $\mathbf{Y}(z) = \mathbf{G}(z)\mathbf{U}(z)$, tem-se que

$$\mathbf{G}(z) = \left[\mathbf{C}(z\mathbf{I} - \mathbf{\Phi})^{-1}\mathbf{\Gamma} + \mathbf{D}\right]. \tag{8.40}$$

A matriz $\mathbf{G}(z)$ $(m \times r)$ é conhecida como matriz função de transferência discreta e caracteriza a dinâmica de entrada-saída do sistema em tempo discreto descrito em (8.7)-(8.8).

Note que

$$(z\mathbf{I}-\mathbf{\Phi})^{-1}=\frac{\operatorname{adj}(z\mathbf{I}-\mathbf{\Phi})}{|z\mathbf{I}-\mathbf{\Phi}|}, \tag{8.41}$$

com adj($\mathbf{M}$) sendo a matriz adjunta da matriz $\mathbf{M}$[1]. Assim,

$$\mathbf{G}(z)=\frac{\mathbf{C}\operatorname{adj}(z\mathbf{I}-\mathbf{\Phi})\,\mathbf{\Gamma}}{|z\mathbf{I}-\mathbf{\Phi}|}+\mathbf{D}. \tag{8.42}$$

Logo, os polos de $\mathbf{G}(z)$ são os autovalores de $\mathbf{\Phi}$.

8.5 Transformação de similaridade

A representação em espaço de estados não é única para um mesmo sistema. Duas realizações mínimas de uma mesma matriz de transferência são relacionadas por uma transformação de similaridade.

Duas matrizes quadradas $\mathbf{\Phi}$ e $\bar{\mathbf{\Phi}}$, são ditas similares se existir uma matriz $\mathbf{T}$ não singular tal que $\bar{\mathbf{\Phi}}=\mathbf{T}^{-1}\mathbf{\Phi}\mathbf{T}$.

Considere o sistema das Equações (8.7)-(8.8) e a seguinte transformação: $\mathbf{x}=\mathbf{T}\bar{\mathbf{x}}$. Assim,

$$\mathbf{T}\bar{\mathbf{x}}[n+1] = \mathbf{\Phi}\mathbf{T}\bar{\mathbf{x}}[n]+\mathbf{\Gamma}\mathbf{u}[n], \tag{8.43}$$

$$\mathbf{y}[n] = \mathbf{C}\mathbf{T}\bar{\mathbf{x}}[n]+\mathbf{D}\mathbf{u}[n]. \tag{8.44}$$

Como $\mathbf{T}$ é não singular, pode-se multiplicar (8.43)-(8.44) à esquerda por $\mathbf{T}^{-1}$, o que resulta em uma nova representação em espaço de estados, ou seja,

$$\bar{\mathbf{x}}[n+1] = \underbrace{\mathbf{T}^{-1}\mathbf{\Phi}\mathbf{T}}_{\bar{\mathbf{\Phi}}}\bar{\mathbf{x}}[n]+\underbrace{\mathbf{T}^{-1}\mathbf{\Gamma}}_{\bar{\mathbf{\Gamma}}}\mathbf{u}[n], \tag{8.45}$$

$$\mathbf{y}[n] = \underbrace{\mathbf{C}\mathbf{T}}_{\bar{\mathbf{C}}}\bar{\mathbf{x}}[n]+\mathbf{D}\mathbf{u}[n], \tag{8.46}$$

em que $\bar{\mathbf{\Phi}}=\mathbf{T}^{-1}\mathbf{\Phi}\mathbf{T}$, $\bar{\mathbf{\Gamma}}=\mathbf{T}^{-1}\mathbf{\Gamma}$ e $\bar{\mathbf{C}}=\mathbf{C}\mathbf{T}$.

Duas matrizes similares possuem os mesmos autovalores, i.e., o mesmo polinômio característico. Para verificar isso, considere a equação característica de $\bar{\mathbf{\Phi}}$, tal que

$$|\lambda\mathbf{I}-\bar{\mathbf{\Phi}}|=0\Rightarrow|\lambda\mathbf{T}^{-1}\mathbf{T}-\mathbf{T}^{-1}\mathbf{\Phi}\mathbf{T}|=0\Rightarrow|\mathbf{T}^{-1}(\lambda\mathbf{I}-\mathbf{\Phi})\mathbf{T}|=0. \tag{8.47}$$

[1] A matriz adjunta de uma matriz quadrada $\mathbf{M}$ é a transposta da matriz que se obtém substituindo-se cada termo $\mathbf{M}_{i,j}$ pelo determinante da matriz obtida retirando-se a i-ésima linha e a j-ésima coluna de $\mathbf{M}$, multiplicado por $(-1)^{i+j}$.

Pelo teorema de Binet, o determinante do produto de matrizes quadradas é o produto dos seus determinantes. Assim,

$$|\mathbf{T}^{-1}(\lambda\mathbf{I}-\mathbf{\Phi})\mathbf{T}|=0\Rightarrow|\mathbf{T}^{-1}|\,|(\lambda\mathbf{I}-\mathbf{\Phi})|\,|\mathbf{T}|=0. \tag{8.48}$$

Como $\mathbf{T}$ é não singular, então $|\mathbf{T}|\neq 0$ e $|\mathbf{T}^{-1}|\neq 0$. Logo,

$$|\lambda\mathbf{I}-\bar{\mathbf{\Phi}}|=0\Rightarrow|\lambda\mathbf{I}-\mathbf{\Phi}|=0, \tag{8.49}$$

o que prova a invariância dos autovalores a uma transformação de similaridade. Uma representação em espaço de estados é transformada em outra com mesma dinâmica por meio de uma transformação de similaridade.

Algumas representações são apresentadas a seguir.

8.5.1 Forma canônica controlável

Considere um sistema SISO dado por

$$\mathbf{x}[n+1] = \mathbf{\Phi}\mathbf{x}[n]+\mathbf{\Gamma}u[n], \tag{8.50}$$

$$y[n] = \mathbf{C}\mathbf{x}[n]+Du[n]. \tag{8.51}$$

Uma representação comum de tal sistema é sua forma canônica controlável, dada por

$$\mathbf{x}_{\mathrm{C}}[n+1]=\underbrace{\begin{bmatrix}0&1&0&\cdots&0\\0&0&1&\cdots&0\\\vdots&\vdots&\vdots&\vdots&\vdots\\0&0&0&\cdots&1\\-a_0&-a_1&-a_2&\cdots&-a_{k-1}\end{bmatrix}}_{\mathbf{\Phi}_{\mathrm{C}}}\mathbf{x}_{\mathrm{C}}[n]+\underbrace{\begin{bmatrix}0\\0\\\vdots\\0\\1\end{bmatrix}}_{\mathbf{\Gamma}_{\mathrm{C}}}u[n], \tag{8.52}$$

$$y[n]=\underbrace{\begin{bmatrix}\beta_0&\beta_1&\ldots&\beta_{k-1}\end{bmatrix}}_{\mathbf{C}_{\mathrm{C}}}\mathbf{x}_{\mathrm{C}}[n]+Du[n]. \tag{8.53}$$

Define-se a transformação $\mathbf{x}[n]=\mathbf{T}\,\mathbf{x}_{\mathrm{C}}[n]$. Com isso, $\mathbf{T}^{-1}\mathbf{\Phi}\mathbf{T}=\mathbf{\Phi}_{\mathrm{C}}$, $\mathbf{T}^{-1}\mathbf{\Gamma}=\mathbf{\Gamma}_{\mathrm{C}}$, e $\mathbf{C}\mathbf{T}=\mathbf{C}_{\mathrm{C}}$. Para encontrar a matriz $\mathbf{T}$, considere que ela tenha a seguinte estrutura:

$$\mathbf{T}=\begin{bmatrix}\mathbf{t}_1&\mathbf{t}_2&\ldots&\mathbf{t}_k\end{bmatrix}. \tag{8.54}$$

Note que

$$\mathbf{T}\mathbf{\Gamma}_{\mathrm{C}}=\mathbf{\Gamma}\Rightarrow\mathbf{t}_k=\mathbf{\Gamma}, \tag{8.55}$$

ou seja, a última coluna de $\mathbf{T}$ é a matriz de entrada. Para determinar as demais colunas, considere a relação $\mathbf{T}^{-1}\mathbf{\Phi}\mathbf{T} = \mathbf{\Phi}_{\mathrm{C}}$, tal que

$$\begin{gathered}\mathbf{\Phi}\mathbf{T} = \mathbf{T}\mathbf{\Phi}_{\mathrm{C}} \\ \begin{bmatrix}\mathbf{\Phi}\mathbf{t}_1 & \mathbf{\Phi}\mathbf{t}_2 & \dots & \mathbf{\Phi}\mathbf{t}_{k-1} & \mathbf{\Phi}\mathbf{t}_k\end{bmatrix} = \\ \begin{bmatrix}-a_0\mathbf{t}_k & \mathbf{t}_1 - a_1\mathbf{t}_k & \mathbf{t}_2 - a_2\mathbf{t}_k & \cdots & \mathbf{t}_{k-2} - a_{k-2}\mathbf{t}_k & \mathbf{t}_{k-1} - a_{k-1}\mathbf{t}_k\end{bmatrix}.\end{gathered} \tag{8.56}$$

Ao comparar as matrizes em (8.56), da última coluna até a segunda, verifica-se que

$$\begin{gathered}\mathbf{\Phi}\mathbf{t}_k = \mathbf{t}_{k-1} - a_{k-1}\mathbf{t}_k \Rightarrow \mathbf{t}_{k-1} = a_{k-1}\mathbf{\Gamma} + \mathbf{\Phi}\mathbf{\Gamma}, \\ \mathbf{\Phi}\mathbf{t}_{k-1} = \mathbf{t}_{k-2} - a_{k-2}\mathbf{t}_k \Rightarrow \mathbf{t}_{k-2} = a_{k-2}\mathbf{\Gamma} + a_{k-1}\mathbf{\Phi}\mathbf{\Gamma} + \mathbf{\Phi}^2\mathbf{\Gamma}, \\ \vdots \\ \mathbf{\Phi}\mathbf{t}_2 = \mathbf{t}_1 - a_1\mathbf{t}_k \Rightarrow \\ \mathbf{t}_1 = a_1\mathbf{\Gamma} + a_2\mathbf{\Phi}\mathbf{\Gamma} + a_3\mathbf{\Phi}^2\mathbf{\Gamma} + \cdots + a_{k-1}\mathbf{\Phi}^{k-2}\mathbf{\Gamma} + \mathbf{\Phi}^{k-1}\mathbf{\Gamma}.\end{gathered}$$

Portanto, a matriz $\mathbf{T}$ é dada por

$$\mathbf{T} = \underbrace{\begin{bmatrix}\mathbf{\Gamma} & \mathbf{\Phi}\mathbf{\Gamma} & \mathbf{\Phi}^2\mathbf{\Gamma} & \cdots & \mathbf{\Phi}^{k-2}\mathbf{\Gamma} & \mathbf{\Phi}^{k-1}\mathbf{\Gamma}\end{bmatrix}}_{\mathcal{C}} \underbrace{\begin{bmatrix} a_1 & a_2 & a_3 & \cdots a_{k-1} & 1 \\ a_2 & a_3 & \vdots & \cdots & 1 & 0 \\ a_3 & \vdots & a_{k-1} & \cdots & 0 & 0 \\ \vdots & a_{k-1} & 1 & \vdots & \vdots & \vdots \\ a_{k-1} & 1 & 0 & \cdots & 0 & 0 \\ 1 & 0 & 0 & \dots & 0 & 0 \end{bmatrix}}_{\mathbf{T}_{\mathrm{a}}}. \tag{8.57}$$

Será visto mais adiante que $\mathcal{C}$ em (8.57) representa a matriz de controlabilidade do sistema (8.50)-(8.51). Caso o sistema seja controlável (conceito a ser visto na seção 8.7), $\mathcal{C}$ admite inversa. Portanto, para transformar um dado sistema como em (8.50)-(8.51) para sua forma controlável, utiliza-se a matriz de transformação $\mathbf{T}^{-1} = (\mathcal{C}\mathbf{T}_{\mathrm{a}})^{-1}$, em que $\mathbf{T}_{\mathrm{a}}$ é a matriz triangular superior como em (8.57), formada pelos coeficientes do polinômio característico da matriz $\mathbf{A}$.

Considere agora um sistema SISO, estritamente próprio, que tem a seguinte representação em função de transferência:

$$\begin{aligned}G(z) = \frac{Y(z)}{U(z)} &= \frac{b_{k-1}z^{k-1} + b_{k-2}z^{k-2} + \ldots + b_1z + b_0}{z^k + a_{k-1}z^{k-1} + \ldots + a_1z + a_0} \\ &= \frac{b_{k-1}z^{-1} + b_{k-2}z^{-2} + \ldots + b_1z^{-k+1} + b_0z^{-k}}{1 + a_{k-1}z^{-1} + \ldots + a_1z^{-k+1} + a_0z^{-k}}.\end{aligned} \tag{8.58}$$

A forma canônica controlável pode ser obtida diretamente dessa representação ao definir, por exemplo, $V(z) = \frac{U(z)}{1+a_{k-1}z^{-1}+\ldots+a_1 z^{-k+1}+a_0 z^{-k}}$. Assim,

$$\begin{aligned} V(z) &= U(z) - a_{k-1}z^{-1}V(z) - \ldots - a_1 z^{-k+1}V(z) - a_0 z^{-k}V(z) \\ \Rightarrow v[n] &= u[n] - a_{k-1}v[n-1] - \ldots - a_1 v[n-k+1] - a_0 v[n-k], \end{aligned} \tag{8.59}$$

e

$$\begin{aligned} Y(z) &= b_{k-1}z^{-1}V(z) + b_{k-2}z^{-2}V(z) + \ldots + b_1 z^{-k+1}V(z) + b_0 z^{-k}V(z) \\ \Rightarrow y[n] &= b_{k-1}v[n-1] + b_{k-2}v[n-2] + \ldots + b_1 v[n-k+1] + b_0 v[n-k]. \end{aligned} \tag{8.60}$$

Define-se $x_{C1}[n] = v[n-k]$, $x_{C2}[n] = v[n-k+1]$, ..., $x_{Ck}[n] = v[n-1]$, de tal modo que $\mathbf{x}_C[n] = \begin{bmatrix} v[n-k] & v[n-k+1] & \ldots & v[n-1] \end{bmatrix}^T$. Assim, chega-se ao diagrama da Figura 8.4.

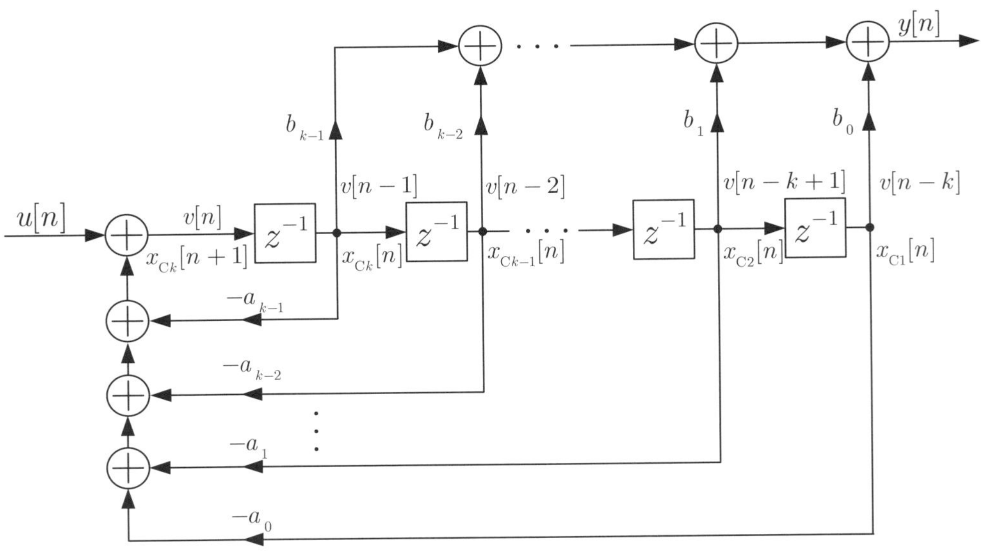

Figura 8.4 – Diagrama de blocos de um sistema SISO estritamente próprio na forma canônica controlável. Note que, com abuso na notação, considerou-se $v[n-1] = z^{-1}v[n]$.

Tal esquema equivale à representação em (8.52)-(8.53) com $\beta_i = b_i$, $i = 1, 2, \ldots, k$. Para um sistema bipróprio da forma

$$G(z) = \frac{Y(z)}{U(z)} = \frac{b_k z^k + b_{k-1}z^{k-1} + b_{k-2}z^{k-2} + \ldots + b_1 z + b_0}{z^k + a_{k-1}z^{k-1} + \ldots + a_1 z + a_0}, \tag{8.61}$$

note que

$$
\begin{array}{l|l}
\cancel{b_k z^k} + b_{k-1}z^{k-1} + b_{k-2}z^{k-2} + \cdots + b_1 z + b_0 & z^k + a_{k-1}z^{k-1} + a_{k-2}z^{k-2} + \cdots + a_1 z + a_0 \\ \cline{2-2}
-\left(\cancel{b_k z^k} + b_k a_{k-1}z^{k-1} + b_k a_{k-2}z^{k-2} + \cdots + b_k a_1 z + b_k a_0\right) & b_k \\ \cline{1-1}
(b_{k-1} - b_k a_{k-1})z^{k-1} + (b_{k-2} - b_k a_{k-2})z^{k-2} + \cdots & \\
(b_1 - b_k a_1)z + (b_0 - b_k a_0) &
\end{array}
$$

ou seja,

$$
G(z) = b_k + \frac{(b_{k-1} - b_k a_{k-1})z^{k-1} + (b_{k-2} - b_k a_{k-2})z^{k-2} + (b_1 - b_k a_1)z + (b_0 - b_k a_0)}{z^k + a_{k-1}z^{k-1} + \ldots + a_1 z + a_0}, \tag{8.62}
$$

Portanto, para esse caso, na Figura 8.4 o termo b_{k-i} deve ser substituído por $(b_{k-i} - b_k a_{k-i})$, $i = 1, 2, \ldots, k$, e deve-se somar o termo direto $(b_k u[n])$ em $y[n]$. Na representação em espaço de estados apresentada em (8.52)-(8.53), isso equivale a fazer $\beta_i = (b_{k-i} - b_k a_{k-i})$ e $D = b_k$.

Como será visto mais adiante, a forma canônica controlável facilita muito o projeto do controlador por alocação de polos via realimentação linear de estados.

8.5.2 Forma canônica observável

A forma canônica observável para um sistema SISO pode ser dada por

$$
\mathbf{x}_O[n+1] = \underbrace{\begin{bmatrix} 0 & 0 & 0 & \cdots & 0 & -a_0 \\ 1 & 0 & 0 & \cdots & 0 & -a_1 \\ 0 & 1 & 0 & \cdots & 0 & -a_2 \\ 0 & 0 & 0 & \cdots & \vdots & \vdots \\ 0 & 0 & 0 & \cdots & 0 & -a_{k-2} \\ 0 & 0 & 0 & \cdots & 1 & -a_{k-1} \end{bmatrix}}_{\mathbf{\Phi}_O} \mathbf{x}_O[n] + \underbrace{\begin{bmatrix} \beta_0 \\ \beta_1 \\ \beta_2 \\ \vdots \\ \beta_{k-2} \\ \beta_{k-1} \end{bmatrix}}_{\mathbf{\Gamma}_O} u[n], \tag{8.63}
$$

$$
y[n] = \underbrace{\begin{bmatrix} 0 & 0 & \ldots & 1 \end{bmatrix}}_{\mathbf{C}_O} \mathbf{x}_O[n] + Du[n]. \tag{8.64}
$$

Define-se $\mathbf{W} = \mathbf{T}^{-1}$. Assim, $\mathbf{x}_O[n] = \mathbf{W}\mathbf{x}[n]$, $\mathbf{\Phi}_O = \mathbf{W}\mathbf{\Phi}\mathbf{W}^{-1}$ e $\mathbf{C}_O = \mathbf{C}\,\mathbf{W}^{-1}$. Para encontrar a matriz $\mathbf{W}$, considere que ela tenha a seguinte estrutura:

$$
\mathbf{W} = \mathbf{T}^{-1} = \begin{bmatrix} \mathbf{w}_1 \\ \mathbf{w}_2 \\ \mathbf{w}_3 \\ \vdots \\ \mathbf{w}_{k-1} \\ \mathbf{w}_k \end{bmatrix}. \tag{8.65}
$$

Note que

$$\mathbf{C}_{\mathrm{O}}\mathbf{W} = \mathbf{C} \Rightarrow \mathbf{w}_k = \mathbf{C}, \tag{8.66}$$

ou seja, a última linha de $\mathbf{W}$ é a matriz de saída. Para determinar as demais linhas, considere a relação $\mathbf{\Phi}_{\mathrm{O}} = \mathbf{W}\mathbf{\Phi}\mathbf{W}^{-1}$, tal que

$$\begin{aligned} \mathbf{\Phi}_{\mathrm{O}}\mathbf{W} &= \mathbf{W}\mathbf{\Phi} \\ \begin{bmatrix} 0 & 0 & 0 & \cdots & 0 & -a_0 \\ 1 & 0 & 0 & \cdots & 0 & -a_1 \\ 0 & 1 & 0 & \cdots & 0 & -a_2 \\ 0 & 0 & 1 & \cdots & \vdots & \vdots \\ 0 & 0 & 0 & \cdots & 0 & -a_{k-2} \\ 0 & 0 & 0 & \cdots & 1 & -a_{k-1} \end{bmatrix} \begin{bmatrix} \mathbf{w}_1 \\ \mathbf{w}_2 \\ \mathbf{w}_3 \\ \vdots \\ \mathbf{w}_{k-1} \\ \mathbf{w}_k \end{bmatrix} &= \begin{bmatrix} \mathbf{w}_1\mathbf{\Phi} \\ \mathbf{w}_2\mathbf{\Phi} \\ \mathbf{w}_3\mathbf{\Phi} \\ \vdots \\ \mathbf{w}_{k-1}\mathbf{\Phi} \\ \mathbf{w}_k\mathbf{\Phi} \end{bmatrix}. \end{aligned} \tag{8.67}$$

Ao comparar linha a linha os termos da igualdade (8.67), partindo da última até a segunda linha, verifica-se que

$$\begin{aligned} \mathbf{w}_k\mathbf{\Phi} = \mathbf{w}_{k-1} - a_{k-1}\mathbf{w}_k &\Rightarrow \mathbf{w}_{k-1} = \mathbf{C}\mathbf{\Phi} + a_{k-1}\mathbf{C}, \\ \mathbf{w}_{k-1}\mathbf{\Phi} = \mathbf{w}_{k-2} - a_{k-2}\mathbf{w}_k &\Rightarrow \mathbf{w}_{k-2} = \mathbf{C}\mathbf{\Phi}^2 + a_{k-1}\mathbf{C}\mathbf{\Phi} + a_{k-2}\mathbf{C}, \\ &\vdots \\ \mathbf{w}_2\mathbf{\Phi} = \mathbf{w}_1 - a_1\mathbf{w}_k &\Rightarrow \\ \mathbf{w}_1 = \mathbf{C}\mathbf{\Phi}^{k-1} + a_{k-1}\mathbf{C}\mathbf{\Phi}^{k-2} + a_{k-2}\mathbf{C}\mathbf{\Phi}^{k-3} &+ \cdots + a_3\mathbf{C}\mathbf{\Phi}^2 + a_2\mathbf{C}\mathbf{\Phi} + a_1\mathbf{C}. \end{aligned} \tag{8.68}$$

Nota-se, portanto, que a matriz $\mathbf{W}$ possui a seguinte forma:

$$\mathbf{W} = \underbrace{\begin{bmatrix} a_1 & a_2 & a_3 & \cdots & a_{k-1} & 1 \\ a_2 & a_3 & \vdots & \cdots & 1 & 0 \\ a_3 & \vdots & a_{k-1} & \cdots & 0 & 0 \\ \vdots & a_{k-1} & 1 & \vdots & \vdots & \vdots \\ a_{k-1} & 1 & 0 & \cdots & 0 & 0 \\ 1 & 0 & 0 & \cdots & 0 & 0 \end{bmatrix}}_{\mathbf{T}_{\mathrm{a}}} \underbrace{\begin{bmatrix} \mathbf{C} \\ \mathbf{C}\mathbf{\Phi} \\ \mathbf{C}\mathbf{\Phi}^2 \\ \vdots \\ \mathbf{C}\mathbf{\Phi}^{k-2} \\ \mathbf{C}\mathbf{\Phi}^{k-1} \end{bmatrix}}_{\mathcal{O}}. \tag{8.69}$$

Como será visto posteriormente, $\mathcal{O}$ em (8.68) representa a matriz de observabilidade do sistema (8.50)-(8.51). Caso o sistema seja observável (conceito a ser visto na seção 8.7), a matriz $\mathcal{O}$ admite inversa. Portanto, para transformar um dado sistema como em (8.50)-(8.51) para sua forma observável, utiliza-se $\mathbf{T} = \mathbf{W}^{-1} = (\mathbf{T}_{\mathrm{a}}\mathcal{O})^{-1}$.

Considere novamente a representação em função de transferência para um sistema estritamente próprio da Equação (8.58). A forma canônica observável também pode ser obtida diretamente dessa representação ao notar que

$$\begin{aligned} Y(z) &= z^{-1}\left(-a_{k-1}Y(z) + b_{k-1}U(z)\right) + z^{-2}\left(-a_{k-2}Y(z) + b_{k-2}U(z)\right) + \ldots + \\ & \quad z^{-k+1}\left(-a_1 Y(z) + b_1 U(z)\right) + z^{-k}\left(-a_0 Y(z) + b_0 U(z)\right). \end{aligned} \tag{8.70}$$

Tal equação é representada no diagrama de blocos da Figura 8.5.

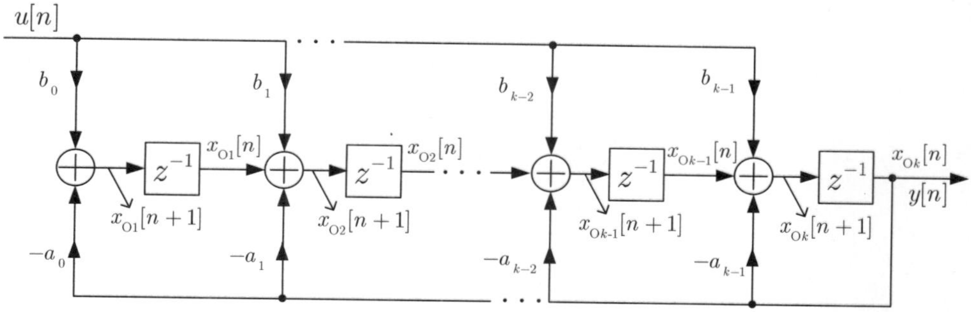

Figura 8.5 – Diagrama de blocos de um sistema SISO estritamente próprio na forma canônica observável. Novamente, abusou-se da notação ao considerar $x_{Oi}[n] = z^{-1}x_{Oi}[n+1]$.

Isso é equivalente a (8.63)-(8.64) com $\beta_i = b_i$, $i = 1, 2, \ldots, k$. Para um sistema bipróprio, no diagrama da Figura 8.5, o termo b_{k-i} deve ser substituído por $(b_{k-i} - b_k a_{k-i})$, $i = 1, 2, \ldots, k$ e deve-se somar o termo direto $(b_k u[n])$ em $y[n]$. Na representação em espaço apresentada em (8.63)-(8.64), isso equivale a fazer $\beta_i = (b_{k-i} - b_k a_{k-i})$ e $D = b_k$.

Como será visto adiante, a forma canônica observável facilita muito o projeto de observadores por alocação de polos.

8.5.3 Forma canônica diagonal

Se o sistema representado em (8.50)-(8.51) possuir autovalores reais distintos, $\lambda_1, \lambda_2, \ldots, \lambda_k$, então os autovetores correspondentes $\mathbf{e}_1$, $\mathbf{e}_2$, $\ldots$, $\mathbf{e}_k$ serão linearmente independentes. Define-se então a matriz $\mathbf{T} = \mathbf{E}$, tal que

$$\mathbf{E} = \begin{bmatrix} \mathbf{e}_1 & \mathbf{e}_2 & \ldots & \mathbf{e}_k \end{bmatrix}. \tag{8.71}$$

Assim,

$$\mathbf{E}^{-1}\mathbf{\Phi}\mathbf{E} = \underbrace{\begin{bmatrix} \lambda_1 & 0 & \dots & 0 \\ 0 & \lambda_2 & \dots & 0 \\ \vdots & \vdots & \vdots & \vdots \\ 0 & 0 & \dots & \lambda_k \end{bmatrix}}_{\mathbf{\Lambda}}. \tag{8.72}$$

Portanto, ao definir $\mathbf{x}[n] = \mathbf{E}\,\mathbf{x}_{\mathrm{D}}[n]$, verifica-se que $\mathbf{\Phi}_{\mathrm{D}} = \mathbf{\Lambda} = \mathbf{E}^{-1}\mathbf{\Phi}\mathbf{E}$, $\mathbf{\Gamma}_{\mathrm{D}} = \mathbf{E}^{-1}\,\mathbf{\Gamma}$ e $\mathbf{C}_{\mathrm{D}} = \mathbf{C}\,\mathbf{E}$, resultando na seguinte forma diagonal:

$$\mathbf{x}_{\mathrm{D}}[n+1] = \underbrace{\begin{bmatrix} \lambda_1 & 0 & \dots & 0 \\ 0 & \lambda_2 & \dots & 0 \\ \vdots & \vdots & \vdots & \vdots \\ 0 & 0 & \dots & \lambda_k \end{bmatrix}}_{\mathbf{\Phi}_{\mathrm{D}}} \mathbf{x}_{\mathrm{D}}[n] + \underbrace{\begin{bmatrix} a_1 \\ a_2 \\ \vdots \\ a_k \end{bmatrix}}_{\mathbf{\Gamma}_{\mathrm{D}}} u[n], \tag{8.73}$$

$$y[n] = \underbrace{\begin{bmatrix} r_1 & r_2 & \dots & r_k \end{bmatrix}}_{\mathbf{C}_{\mathrm{D}}} \mathbf{x}_{\mathrm{D}}[n] + Du[n]. \tag{8.74}$$

Logo, para transformar o sistema (8.50)-(8.51), com autovalores reais distintos, para sua forma diagonal, utiliza-se $\mathbf{T} = \mathbf{E}$, em que $\mathbf{E}$ é a matriz cujas colunas são os autovetores da matriz $\mathbf{\Phi}$ do sistema original.

Caso a função de transferência em (8.58) possua k autovalores reais distintos, ela pode ser reescrita da seguinte forma:

$$G(z) = \frac{Y(z)}{U(z)} = \frac{r_1}{z-\lambda_1} + \frac{r_2}{z-\lambda_2} + \ldots + \frac{r_k}{z-\lambda_k}. \tag{8.75}$$

Assim, tem-se o diagrama em blocos equivalente da Figura 8.6. A representação em espaço de estados apresentada em (8.73)-(8.74) é facilmente construída considerando que os estados são as saídas dos blocos de atraso unitário. Para sistemas estritamente próprios, $D = 0$.

Se o sistema for bipróprio, deve-se somar o termo direto $b_k u[n]$ na saída. Nesse caso, na representação em espaço de estados, tem-se $D = b_k$.

Caso o sistema tenha autovalores com multiplicidade, tem-se a forma canônica de Jordan, em que a matriz $\mathbf{\Phi}$ é transformada para uma forma bloco diagonal, com o seguinte

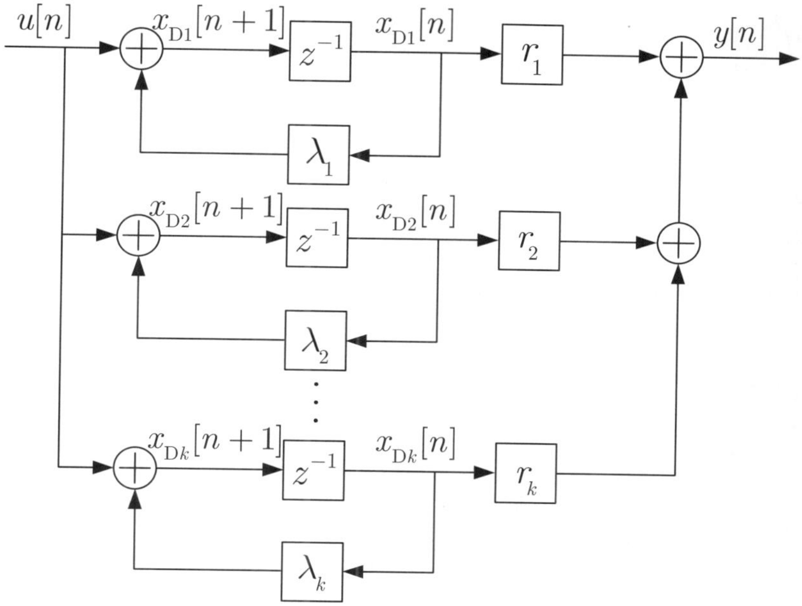

Figura 8.6 – Diagrama de blocos de um sistema SISO estritamente próprio na forma canônica diagonal.

aspecto:

$$\mathbf{\Phi}_{\mathrm{J}} = \begin{bmatrix} \boxed{\begin{matrix} \lambda_1 & 1 & 0 \\ 0 & \lambda_1 & 1 \\ 0 & 0 & \lambda_1 \end{matrix}} & & & & \mathbf{0} \\ & \boxed{\begin{matrix} \lambda_4 & 1 \\ 0 & \lambda_4 \end{matrix}} & & & \\ & & \lambda_6 & & \\ \mathbf{0} & & & \lambda_7 & \\ & & & & \lambda_8 \end{bmatrix}. \tag{8.76}$$

Nesse caso em particular, os autovalores da matriz $\mathbf{\Phi}$ são dados por $\lambda_1, \lambda_1, \lambda_1, \lambda_4, \lambda_4, \lambda_6, \lambda_7, \lambda_8$. Para maiores detalhes sobre a forma canônica de Jordan e sobre outras formas canônicas, sugere-se a leitura de [Kailath 1980].

8.6 Estabilidade segundo Lyapunov

Uma forma de verificar a estabilidade do sistema é através do método de Lyapunov. Em particular, será considerado o segundo método de Lyapunov, o qual é bastante utilizado na análise e síntese de controladores não lineares, mas que também pode ser utilizado na análise de sistemas lineares. Aqui será apresentada a versão para sistemas LIT de tempo discreto. Para isso, $\dot{V}(\mathbf{x})$ será substituída por $\Delta V(\mathbf{x}[n]) = V(\mathbf{x}[n+1]) - V(\mathbf{x}[n])$, em que $V(\mathbf{x})$ é denominada função candidata de Lyapunov.

No caso geral em tempo contínuo, a estabilidade segundo Lyapunov é definida pelo teorema a seguir:

Teorema 8.6.1 *Seja um sistema descrito por*

$$\dot{\mathbf{x}} = f(\mathbf{x}), \tag{8.77}$$

e $\mathbf{x}_{eq} \in \mathcal{X}$ *um ponto de equilíbrio. Se existir uma função* $V(\mathbf{x}) : \mathcal{X} \to \mathbb{R}$, *tal que*

- $V(\mathbf{x}) > 0$,
- $\dot{V}(\mathbf{x}) \leq 0$,

em torno do ponto $\mathbf{x}_{eq}$, *então esse ponto de equilíbrio é estável. Se* $\dot{V}(\mathbf{x}) < 0$, *então o ponto de equilíbrio é assintoticamente estável.*

Aqui, estável significa que, se a trajetória dos estados iniciar suficientemente perto do ponto de equilíbrio estável, os estados permanecem para sempre tão próximos do ponto de equilíbrio quanto se queira. Por outro lado, assintoticamente estável significa que, adicionalmente, a trajetória converge para o ponto de equilíbrio à medida que o tempo passa.

Para sistemas LIT, o segundo método de Lyapunov garante condições necessárias e suficientes para estabilidade.

Particularmente, para sistemas discretos representados por

$$\mathbf{x}[n+1] = \mathbf{\Phi}\mathbf{x}[n], \tag{8.78}$$

define-se $V(\mathbf{x}[n]) = \mathbf{x}^\top[n]\,\mathbf{P}\,\mathbf{x}[n]$, com $\mathbf{P} = \mathbf{P}^\top > 0$. Assim:

$$\begin{aligned}
\Delta V(\mathbf{x}) &= V(\mathbf{x}[n+1]) - V(\mathbf{x}[n]) \\
&= \mathbf{x}^\top[n+1]\,\mathbf{P}\,\mathbf{x}[n+1] - \mathbf{x}^\top[n]\,\mathbf{P}\,\mathbf{x}[n] \\
&= \mathbf{x}^\top[n]\mathbf{\Phi}^\top\,\mathbf{P}\,\mathbf{\Phi}\mathbf{x}[n] - \mathbf{x}^\top[n]\,\mathbf{P}\,\mathbf{x}[n] \\
&= \mathbf{x}^\top[n](\mathbf{\Phi}^\top\,\mathbf{P}\,\mathbf{\Phi} - \mathbf{P})\mathbf{x}[n] \\
&= -\mathbf{x}^\top[n]\mathbf{Q}\mathbf{x}[n],
\end{aligned} \tag{8.79}$$

em que $\mathbf{Q} = -(\mathbf{\Phi}^\top\,\mathbf{P}\,\mathbf{\Phi} - \mathbf{P})$. Como $\Delta V(\mathbf{x})$ precisa ser definida negativa, então, para a estabilidade assintótica é necessário e suficiente que $\mathbf{Q} > 0$. Portanto, para sistemas LIT em tempo discreto o Teorema 8.6.1 é equivalentemente escrito como:

Teorema 8.6.2 *O sistema em* (8.78) *será assintoticamente estável se e somente se, para qualquer matriz* $\mathbf{Q} = \mathbf{Q}^\top > 0$, *a equação de Lyapunov*

$$\mathbf{\Phi}^\top \mathbf{P}\,\mathbf{\Phi} - \mathbf{P} = -\mathbf{Q} \tag{8.80}$$

apresentar uma solução única $\mathbf{P} = \mathbf{P}^\top > 0$.

Pode-se, por exemplo, escolher $\mathbf{Q} = \mathbf{I}$ e resolver (8.80) para $\mathbf{P}$. Caso a solução seja encontrada com $\mathbf{P} = \mathbf{P}^\top > 0$, então o sistema é assintoticamente estável. No MATLAB®, a função `P = dlyap(A,Q)` resolve a equação discreta de Lyapunov.

Note que

$$\begin{cases} \mathbf{P} > 0, \\ \mathbf{\Phi}^\top \mathbf{P}\,\mathbf{\Phi} - \mathbf{P} < 0, \end{cases} \tag{8.81}$$

representa um sistema com desigualdades lineares matriciais, o que na literatura de controle é bem conhecido pela sigla em inglês LMI (*Linear Matrix Inequality*). Utilizando o complemento de Schur[2], as LMIs em questão podem ser reescritas da seguinte forma:

$$\begin{bmatrix} \mathbf{P} & \mathbf{\Phi}^\top\mathbf{P} \\ \mathbf{P\Phi} & \mathbf{P} \end{bmatrix} > 0. \tag{8.82}$$

Estabilidade segundo Lyapunov é exercitada no Exemplo 8.3.

✍ **Exemplo 8.3:** Verifique, pelo teorema de Lyapunov, se o seguinte sistema é estável:

$$\mathbf{x}[n+1] = \underbrace{\begin{bmatrix} 1 & -2 \\ 2 & 1 \end{bmatrix}}_{\mathbf{\Phi}} \mathbf{x}[n] + \underbrace{\begin{bmatrix} 1 \\ 2 \end{bmatrix}}_{\mathbf{\Gamma}} u[n], \tag{8.83}$$

Solução: assuma $\mathbf{Q} = \mathbf{I}$. Como $k = 2$, a matriz de Lyapunov pode ser escrita como

$$\mathbf{P} = \begin{bmatrix} a & b \\ b & c \end{bmatrix}. \tag{8.84}$$

Desta forma, a equação de Lyapunov resulta em

$$\begin{bmatrix} 1 & 2 \\ -2 & 1 \end{bmatrix} \begin{bmatrix} a & b \\ b & c \end{bmatrix} \begin{bmatrix} 1 & -2 \\ 2 & 1 \end{bmatrix} - \begin{bmatrix} a & b \\ b & c \end{bmatrix} = \begin{bmatrix} -1 & 0 \\ 0 & -1 \end{bmatrix}, \tag{8.85}$$

[2] O complemento de Schur é uma relação de uma submatriz com as demais resultantes da mesma partição. Dada uma matriz $\mathbf{M} = \begin{bmatrix} \mathbf{A} & \mathbf{B} \\ \mathbf{C} & \mathbf{D} \end{bmatrix}$, o complemento de Schur da submatriz $\mathbf{D}$ é dado por $\mathbf{A} - \mathbf{B}\mathbf{D}^{-1}\mathbf{C}$.

ou ainda

$$\begin{bmatrix} 4b+4c & 2c-4b-2a \\ 2c-4b-2a & 4a-4b \end{bmatrix} = \begin{bmatrix} -1 & 0 \\ 0 & -1 \end{bmatrix}. \tag{8.86}$$

Ao resolver o sistema, verifica-se que

$$\mathbf{P} = \begin{bmatrix} -0,25 & 0 \\ 0 & -0,25 \end{bmatrix}. \tag{8.87}$$

Logo, como $\mathbf{P} < 0$, o sistema é instável. Utilizando o MATLAB®, tem-se a seguinte solução:

```
clear all; close all; clc;
Phi = [1 -2; 2 1]; Q = eye(2);
P = dlyap(Phi,Q);
```

8.7 Controlabilidade e observabilidade

Os conceitos de controlabilidade e observabilidade possuem um papel importante no projeto de sistemas de controle no espaço de estados.

- **Controlabilidade**: considere o sistema descrito pela seguinte equação de estados:

$$\mathbf{x}[n+1] = \mathbf{\Phi x}[n] + \mathbf{\Gamma u}[n]. \tag{8.88}$$

Assume-se que $\mathbf{u}[n]$ é constante para $nT_s \leq t < (n+1)\,T_s$.

Tal sistema será dito controlável se, para qualquer instante inicial $n = 0$, existir uma entrada $\mathbf{u}[n]$, $n = 0, 1, 2, \ldots, k-1$, que transfira o sistema do estado inicial $\mathbf{x}[0]$ para qualquer estado desejado $\mathbf{x}[k]$ em um intervalo de k amostras.

Para um sistema ser completamente controlável, a matriz $(k \times kr)$

$$\mathcal{C} = \left[\begin{array}{c|c|c|c} \mathbf{\Gamma} & \mathbf{\Phi\Gamma} & \cdots & \mathbf{\Phi}^{k-1}\mathbf{\Gamma} \end{array} \right], \tag{8.89}$$

deve possuir posto (*rank*) igual a k, ou seja, as colunas de $\mathcal{C}$ devem ser linearmente independentes. Tal matriz é denominada **matriz de controlabilidade**.

Isso pode ser demonstrado considerando a equação de estados (8.88) escrita de forma recursiva de $n = 1$ a $n = k$, ou seja,

$$\begin{aligned}
\mathbf{x}[1] &= \mathbf{\Phi x}[0] + \mathbf{\Gamma u}[0]. \\
\mathbf{x}[2] &= \mathbf{\Phi}(\mathbf{\Phi x}[0] + \mathbf{\Gamma u}[0]) + \mathbf{\Gamma u}[1] = \mathbf{\Phi}^2\mathbf{x}[0] + \mathbf{\Phi\Gamma u}[0] + \mathbf{\Gamma u}[1], \\
\mathbf{x}[3] &= \mathbf{\Phi}^3\mathbf{x}[0] + \mathbf{\Phi}^2\mathbf{\Gamma u}[0] + \mathbf{\Phi\Gamma u}[1] + \mathbf{\Gamma u}[2], \\
&\vdots \\
\mathbf{x}[k] &= \mathbf{\Phi}^k\mathbf{x}[0] + \mathbf{\Phi}^{k-1}\mathbf{\Gamma u}[0] + \mathbf{\Phi}^{k-2}\mathbf{\Gamma u}[1] + \ldots + \mathbf{\Phi\Gamma u}[k-2] + \mathbf{\Gamma u}[k-1].
\end{aligned}$$

Na forma matricial, tem-se,

$$\mathbf{x}[k] = \mathbf{\Phi}^k\mathbf{x}[0] + \underbrace{\begin{bmatrix} \mathbf{\Gamma} & \mathbf{\Phi\Gamma} & \mathbf{\Phi}^2\mathbf{\Gamma} & \ldots & \mathbf{\Phi}^{k-1}\mathbf{\Gamma} \end{bmatrix}}_{\mathcal{C}} \begin{bmatrix} \mathbf{u}[k-1] \\ \mathbf{u}[k-2] \\ \mathbf{u}[k-3] \\ \vdots \\ \mathbf{u}[0] \end{bmatrix}. \tag{8.90}$$

Observe que a matriz $\mathcal{C}$ tem dimensão $k \times kr$. Assim, para que ela tenha solução,

$$\text{posto}(\mathcal{C}) = k, \tag{8.91}$$

o que garante a existência de uma sequência de ações de controle capaz de transferir o sistema do estado inicial para um estado desejado após k períodos de amostragem.

Pelo teorema de Cayley-Hamilton verifica-se que, para $n > (k-1)$, as próximas colunas de $\mathcal{C}$ são linearmente dependentes dos termos anteriores e, portanto, eles não alteram o posto da matriz $\mathcal{C}$.

No MATLAB®, `Co = ctrb(Phi,Gamma)` obtém a matriz de controlabilidade `Co` do par `(Phi, Gamma)`, e `rank(Co)` verifica o posto da matriz.

- **Observabilidade**: Considere agora a seguinte representação:

$$\mathbf{x}[n+1] = \mathbf{\Phi x}[n], \tag{8.92}$$

$$\mathbf{y}[n] = \mathbf{C x}[n]. \tag{8.93}$$

Tal sistema é dito completamente observável se todo estado inicial $\mathbf{x}[0]$ puder ser determinado pela observação da saída $\mathbf{y}[n]$ e da entrada $\mathbf{u}[n]$ durante um número finito de períodos de amostragem ($0 \leq n \leq k-1$), dado que o modelo do sistema seja conhecido. Em outras palavras, o sistema é completamente observável se toda transição de estados afeta todos os elementos do vetor de saída. Pode-se mostrar que o posto da matriz $(km \times k)$

$$\mathcal{O} = \begin{bmatrix} \mathbf{C} \\ \hline \mathbf{C\Phi} \\ \hline \vdots \\ \hline \mathbf{C\Phi}^{k-1} \end{bmatrix}, \tag{8.94}$$

deve ser k, ou seja, rank($\mathcal{O}$) $= k$. A matriz $\mathcal{O}$ é denominada **matriz de observabilidade**.

A prova de observabilidade é semelhante à de controlabilidade. Considere as Equações (8.92) e (8.93), escritas de $n = 0$ até $n = k - 1$, tal que

$$\begin{aligned} \mathbf{y}[0] &= \mathbf{Cx}[0], \\ \mathbf{y}[1] &= \mathbf{Cx}[1] = \mathbf{C}(\mathbf{\Phi x}[0] + \mathbf{\Gamma u}[0]), \\ \mathbf{y}[2] &= \mathbf{Cx}[2] = \mathbf{C}(\mathbf{\Phi}^2\mathbf{x}[0] + \mathbf{\Phi\Gamma u}[0] + \mathbf{\Gamma u}[1]), \\ \mathbf{y}[3] &= \mathbf{Cx}[3] = \mathbf{C}(\mathbf{\Phi}^3\mathbf{x}[0] + \mathbf{\Phi}^2\mathbf{\Gamma u}[0] + \mathbf{\Phi\Gamma u}[1] + \mathbf{\Gamma u}[2]), \\ &\vdots \\ \mathbf{y}[k-1] &= \mathbf{C}(\mathbf{\Phi}^{k-1}\mathbf{x}[0] + \mathbf{\Phi}^{k-2}\mathbf{\Gamma u}[0] + \mathbf{\Phi}^{k-3}\mathbf{\Gamma u}[1] + \cdots + \mathbf{\Gamma u}[k-1]). \end{aligned}$$

Na forma matricial, tem-se:

$$\begin{bmatrix} \mathbf{y}[0] \\ \mathbf{y}[1] \\ \mathbf{y}[2] \\ \vdots \\ \mathbf{y}[k-1] \end{bmatrix} = \underbrace{\begin{bmatrix} \mathbf{C} \\ \mathbf{C\Phi} \\ \mathbf{C\Phi}^2 \\ \vdots \\ \mathbf{C\Phi}^{k-1} \end{bmatrix}}_{\mathcal{O}} \mathbf{x}[0] + \begin{bmatrix} 0 & 0 & 0 & \dots & 0 \\ \mathbf{C\Gamma} & 0 & 0 & \dots & 0 \\ \mathbf{C\Phi\Gamma} & \mathbf{C\Gamma} & 0 & \dots & 0 \\ \vdots & \vdots & \vdots & \dots & \vdots \\ \mathbf{C\Phi}^{k-2}\mathbf{\Gamma} & \mathbf{C\Phi}^{k-1}\mathbf{\Gamma} & \dots & \mathbf{C\Gamma} & 0 \end{bmatrix} \begin{bmatrix} \mathbf{u}[0] \\ \mathbf{u}[1] \\ \mathbf{u}[2] \\ \vdots \\ \mathbf{u}[k-1] \end{bmatrix}. \tag{8.95}$$

Note que a matriz $\mathcal{O}$ tem dimensão $mk \times k$. Portanto, para que ela tenha solução,

$$\text{posto}(\mathcal{O}) = k. \tag{8.96}$$

Se tal condição for satisfeita, então o estado inicial $\mathbf{x}[0]$ pode ser reconstruído a partir de $\mathbf{u}[0]$ a $\mathbf{u}[k-1]$ e da observação de $\mathbf{y}[0]$ a $\mathbf{y}[k-1]$, juntamente com o conhecimento do modelo (matrizes $\mathbf{\Phi}$, $\mathbf{\Gamma}$ e $\mathbf{C}$). Com $\mathbf{x}[0]$ reconstruído, os demais estados podem ser reconstruídos a partir de (8.30).

Assim como na controlabilidade, pelo teorema de Cayley-Hamilton é possível mostrar que, para $n > (k-1)$, os próximos termos da equação são linearmente dependentes dos termos passados e, portanto, eles não são acrescentados na equação.

Tem-se uma interpretação muito importante do resultado anterior: se o sistema não for observável com k medidas de saída, então ele também não será observável com $n > k$ medidas, ou seja, não adianta coletar mais dados das mesmas saídas para tentar reconstruir os estados do sistema. Isso pode ajudar a amenizar efeitos de ruídos de medição, mas não altera a observabilidade do sistema.

No MATLAB®, `Ob = obsv(Phi,C)` obtém a matriz de observabilidade `Ob` do par `(Phi, C)`, e `rank(Ob)` retorna o posto da matriz.

As condições de controlabilidade e observabilidade são testadas no Exemplo 8.4.

✍ **Exemplo 8.4:** Seja o seguinte sistema discreto:

$$\begin{aligned}\mathbf{x}[n+1] &= \begin{bmatrix} 3 & -1 \\ 0 & 2 \end{bmatrix} \mathbf{x}[n] + \begin{bmatrix} 1 \\ 2 \end{bmatrix} u[n], \\ \mathbf{y}[n] &= \begin{bmatrix} 0 & 1 \end{bmatrix} \mathbf{x}[n].\end{aligned}$$

Verifique se ele é controlável e observável.

Solução: o sistema tem ordem 2. A matriz de controlabilidade

$$\mathcal{C} = \begin{bmatrix} \mathbf{\Gamma} & \mathbf{\Phi\Gamma} \end{bmatrix} = \begin{bmatrix} 1 & 1 \\ 2 & 4 \end{bmatrix} \tag{8.97}$$

possui posto$=2$, ou seja, o sistema é controlável. Por outro lado, a matriz de observabilidade

$$\mathcal{O} = \begin{bmatrix} \mathbf{C} \\ \mathbf{C\Phi} \end{bmatrix} = \begin{bmatrix} 0 & 1 \\ 0 & 2 \end{bmatrix} \tag{8.98}$$

possui posto igual a 1, ou seja, o sistema não é observável. Utilizando o MATLAB®, o exemplo pode ser resolvido como

```
clear all; clc;
Phi = [3 -1; 0 2]; Gamma = [1;2]; C = [0 1];
rank(ctrb(Phi,Gamma))
rank(obsv(Phi,C))
```

Os conceitos de controlabilidade e observabilidade são muito importantes para o estudo de controle. Caso se deseje impor todos os polos de um sistema através de uma realimentação de estados, por exemplo, ele precisa ser completamente controlável. Porém, é possível que um sistema não seja totalmente controlável, mas que sua parte não controlável seja estável. Isso define uma nova condição do sistema chamada **estabilizabilidade**, ou seja, tal sistema é **estabilizável**.

O mesmo é valido para observabilidade. Se um sistema não for totalmente observável, mas tem sua parte não observável como estável, tem-se a propriedade de **detectabilidade**, ou seja, o sistema é **detectável**.

É possível separar a parte controlável da não controlável e, assim, verificar se o sistema é estabilizável (o mesmo pode ser feito para observabilidade e detectabilidade). Para isso, basta aplicar uma transformação de similaridade ao sistema, tal que $\bar{\mathbf{x}}[n] = \mathbf{T}\mathbf{x}[n]$, ou seja,

$$
\begin{aligned}
\bar{\mathbf{x}}[n+1] &= \mathbf{T}^{-1}\mathbf{\Phi}\mathbf{T}\,\bar{\mathbf{x}}[n] + \mathbf{T}^{-1}\mathbf{\Gamma}\mathbf{u}[n], && (8.99)\\
\mathbf{y}[n] &= \mathbf{C}\mathbf{T}\bar{\mathbf{x}}[n]. && (8.100)
\end{aligned}
$$

A matriz $\mathbf{T}$ é formada pelos vetores colunas linearmente independentes (LI) da matriz de controlabilidade e completada com vetores LIs arbitrários. O número de vetores que devem ser completados é a dimensão do espaço nulo da matriz de controlabilidade. A transformação resulta nas seguintes matrizes:

$$
\begin{aligned}
\mathbf{T}^{-1}\mathbf{\Phi}\mathbf{T} &= \begin{bmatrix} \mathbf{\Phi}_c & \mathbf{\Phi}_{12} \\ 0 & \mathbf{\Phi}_{nc} \end{bmatrix}, && (8.101)\\
\mathbf{T}^{-1}\mathbf{\Gamma} &= \begin{bmatrix} \mathbf{\Gamma}_c \\ 0 \end{bmatrix}. && (8.102)
\end{aligned}
$$

A parcela formada por $\mathbf{\Phi}_c$, $\mathbf{\Phi}_{12}$ e $\mathbf{\Gamma}_c$ corresponde à parte controlável, enquanto $\mathbf{\Phi}_{nc}$ é a parte não controlável.

Assim, para saber se o sistema é estabilizável, basta verificar se autovalores de $\mathbf{\Phi}_{nc}$ estão dentro do círculo unitário. Com essa mudança de base, pode-se efetuar o projeto do controlador considerando apenas a parte controlável e, em seguida, transformar o controlador de volta para a base original. O conceito de estabilizabilidade é visto no Exemplo 8.5.

✍ **Exemplo 8.5:** Considere o sistema dado por

$$
\mathbf{x}[n+1] = \begin{bmatrix} 0,75 & -0,25 & 4 \\ 2,25 & -0,75 & 0 \\ -0,375 & 0,125 & 3,5 \end{bmatrix} \mathbf{x}[n] + \begin{bmatrix} 1 & 2 \\ -1 & 2 \\ 1 & 1 \end{bmatrix} \mathbf{u}[n]. \qquad (8.103)
$$

Verifique se ele é controlável. Se não for, verificar a estabilizabilidade.

Solução: a matriz de controlabilidade é dada por

$$\mathcal{C} = \begin{bmatrix} \mathbf{\Gamma} & \mathbf{\Phi\Gamma} & \mathbf{\Phi}^2\mathbf{\Gamma} \end{bmatrix} = \begin{bmatrix} 1 & 2 & 5 & 5 & 15 & 15 \\ -1 & 2 & 3 & 3 & 9 & 9 \\ 1 & 1 & 3 & 3 & 9 & 9 \end{bmatrix}, \tag{8.104}$$

que possui posto igual a 2. Logo, o sistema não é controlável. Para verificar se o sistema é pelo menos estabilizável, considere os dois primeiros vetores linearmente independentes (LIs) de $\mathcal{C}$ e um vetor LI para completar a base, tal que

$$\mathbf{T} = \begin{bmatrix} 1 & 2 & 0 \\ -1 & 2 & 0 \\ 1 & 1 & 1 \end{bmatrix}. \tag{8.105}$$

Assim, tem-se a seguinte mudança de base:

$$\mathbf{T}^{-1}\mathbf{\Phi}\mathbf{T} = \begin{bmatrix} 1 & 1 & 2 \\ 2 & 2 & 1 \\ 0 & 0 & 0,5 \end{bmatrix}, \tag{8.106}$$

onde se observa que a parcela não controlável apresenta um autovalor igual a $0,5$ que está dentro do círculo unitário. Portanto, o sistema é estabilizável.

8.8 Zeros na representação em espaço de estados

Diferentemente do caso SISO, em que o zero é determinado como as raízes do numerador da função de transferência, para sistemas MIMO a função não é um escalar e, portanto, não se pode definir zeros para um par entrada-saída individualmente.

Considere uma realização mínima de um sistema $\mathbf{G}(z)$ com r entradas e m saídas[3]. Os zeros $z = z_0$ são os valores que fazem com que $\mathbf{G}(z)$ tenha posto deficiente, ou seja, os valores de z_0 que satisfazem qualquer uma das duas equações:

$$\mathbf{G}(z_0)\mathbf{V}_{\text{in}} = \mathbf{0}, \quad \mathbf{V}_{\text{in}} \neq \mathbf{0}, \tag{8.107}$$

$$\mathbf{V}_{\text{out}}^{\top}\mathbf{G}(z_0) = \mathbf{0}, \quad \mathbf{V}_{\text{out}} \neq \mathbf{0}, \tag{8.108}$$

em que $\mathbf{V}_{\text{in}}$ e $\mathbf{V}_{\text{out}}$ são denominados direção de entrada e direção de saída do zero.

[3]Uma realizaçao é dita mínima se ela é descrita pelo menor número possível de estados.

Considere, por exemplo, (8.107) para uma entrada $\mathbf{V}_{\text{in}} = \mathbf{V}$, tal que a resposta do estado para essa entrada seja dada por $\mathbf{x_v}$. De (8.39), verifica-se que

$$\begin{aligned} \mathbf{G}(z_0)\mathbf{V} &= \mathbf{C}(z_0\mathbf{I} - \mathbf{\Phi})^{-1}\mathbf{\Gamma V} + \mathbf{DV} = 0 \\ &= \mathbf{CX_v} + \mathbf{DV} = 0. \end{aligned} \tag{8.109}$$

em que

$$\mathbf{X_v} = (z_0\mathbf{I} - \mathbf{\Phi})^{-1}\mathbf{\Gamma V}. \tag{8.110}$$

Na forma matricial, de (8.109) e (8.110), verifica-se que

$$\underbrace{\begin{bmatrix} (z_0\mathbf{I} - \mathbf{\Phi}) & -\mathbf{\Gamma} \\ \mathbf{C} & \mathbf{D} \end{bmatrix}}_{\mathbf{R_o}} \begin{bmatrix} \mathbf{X_v} \\ \mathbf{V} \end{bmatrix} = \begin{bmatrix} \mathbf{0} \\ \mathbf{0} \end{bmatrix}. \tag{8.111}$$

Nesse caso, os zeros são os valores de $z = z_0$ para os quais a matriz $\mathbf{R_o}$, denominada **matriz de Rosenbrock**, perde posto. Isso resulta em saída zero para alguma entrada $\mathbf{V} \neq 0$. Tais zeros também são denominados **zeros invariantes** pois, como será visto adiante, eles são invariantes a uma realimentação de estados.

Para uma realização mínima, os zeros são denominados zeros de transmissão (ZT). Para uma realização não mínima, podem aparecer zeros adicionais, a saber, zeros de desacoplamento da entrada (ZDE) e zeros de desacoplamento da saída (ZDS). Com isso, os zeros do sistema são dados por

$$\text{Zeros do Sistema} = \text{ZT} \cup \text{ZDE} \cup \text{ZDS} - \text{ZDE/S}, \tag{8.112}$$

em que ZDE/S representam os zeros que são ambos ZDE e ZDS.

Os zeros de desacoplamento da entrada são os $z = z_0$ para os quais a matriz

$$\begin{bmatrix} (z_0\mathbf{I} - \mathbf{\Phi}) & -\mathbf{\Gamma} \end{bmatrix} \tag{8.113}$$

perde posto. Por outro lado, os zeros de desacoplamento da saída são os $z = z_0$ para os quais a matriz

$$\begin{bmatrix} (z_0\mathbf{I} - \mathbf{\Phi}) \\ \mathbf{C} \end{bmatrix} \tag{8.114}$$

perde posto. De forma equivalente, a parcela de autovalores de $\mathbf{\Phi}$ que corresponde aos modos não controláveis ou não observáveis são chamados de zeros de desacoplamento da entrada ou saída, respectivamente.

No MATLAB® para encontrar os zeros invariantes de um sistema SISO ou MIMO denotado por `sys`, pode-se utilizar a função `tzero(sys)`. Para uma realização mínima, isso corresponde aos zeros de transmissão.

Os Exemplos 8.6 e 8.7 mostram como calcular os zeros de um sistema SISO e outro MIMO, respectivamente.

✍ **Exemplo 8.6:** Seja um sistema dado por

$$\begin{aligned}\mathbf{x}[n+1] &= \begin{bmatrix}1,8 & -0,8\\ 1 & 0\end{bmatrix}\mathbf{x}[n] + \begin{bmatrix}1\\0\end{bmatrix}u[n],\\ \mathbf{y}[n] &= \begin{bmatrix}1 & -1\end{bmatrix}\mathbf{x}[n] + u[n].\end{aligned}$$

Determine os zeros de transmissão e verifique se há zeros de desacoplamento e, caso haja, determine-os também.

Solução: a matriz de Rosenbrock é dada por:

$$\mathbf{R_o} = \left[\begin{array}{c|c}(z_0\mathbf{I}-\mathbf{\Phi}) & -\mathbf{\Gamma}\\ \hline \mathbf{C} & \mathbf{D}\end{array}\right] = \left[\begin{array}{cc|c}(z_0-1,8) & 0,8 & -1\\ -1 & z_0 & 0\\ \hline 1 & -1 & 1\end{array}\right].$$

Como $\mathbf{R_o}$ é uma matriz quadrada, pode-se calcular $\det(\mathbf{R_o}) = z_0^2 - 0,8z_0 - 0,2$. Os valores de z_0 que resultam em posto de $\mathbf{R_o}$ deficiente são as raízes de $z_0^2 - 0,8z_0 - 0,2 = 0$, ou seja, $\{-0,2;\ 1\}$.

Note que não existe z_0 tal que o posto de $\begin{bmatrix}(z_0\mathbf{I}-\mathbf{\Phi}) & -\mathbf{\Gamma}\end{bmatrix}$ seja deficiente e, portanto, não há zeros de desacoplamento da entrada. Por outro lado, $z_0 = 1$ faz com que o posto de $\begin{bmatrix}(z_0\mathbf{I}-\mathbf{\Phi})\\ \mathbf{C}\end{bmatrix}$ torne-se deficiente, ou seja, $z_0 = 1$ é um zero de desacoplamento da saída. Assim, o zero de transmissão da realização mínima é $z_0 = -0,2$. O seguinte código MATLAB® pode ser utilizado:

```
clear all; close all; clc
z = tf('z');
%Matrizes do sistema
A = [1.8 -0.8; 1 0]; B = [1; 0]; C = [1 -1]; D = 1;
sys = ss(A,B,C,D,-1); %Modelo em S.S. de tempo discreto
ZER = tzero(sys); %Zeros do sistema original
ZER_min = tzero(minreal(sys)); %Zeros da real. min. (transmissão)
```

✍ **Exemplo 8.7:** Seja um sistema dado por

$$\begin{aligned}\mathbf{x}[n+1] &= \begin{bmatrix} -0,8 & 0 & 0 \\ 0 & -0,4 & 0 \\ 0 & 0 & -0,8 \end{bmatrix} \mathbf{x}[n] + \begin{bmatrix} 0 & 0 \\ 0 & 1 \\ 2 & -1 \end{bmatrix} \mathbf{u}[n], \\ \mathbf{y}[n] &= \begin{bmatrix} 1 & 0 & 1 \\ 0 & 1 & 0 \end{bmatrix} \mathbf{x}[n] + \begin{bmatrix} 2 & -1 \\ 2 & -1 \end{bmatrix} \mathbf{u}[n].\end{aligned}$$

Determine os zeros de transmissão e verifique se há zeros de desacoplamento e, caso haja, determine-os também.

Solução: a matriz de Rosenbrock é dada por:

$$\mathbf{R_o} = \left[\begin{array}{c|c} (z_0\mathbf{I} - \mathbf{\Phi}) & -\mathbf{\Gamma} \\ \hline \mathbf{C} & \mathbf{D} \end{array}\right] = \left[\begin{array}{ccc|cc} (z_0+0,8) & 0 & 0 & 0 & 0 \\ 0 & (z_0+0,4) & 0 & 0 & -1 \\ 0 & 0 & (z_0+0,8) & -2 & 1 \\ \hline 1 & 0 & 1 & 2 & -1 \\ 0 & 1 & 0 & 2 & -1 \end{array}\right].$$

Seja l_i e c_j a i-ésima linha e a j-ésima coluna de uma matriz. Observe que $z_0 = -0,8$ faz com que $\mathbf{R_o}$ perca posto, pois os elementos de l_1 serão todos nulos. O mesmo ocorre com $z_0 = -1,8$, pois, com isso, $l_4 = -(l_1 + l_3)$.

Observe ainda que $z_0 = -0,8$ também faz com que o posto de $\begin{bmatrix}(z_0\mathbf{I} - \mathbf{\Phi}) & -\mathbf{\Gamma}\end{bmatrix}$ e o de $\begin{bmatrix}(z_0\mathbf{I} - \mathbf{\Phi}) \\ \mathbf{C}\end{bmatrix}$ sejam deficientes, ou seja $z_0 = -0,8$ é ZDE, ZDS e ZDE/S.

Assim, $z_0 = -1,8$ é zero de transmissão. Isso também pode ser verificado na realização mínima do sistema. O código MATLAB® a seguir é utilizado para resolver o problema.

```
clear all; close all; clc
z = tf('z');
A = [-0.8 0 0 ; 0 -0.4 0; 0 0 -0.8]; B = [0 0; 0 1; 2 -1];
C = [1 0 1; 0 1 0]; D = [2 -1; 2 -1];
sys = ss(A,B,C,D,-1); %Modelo em S.S. de tempo discreto
ZER = tzero(sys); %Zeros do sistema original
ZER_MIN = tzero(minreal(sys)); %Zeros da real. min. (transmissão)
z_01 = ZER(1); %-1.8
posto_Ro1 = rank([z_01*eye(3)-A -B; C D]);
posto_R_in1 = rank([z_01*eye(3)-A -B]);
posto_R_out1 = rank([z_01*eye(3)-A; C]);
```

```
z_02 = ZER(2); %-0.8
posto_Ro2 = rank([z_02*eye(3)-A -B; C D]);
posto_R_in2 = rank([z_02*eye(3)-A -B]);
posto_R_out2 = rank([z_02*eye(3)-A; C]);
```

Os zeros obtidos a partir de (8.111) são invariantes a uma transformação de similaridade. Para verificar isso, considere a transformação $\mathbf{x}[n] = \mathbf{T}\bar{\mathbf{x}}[n]$, sendo $\mathbf{T}$ não singular. Com isso, a nova representação em espaço de estados é dada por

$$\begin{aligned} \bar{\mathbf{x}}[n+1] &= \mathbf{T}^{-1}\mathbf{\Phi}\mathbf{T}\bar{\mathbf{x}}[n] + \mathbf{T}^{-1}\mathbf{\Gamma}\mathbf{u}[n], \\ \mathbf{y}[n] &= \mathbf{C}\mathbf{T}\bar{\mathbf{x}}[n] + \mathbf{D}\mathbf{u}[n]. \end{aligned} \tag{8.115}$$

Assim, o sistema matricial de Rosenbrock é dado por

$$\begin{bmatrix} (z_0\mathbf{I} - \mathbf{T}^{-1}\mathbf{\Phi}\mathbf{T}) & -\mathbf{T}^{-1}\mathbf{\Gamma} \\ \mathbf{C}\mathbf{T} & \mathbf{D} \end{bmatrix} \begin{bmatrix} \mathbf{x_v} \\ \mathbf{v} \end{bmatrix} = \begin{bmatrix} \mathbf{0} \\ \mathbf{0} \end{bmatrix}, \tag{8.116}$$

que pode ser reescrito como

$$\begin{bmatrix} \mathbf{T}^{-1} & \mathbf{0} \\ \mathbf{0} & \mathbf{I} \end{bmatrix} \underbrace{\begin{bmatrix} (z_0\mathbf{I} - \mathbf{\Phi}) & -\mathbf{\Gamma} \\ \mathbf{C} & \mathbf{D} \end{bmatrix}}_{\mathbf{R_o}} \begin{bmatrix} \mathbf{T} & \mathbf{0} \\ \mathbf{0} & \mathbf{I} \end{bmatrix} \begin{bmatrix} \mathbf{x_v} \\ \mathbf{v} \end{bmatrix} = \begin{bmatrix} \mathbf{0} \\ \mathbf{0} \end{bmatrix}. \tag{8.117}$$

Como a matriz $\mathbf{T}$ é não singular, as matrizes que multiplicar $\mathbf{R_o}$ à esquerda e à direita são não singulares e, portanto, a matriz de Rosenbrock do sistema transformado só perde posto se a do sistema original perder. Assim, tais **zeros são invariantes a uma transformação de similaridade**.

8.9 Controle por realimentação de estados

Considere o sistema representado por

$$\mathbf{x}[n+1] = \mathbf{\Phi}\mathbf{x}[n] + \mathbf{\Gamma}\mathbf{u}[n], \tag{8.118}$$

$$\mathbf{y}[n] = \mathbf{C}\mathbf{x}[n]. \tag{8.119}$$

Ao invés de realimentar a saída, que tal utilizar a realimentação das variáveis de estado?

Se o sistema for controlável, é possível determinar uma matriz de ganhos $\mathbf{K}$ $(r \times k)$ de realimentação de estados, tal que a lei de controle $\mathbf{u} = -\mathbf{K}\mathbf{x}$ garanta alocação arbitrária dos polos do sistema em malha fechada. O sistema em malha fechada é descrito como

$$\mathbf{x}[n+1] = \mathbf{\Phi}\mathbf{x}[n] - \mathbf{\Gamma}\mathbf{K}\mathbf{x}[n] = (\mathbf{\Phi} - \mathbf{\Gamma}\mathbf{K})\mathbf{x}[n]. \tag{8.120}$$

A Figura 8.7 ilustra a representação em espaço de estados em malha fechada. A equação característica do sistema descrito em (8.120) é dada por

$$\det\left(z\mathbf{I} - \mathbf{\Phi} + \mathbf{\Gamma}\mathbf{K}\right) = 0, \tag{8.121}$$

em que a posição desejada dos polos de malha fechada é conhecida, tal que

$$p_c(z) = (z - p_1) \cdot (z - p_2) \cdots (z - p_k)\,. \tag{8.122}$$

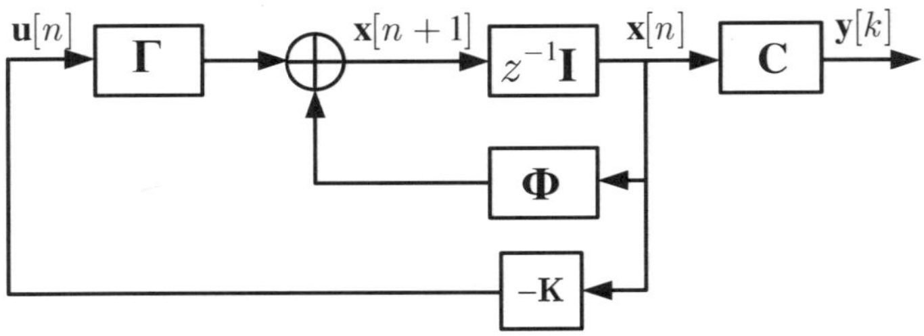

Figura 8.7 – Controle com realimentação de estados.

A realimentação de estados resulta em um sistema em malha fechada descrito por

$$\mathbf{x}[n+1] = \underbrace{(\mathbf{\Phi} - \mathbf{\Gamma}\mathbf{K})}_{\mathbf{\Phi}_{MF}}\mathbf{x}[n], \tag{8.123}$$

em que os polos são os autovalores da matriz de estado em malha fechada $\mathbf{\Phi}_{MF}$. Se o par $(\mathbf{\Phi}, \mathbf{\Gamma})$ for completamente controlável, então existe $\mathbf{K}$, tal que

$$\det\left(z\mathbf{I} - \mathbf{\Phi} + \mathbf{\Gamma}\mathbf{K}\right) = p_c(z), \tag{8.124}$$

para qualquer polinômio $p_c(z)$ de grau k especificado.

No MATLAB®, para sistemas SISO, o comando `acker` pode ser utilizado para encontrar a matriz de realimentação de estados, com a seguinte sintaxe:
`K = acker(Phi, Gamma, p_c)`. Tal método apresenta resultado satisfatório para sistemas de ordem menor ou igual a 10, é capaz de alocar polos com multiplicidade, mas não se aplica a sistemas MIMO.

Por outro lado, o comando `place` pode ser utilizado satisfatoriamente para sistemas MIMO, como a mesma sintaxe do comando `acker`. No entanto, não é capaz de alocar polos com multiplicidade maior do que o posto de $\mathbf{\Gamma}$.

Se um sistema SISO estiver em sua forma canônica controlável, o projeto por alocação de polos é trivial. Para verificar isso, considere, sem perda de generalidade, um sistema de ordem 3 na forma

$$\mathbf{x}[n+1] = \mathbf{\Phi}\mathbf{x}[n] + \mathbf{\Gamma}u[n], \tag{8.125}$$

cuja forma canônica controlável é dada por:

$$\mathbf{x}_{\mathrm{C}}[n+1] = \begin{bmatrix} 0 & 1 & 0 \\ 0 & 0 & 1 \\ -a_0 & -a_1 & -a_2 \end{bmatrix} \mathbf{x}_{\mathrm{C}}[n] + \begin{bmatrix} 0 \\ 0 \\ 1 \end{bmatrix} u[n]. \tag{8.126}$$

Note que $\mathbf{x}[n] = \mathbf{T}\mathbf{x}_{\mathrm{C}}[n]$. Em malha fechada, na forma canônica controlável com ganho de realimentação de estados $\mathbf{K}_{\mathrm{C}} = \begin{bmatrix} k_{C0} & k_{C1} & k_{C2} \end{bmatrix}$, tem-se

$$\mathbf{x}_{\mathrm{C}}[n+1] = (\mathbf{\Phi}_{\mathrm{C}} - \mathbf{\Gamma}_{\mathrm{C}}\mathbf{K}_{\mathrm{C}})\mathbf{x}_{\mathrm{C}}[n] = \begin{bmatrix} 0 & 1 & 0 \\ 0 & 0 & 1 \\ -(a_0 + k_{C0}) & -(a_1 + k_{C1}) & -(a_2 + k_{C2}) \end{bmatrix} \mathbf{x}_{\mathrm{C}}[n]. \tag{8.127}$$

Deseja-se fazer

$$\det(z\mathbf{I} - \mathbf{\Phi}_{\mathrm{C}} + \mathbf{\Gamma}_{\mathrm{C}}\mathbf{K}_{\mathrm{C}}) = z^3 + z^2 q_2 + z q_1 + q_0, \tag{8.128}$$

em que q_2, q_1 e q_0 são os coeficientes da equação característica em malha fechada desejada, ou seja, de $(z - p_1) \cdot (z - p_2) \cdot (z - p_3) = 0$. Com isso,

$$z^3 + z^2(a_2 + k_{C2}) + z(a_1 + k_{C1}) + (a_0 + k_{C0}) = z^3 + z^2 q_2 + z q_1 + q_0. \tag{8.129}$$

Portanto,

$$\mathbf{K}_{\mathrm{C}} = \begin{bmatrix} k_{C0} & k_{C1} & k_{C2} \end{bmatrix} = \begin{bmatrix} q_0 - a_0 & q_1 - a_1 & q_2 - a_2 \end{bmatrix}. \tag{8.130}$$

Como $u[n] = -\mathbf{K}_{\mathrm{C}}\mathbf{x}_{\mathrm{C}}[n] = \mathbf{K}_{\mathrm{C}}\mathbf{T}^{-1}\mathbf{x}[n] = \mathbf{K}\mathbf{x}[n]$, para voltar o ganho de realimentação de estados para a base original, basta que se faça $\mathbf{K} = \mathbf{K}_{\mathrm{C}}\mathbf{T}^{-1}$. Tal procedimento de imposição de polos é aplicado no Exemplo 8.8.

✍ **Exemplo 8.8:** Considere um sistema dado por

$$\mathbf{x}[n+1] = \begin{bmatrix} -4 & -1 & 1 \\ 0 & -3 & -1 \\ 1 & 1 & -3 \end{bmatrix} \mathbf{x}[n] + \begin{bmatrix} 1 \\ 0 \\ 0 \end{bmatrix} u[n],$$

$$y[n] = \begin{bmatrix} -1 & -3 & 0 \end{bmatrix} \mathbf{x}[n].$$

Projete um controlador por realimentação de estados tal que os polos de malha fechada fiquem alocados em $\mathbf{p}_c = \begin{bmatrix} 0,9 & 0,91 & 0,95 \end{bmatrix}$.

Solução: o exercício será resolvido diretamente no MATLAB®:

```
clear all; close all; clc;
%Matrizes A, B e C
A = [-4 -1 1; 0 -3 1; 1 1 -3]; B = [1; 0; 0]; C = [-1 -3 0];
%Teste de Controlabilidade
Co = ctrb(A,B); %Matriz de Controlabilidade
disp(['Posto da Matriz de Controlabilidade: ', num2str(rank(Co))]);
%Matriz de transformação de Similaridade Tco
pA = poly(A);
Ta = hankel([pA(end-1:-1:2),1]); %Matriz Ta
Tco = Co*Ta; %Matriz Tco
%Sistema convertido para a forma controlável:
Aco = inv(Tco)*A*Tco; Bco = inv(Tco)*B; Cco = C*Tco;
%%Projeto do Controlador
p = [0.9 0.91 0.95]; %Especificação dos polos
pol = poly(p); q = pol(end:-1:2); %Valores dos q's
Aa = -Aco(3,:); %Valores dos a's
%Projeto na forma canônica controlável:
Kc = (q - Aa);
%Transformação para a base original
K = Kc*inv(Tco); %Compare com acker(A,B,p)
```

8.9.1 Invariância dos zeros a realimentação de estados

Como visto, caso o sistema seja completamente controlável, a posição dos polos de malha fechada pode ser arbitrariamente imposta por uma realimentação de estados. No entanto, nada pode ser feito em relação aos zeros do sistema. Para verificar isso, considere o sistema das equações (8.7)-(8.8), mas agora em malha fechada, com uma lei de controle dada por $\mathbf{u}[n] = -\mathbf{K}\mathbf{x}[n] + \mathbf{v}[n]$. Assim,

$$\mathbf{x}[n+1] = (\mathbf{\Phi} - \mathbf{\Gamma K})\,\mathbf{x}[n] + \mathbf{\Gamma v}[n], \tag{8.131}$$

$$\mathbf{y}[n] = (\mathbf{C} - \mathbf{DK})\,\mathbf{x}[n] + \mathbf{Dv}[n]. \tag{8.132}$$

O sistema matricial de Rosenbrock é dado por

$$\begin{bmatrix} (z_0\mathbf{I} - \mathbf{\Phi} + \mathbf{\Gamma K}) & -\mathbf{\Gamma} \\ \mathbf{C} - \mathbf{DK} & \mathbf{D} \end{bmatrix} \begin{bmatrix} \mathbf{X}(z_0) \\ \mathbf{V}(z_0) + \mathbf{KX}(z_0) \end{bmatrix} = \begin{bmatrix} \mathbf{0} \\ \mathbf{0} \end{bmatrix}, \tag{8.133}$$

que, expandido, pode ser reescrito

$$\begin{bmatrix} (z_0\mathbf{I})\mathbf{X}(z_0) - \mathbf{\Phi X}(z_0) + \cancel{\mathbf{\Gamma K X}(z_0)} - \mathbf{\Gamma V}(z_0) - \cancel{\mathbf{\Gamma K X}(z_0)} \\ \mathbf{CX}(z_0) - \cancel{\mathbf{DKX}(z_0)} + \mathbf{DV}(z_0) + \cancel{\mathbf{DKX}(z_0)} \end{bmatrix} = \begin{bmatrix} \mathbf{0} \\ \mathbf{0} \end{bmatrix}. \tag{8.134}$$

Com as simplificações efetuadas, a Equação (8.134) pode ser reescrita como

$$\begin{bmatrix} (z_0\mathbf{I} - \mathbf{\Phi}) & -\mathbf{\Gamma} \\ \mathbf{C} & \mathbf{D} \end{bmatrix} \begin{bmatrix} \mathbf{X}(z_0) \\ \mathbf{V}(z_0) \end{bmatrix} = \begin{bmatrix} \mathbf{0} \\ \mathbf{0} \end{bmatrix}, \tag{8.135}$$

que equivale à Equação (8.111), ou seja, os **zeros são invariantes a uma realimentação de estados**.

8.10 Projeto de observadores de estado

O projeto do controlador necessita de acesso às variáveis de estado para realizar a realimentação com os ganhos obtidos. O acesso a tais variáveis pode ser feito através de sensores. Entretanto, em alguns casos, a medição de alguns estados é impraticável por motivos como custo do sensor, inviabilidade física ou mesmo pelo fato de um dado estado não ser explicitamente disponível para medição.

Na impossibilidade de realimentar os estados reais, a ideia é fazer $\mathbf{u} = -\mathbf{K}\hat{\mathbf{x}}$, onde $\hat{\mathbf{x}}$ representa uma estimativa dos estados. Considere novamente a representação em (8.118)-(8.119), onde $\mathbf{\Phi}$, $\mathbf{\Gamma}$ e $\mathbf{C}$ são conhecidas. Se o sistema for observável, as estimativas de estado podem ser obtidas conhecendo-se o modelo do sistema, suas entradas e suas saídas. O observador, denominado observador de Luenberger, é projetado por alocação de polos, de forma similar ao controle por realimentação de estados.

8.10.1 Observador preditor

Considere a representação da Figura 8.8.

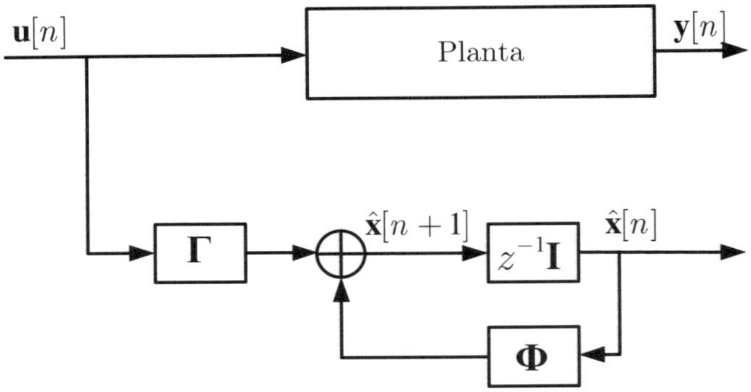

Figura 8.8 – Diagrama do estimador preditor em malha aberta.

Note que, dessa forma, o estimador não está utilizando qualquer medida do sistema real, o que pode fazer com que a estimativa divirja do valor desejado. Para corrigir o erro de estimação, pode-se utilizar uma realimentação deste erro, como mostrado na Figura 8.9, onde $\mathbf{L}$ $(k \times m)$.

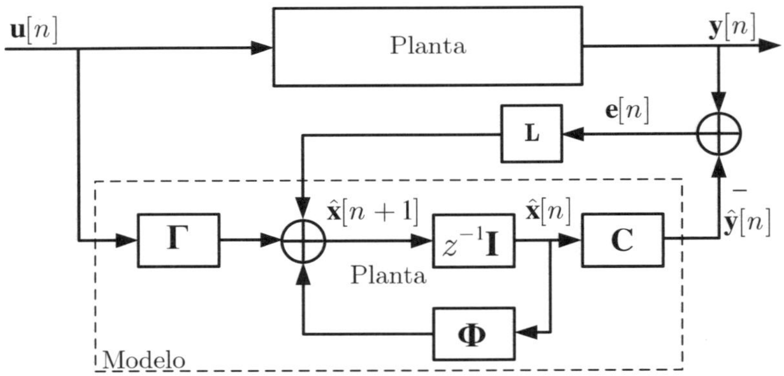

Figura 8.9 – Diagrama do estimador preditor em malha fechada.

Da Figura 8.9, a equação do estimador é dada por

$$\begin{aligned}\hat{\mathbf{x}}[n+1] &= \mathbf{\Phi}\hat{\mathbf{x}}[n] + \mathbf{\Gamma}\mathbf{u}[n] + \mathbf{L}(\mathbf{y}[n] - \hat{\mathbf{y}}[n]) \\ &= \mathbf{\Phi}\hat{\mathbf{x}}[n] + \mathbf{\Gamma}\mathbf{u}[n] + \mathbf{LC}(\mathbf{x}[n] - \hat{\mathbf{x}}[n]). \end{aligned} \tag{8.136}$$

Ao definir $\tilde{\mathbf{x}}[n] = \mathbf{x}[n] - \hat{\mathbf{x}}[n]$, tem-se

$$\begin{aligned}\tilde{\mathbf{x}}[n+1] &= \mathbf{x}[n+1] - \hat{\mathbf{x}}[n+1] = \mathbf{\Phi}(\mathbf{x}[n] - \hat{\mathbf{x}}[n]) - \mathbf{LC}\tilde{\mathbf{x}}[n] \\ &= (\mathbf{\Phi} - \mathbf{LC})\tilde{\mathbf{x}}[n]. \end{aligned} \tag{8.137}$$

Se o sistema for completamente observável, então existe $\mathbf{L}$ tal que

$\det(z\mathbf{I} - \mathbf{\Phi} + \mathbf{L}\,\mathbf{C}) = p_o(z)$, para qualquer polinômio $p_o(z)$ de grau n especificado, ou seja, pode-se dar a $\tilde{\mathbf{x}}[n]$ o desempenho desejado. Em geral, deseja-se que $\tilde{\mathbf{x}}[n]$ convirja rapidamente para zero. Note que o erro de estimação depende dos autovalores de $(\mathbf{\Phi} - \mathbf{LC})$. Portanto, se esses autovalores são estáveis, o erro tende a zero assintoticamente. É importante notar que os polos do observador devem possuir dinâmica mais rápida que os do sistema de controle em malha fechada, para que a convergência seja relativamente rápida. Entretanto, quanto mais rápido for o observador, maior será o efeito nocivo de amplificação de ruídos de medição.

Note que o projeto do observador consiste em resolver o problema de alocação de polos para o sistema

$$\mathbf{z}[n+1] = \mathbf{\Phi}^\top \mathbf{z}[n] + \mathbf{C}^\top \mathbf{v}[n], \tag{8.138}$$

pois os autovalores de $(\mathbf{\Phi}^\top - \mathbf{C}^\top\mathbf{L}^\top)$ são os mesmos de $(\mathbf{\Phi} - \mathbf{LC})$. Assim como no problema de controle por alocação de polos, pode-se também utilizar o comando `place` do MATLAB®, com a seguinte sintaxe: `L = place(Phi', C',p_o)'`, sendo `Phi`, `C` as matrizes de estado e de saída, e `p_o` o vetor com a posição desejada dos polos.

Tal esquema é denominado observador preditor, pois utiliza a medida da saída atual para estimar o estado um período à frente.

Se um sistema SISO estiver em sua forma canônica observável, o projeto do observador também é trivial. Novamente, sem perda de generalidade, considere um sistema de ordem 3 na forma

$$\mathbf{x}[n+1] = \mathbf{\Phi}\mathbf{x}[n] + \mathbf{\Gamma}u[n], \tag{8.139}$$

cuja forma canônica observável é dada por

$$\mathbf{x}_\mathrm{O}[n+1] = \begin{bmatrix} 0 & 0 & -a_0 \\ 1 & 0 & -a_1 \\ 0 & 1 & -a_2 \end{bmatrix} \mathbf{x}_\mathrm{O}[n] + \begin{bmatrix} b_0 \\ b_1 \\ b_2 \end{bmatrix} u[n], \tag{8.140}$$

$$y[n] = \begin{bmatrix} 0 & 0 & 1 \end{bmatrix} \mathbf{x}_\mathrm{O}[n]. \tag{8.141}$$

Note que $\mathbf{x}[n] = \mathbf{T}\mathbf{x}_\mathrm{O}[n]$. Com o observador em malha fechada e assumindo a forma canônica observável com ganho de realimentação de estados $\mathbf{L}_\mathrm{O} = \begin{bmatrix} \ell_{\mathrm{O}0} & \ell_{\mathrm{O}1} & \ell_{\mathrm{O}2} \end{bmatrix}^\top$, tem-se o erro de estimação dado por

$$\tilde{\mathbf{x}}_\mathrm{O}[n+1] = (\mathbf{\Phi}_\mathrm{O} - \mathbf{L}_\mathrm{O}\mathbf{C}_\mathrm{O})\tilde{\mathbf{x}}_\mathrm{O}[n]. \tag{8.142}$$

Deseja-se fazer

$$\det(z\mathbf{I} - \mathbf{\Phi}_\mathrm{O} + \mathbf{L}_\mathrm{O}\mathbf{C}_\mathrm{O}) = z^3 + z^2 q_2 + z q_1 + q_0, \tag{8.143}$$

em que q_2, q_1 e q_0 são os coeficientes da equação característica em malha fechada desejada para o observador, ou seja, de $(z - p_1) \cdot (z - p_2) \cdot (z - p_3) = 0$. Com isso,

$$z^3 + z^2(a_2 + \ell_{O2}) + z(a_1 + \ell_{O1}) + (a_0 + \ell_{O0}) = z^3 + z^2 q_2 + z q_1 + q_0. \tag{8.144}$$

Portanto,

$$\mathbf{L}_O = \begin{bmatrix} \ell_{O0} & \ell_{O1} & \ell_{O2} \end{bmatrix}^\top = \begin{bmatrix} q_0 - a_0 & q_1 - a_1 & q_2 - a_2 \end{bmatrix}^\top. \tag{8.145}$$

Como $\mathbf{W}\mathbf{x}[n] = \mathbf{x}_O[n]$, então, $\mathbf{W}\tilde{\mathbf{x}}[n+1] = (\mathbf{\Phi}_O - \mathbf{L}_O\mathbf{C}_O)\mathbf{W}\tilde{\mathbf{x}}[n]$. Assim,

$$\begin{aligned} \tilde{\mathbf{x}}[n+1] &= (\mathbf{W}^{-1}\mathbf{\Phi}_O\mathbf{W} - \mathbf{W}^{-1}\mathbf{L}_O\mathbf{C}_O\mathbf{W})\tilde{\mathbf{x}}[n] \\ &= (\mathbf{\Phi} - \mathbf{L}\mathbf{C})\tilde{\mathbf{x}}[n]. \end{aligned} \tag{8.146}$$

Portanto, para voltar $\mathbf{L}_O$ para a base original, deve-se fazer $\mathbf{L} = \mathbf{W}^{-1}\mathbf{L}_O = \mathbf{T}\mathbf{L}_O$. Tal procedimento é aplicado no Exemplo 8.9.

✍ **Exemplo 8.9:** Considere o sistema do Exemplo 8.8. Projete um observador de estados tal que seus polos de malha fiquem alocados em $\mathbf{p}_o = \begin{bmatrix} 0,7 & 0,71 & 0,75 \end{bmatrix}$.

Solução: o exercício será resolvido diretamente no MATLAB®:

```
clear all; close all; clc;
%Matrizes A, B e C
A = [-4 -1 1; 0 -3 1; 1 1 -3]; B = [1; 0; 0]; C = [-1 -3 0];
%Teste de Observabilidade
Ob = obsv(A,C); %Matriz de Observabilidade
disp(['Posto da Matriz de Observabilidade: ', num2str(rank(Ob))]);
%Matriz de transformação de Similaridade Tob
pA = poly(A);
Ta = hankel([pA(end-1:-1:2),1]); %Matriz Ta
Tob = inv(Ta*Ob); %Matriz Tob
%Sitema convertido para a forma observável:
Aob = inv(Tob)*A*Tob; Bob = inv(Tob)*B; Cob = C*Tob;
%%Projeto do Observador
p = [0.7 0.71 0.75]; %Especificação dos polos
pol = poly(p); q = pol(end:-1:2).'; %Valores dos q's
Aa = -Aob(:,3); %Valores dos a's
%Projeto na forma canônica observável:
Lo = (q - Aa);
%Transformação para a base original
L = Tob*Lo; %Compare com acker(A.',C.',p).'
```

8.10.2 Observador pelo valor atual

Pode-se projetar um estimador no instante n para uma medida de saída no instante n, diferente do estimador mostrado anteriormente, de tal forma que

$$\hat{\mathbf{x}}[n] = \bar{\mathbf{x}}[n] + \mathbf{L}_c(\mathbf{y}[n] - \mathbf{C}\bar{\mathbf{x}}[n]), \tag{8.147}$$

onde $\bar{\mathbf{x}}[n]$ é dado por

$$\bar{\mathbf{x}}[n] = \mathbf{\Phi}\hat{\mathbf{x}}[n-1] + \mathbf{\Gamma}\mathbf{u}[n-1]. \tag{8.148}$$

Ao substituir (8.147) em (8.148), verifica-se que

$$\hat{\mathbf{x}}[n] = \mathbf{\Phi}\hat{\mathbf{x}}[n-1] + \mathbf{\Gamma}\mathbf{u}[n-1] + \mathbf{L}_c\mathbf{C}(\mathbf{x}[n] - \bar{\mathbf{x}}[n]). \tag{8.149}$$

Como

$$\mathbf{x}[n] - \bar{\mathbf{x}}[n] = (\mathbf{\Phi}\mathbf{x}[n-1] + \mathbf{\Gamma}\mathbf{u}[n-1]) - (\mathbf{\Phi}\hat{\mathbf{x}}[n-1] + \mathbf{\Gamma}\mathbf{u}[n-1]) = \mathbf{\Phi}\tilde{\mathbf{x}}[n-1], \tag{8.150}$$

tem-se que

$$\hat{\mathbf{x}}[n] = \mathbf{\Phi}\hat{\mathbf{x}}[n-1] + \mathbf{\Gamma}\mathbf{u}[n-1] + \mathbf{L}_c\mathbf{C}\mathbf{\Phi}\tilde{\mathbf{x}}[n-1]. \tag{8.151}$$

Logo, o erro de estimação possui a seguinte dinâmica:

$$\tilde{\mathbf{x}}[n] = \mathbf{x}[n] - \hat{\mathbf{x}}[n] = (\mathbf{\Phi} - \mathbf{L}_c\mathbf{C}\mathbf{\Phi})\,\tilde{\mathbf{x}}[n-1]. \tag{8.152}$$

Ao tomar a transposta de $(\mathbf{\Phi} - \mathbf{L}_c\mathbf{C}\mathbf{\Phi})$, tem-se $\left(\mathbf{\Phi}^\top - \mathbf{\Phi}^\top\mathbf{C}^\top\mathbf{L}^\top\right)$. Portanto, a matriz de ganhos do estimador pode ser encontrada utilizando-se o comando `place` do MATLAB®, com a seguinte sintaxe: `L = place(Phi', Phi' C', p_o)'`, sendo `Phi`, `C` as matrizes de estado e de saída, e `p_o` o vetor com a posição dos polos desejada.

A Figura 8.10 ilustra o diagrama em blocos do sistema com realimentação de estados utilizando o estimador do valor atual.

8.10.3 Sistemas com perturbações

Considere o sistema da Figura 8.11. Suponha que ele seja afetado por uma perturbação $\mathbf{w}(t)$, cujo modelo é dado por

$$\dot{\mathbf{x}}_w(t) = \mathbf{A}_w\mathbf{x}_w(t), \tag{8.153}$$

$$\mathbf{w}(t) = \mathbf{C}_w\mathbf{x}_w(t). \tag{8.154}$$

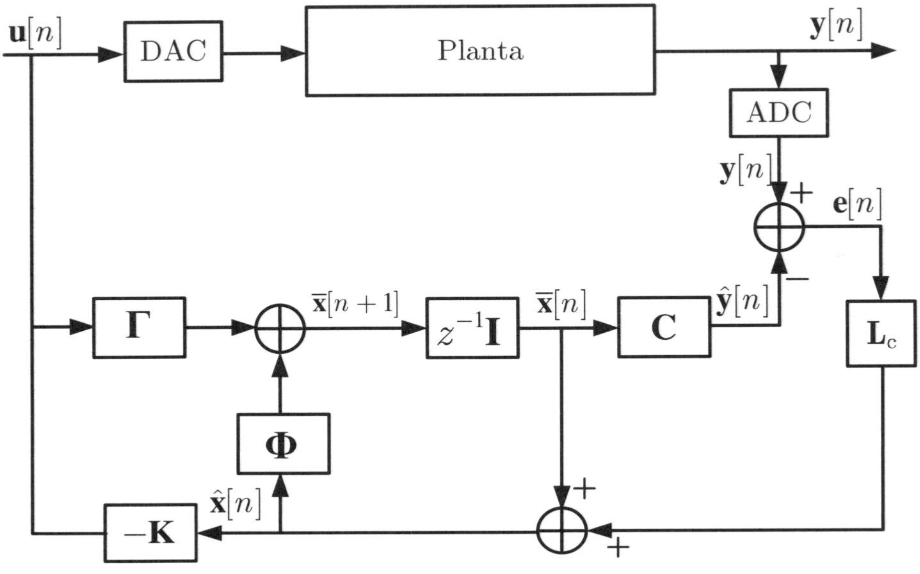

Figura 8.10 – Diagrama do estimador de valor atual com o controle em malha fechada.

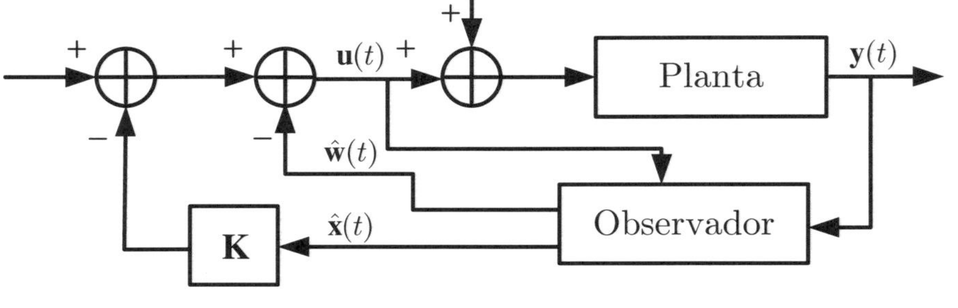

Figura 8.11 – Sistema com cancelamento de perturbação modelada.

Se $\mathbf{w}(t)$ for constante, então $\mathbf{A}_w = \mathbf{C}_w = \mathbf{I}$. O sistema aumentado pode ser representado como

$$\begin{bmatrix} \dot{\mathbf{x}}(t) \\ \dot{\mathbf{x}}_w(t) \end{bmatrix} = \begin{bmatrix} \mathbf{A} & \mathbf{BC}_w \\ \mathbf{0} & \mathbf{A}_w \end{bmatrix} \begin{bmatrix} \mathbf{x}(t) \\ \mathbf{x}_w(t) \end{bmatrix} + \begin{bmatrix} \mathbf{B} \\ \mathbf{0} \end{bmatrix} \mathbf{u}(t), \tag{8.155}$$

$$\mathbf{y}(t) = \begin{bmatrix} \mathbf{C} & \mathbf{0} \end{bmatrix} \begin{bmatrix} \mathbf{x}(t) \\ \mathbf{x}_w(t) \end{bmatrix}. \tag{8.156}$$

O equivalente discreto desse sistema é dado por

$$\begin{bmatrix} \mathbf{x}[n+1] \\ \mathbf{x}_w[n+1] \end{bmatrix} = \mathbf{\Phi}_w \begin{bmatrix} \mathbf{x}[n] \\ \mathbf{x}_w[n] \end{bmatrix} + \mathbf{\Gamma}_w \mathbf{u}[n], \tag{8.157}$$

$$\mathbf{y}[n] = \begin{bmatrix} \mathbf{C} & \mathbf{0} \end{bmatrix} \begin{bmatrix} \mathbf{x}[n] \\ \mathbf{x}_w[n] \end{bmatrix}. \tag{8.158}$$

O ganho de realimentação de estados $\mathbf{K}$ é obtido a partir de $\mathbf{\Phi}$ e $\mathbf{\Gamma}$ não aumentados. O par $(\mathbf{\Phi}_w, \mathbf{\Gamma}_w)$ não é controlável. A intenção não é controlar $\mathbf{w}[n]$, apenas rejeitá-la.

Pode-se projetar um observador em tempo discreto que, além de observar os estados que serão realimentados, possa estimar a perturbação modelada, $\hat{\mathbf{w}}[n]$, e cancelá-la da entrada da planta. Portanto, para o cálculo do ganho do estimador $\mathbf{L}$, é necessário utilizar as matrizes aumentadas $\mathbf{\Phi}_w$ e $\mathbf{\Gamma}_w$.

O diagrama de blocos em tempo discreto equivalente é apresentado na Figura 8.12.

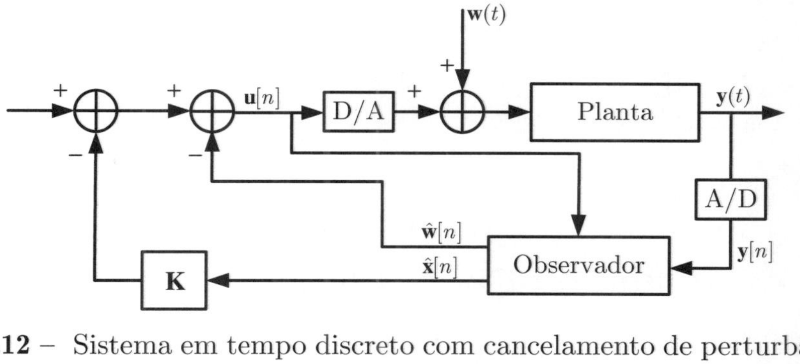

Figura 8.12 – Sistema em tempo discreto com cancelamento de perturbação modelada.

Desta forma, pode-se estimar o modelo de perturbação e subtrair da entrada a perturbação estimada. Vale mencionar que essa técnica só é válida para uma perturbação modelada.

8.11 Princípio da separação

Considere o sistema com um observador de estado, como mostrado na Figura 8.9, e também uma realimentação de estados da forma $\mathbf{u}[n] = -\mathbf{K}\hat{\mathbf{x}}[n]$. A equação que representa esse sistema em malha fechada é dada por

$$\begin{bmatrix} \mathbf{x}[n+1] \\ \hat{\mathbf{x}}[n+1] \end{bmatrix} = \begin{bmatrix} \mathbf{\Phi} & -\mathbf{\Gamma K} \\ \mathbf{LC} & \mathbf{\Phi} - \mathbf{LC} - \mathbf{\Gamma K} \end{bmatrix} \begin{bmatrix} \mathbf{x}[n] \\ \hat{\mathbf{x}}[n] \end{bmatrix}. \tag{8.159}$$

Esse modelo descreve a dinâmica do estado real $\mathbf{x}[n]$ e a do estado estimado $\hat{\mathbf{x}}[n]$.

Como visto anteriormente, o erro de estimação é definido como $\tilde{\mathbf{x}}[n] = \mathbf{x}[n] - \hat{\mathbf{x}}[n]$. Ao realizar uma mudança de base em (8.159) de tal forma que seja considerado o erro de estimação no lugar do estado estimado, resulta em

$$\begin{bmatrix} \mathbf{x}[n+1] \\ \tilde{\mathbf{x}}[n+1] \end{bmatrix} = \begin{bmatrix} \mathbf{\Phi} - \mathbf{\Gamma K} & \mathbf{\Gamma K} \\ \mathbf{0} & \mathbf{\Phi} - \mathbf{LC} \end{bmatrix} \begin{bmatrix} \mathbf{x}[n] \\ \tilde{\mathbf{x}}[n] \end{bmatrix}. \tag{8.160}$$

Observe que os autovalores do sistema são dados pela união com repetição dos autovalores de $(\mathbf{\Phi} - \mathbf{\Gamma}\ \mathbf{K})$ com os autovalores de $(\mathbf{\Phi} - \mathbf{LC})$, ou seja, dos polos da realimentação de estados e do observador. Com isso, conclui-se que a realimentação de estados e o observador podem ser projetados separadamente. Essa condição define o *Princípio da Separação*.

Como regra geral, os polos de $(\mathbf{\Phi} - \mathbf{LC})$ devem possuir módulo inferior ao módulo dos polos de $(\mathbf{\Phi} - \mathbf{\Gamma K})$. Isso garante que a dinâmica do observador de estados seja mais rápida que a do controlador.

8.12 Problema de rastreamento

Esquemas como o da Figura 8.7 são reguladores que levam o estado do sistema a zero a partir de qualquer condição inicial, com velocidade determinada pela equação característica do sistema em mala fechada. No entanto, caso as saídas do sistema precisem seguir uma referência com erro assintótico nulo (problema rastreamento), não se pode garantir a ausência de erro em regime pela realimentação de estados. Duas formas serão vistas para tratar o problema de rastreamento.

8.12.1 Realimentação de estados com entrada de referência e pré-filtro

Considere o diagrama em blocos da Figura 8.13, e que o sistema possua o mesmo número de entradas e saídas, $\mathbf{r}[n] \in \mathbb{R}^{m\times 1}$, $\mathbf{y}[n] \in \mathbb{R}^{m\times 1}$.

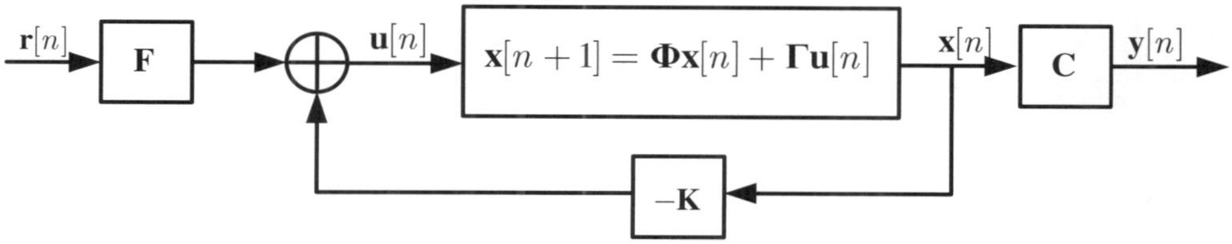

Figura 8.13 – Realimentação de estados com entrada de referência e ajuste de ganho.

A alocação de polos geralmente altera o ganho total do sistema, o que sugere o uso de um pré-filtro, que é na verdade um ganho, para ajustar saída quando há uma variação degrau na referência. Na Figura 8.13 o pré-filtro é representado por $\mathbf{F}$ $(m \times m)$. O sistema em malha fechada é regido por

$$\mathbf{x}[n+1] = (\mathbf{\Phi} - \mathbf{\Gamma K})\,\mathbf{x}[n] + \mathbf{\Gamma}\,\mathbf{F}\,\mathbf{r}[n], \tag{8.161}$$

$$\mathbf{y} = \mathbf{C}\mathbf{x}[n]. \tag{8.162}$$

Na condição de regime permanente, tem-se

$$\mathbf{x}_{ss} = (\mathbf{\Phi} - \mathbf{\Gamma K})\,\mathbf{x}_{ss} + \mathbf{\Gamma}\,\mathbf{F}\,\mathbf{r}_{ss}, \tag{8.163}$$

$$\mathbf{y}_{ss} = \mathbf{C}\mathbf{x}_{ss}. \tag{8.164}$$

Reescrevendo (8.163), segue que

$$\mathbf{x}_{ss} = (\mathbf{I}_k - \mathbf{\Phi} + \mathbf{\Gamma K})^{-1}\,\mathbf{\Gamma F r}_{ss}, \tag{8.165}$$

e, portanto,

$$\mathbf{y}_{ss} = \mathbf{C}\,(\mathbf{I}_k - \mathbf{\Phi} + \mathbf{\Gamma K})^{-1}\,\mathbf{\Gamma}\,\mathbf{F}\,\mathbf{r}_{ss}. \tag{8.166}$$

Garantir erro nulo em regime permanente implica que $\mathbf{y}_{ss} = \mathbf{r}_{ss}$. Isso ocorre se

$$\mathbf{C}\,(\mathbf{I}_k - \mathbf{\Phi} + \mathbf{\Gamma K})^{-1}\,\mathbf{\Gamma F} = \mathbf{I}_m. \tag{8.167}$$

Desta forma[4], a equação do pré-filtro resulta em

$$\mathbf{F} = \left(\mathbf{C}\,(\mathbf{I} - \mathbf{\Phi} + \mathbf{\Gamma K})^{-1}\,\mathbf{\Gamma}\right)^{-1}. \tag{8.168}$$

[4] O sistema não pode possuir zero em $z = 1$.

O pré-filtro (ganho) apenas amplifica o sinal de referência e não altera a dinâmica do sistema. Se os parâmetros do modelo forem imprecisos, o esquema não vai funcionar como esperado. Além disso, ele só é válido para referência constante. Na prática, isso não elimina de fato o erro estacionário e, geralmente, não apresenta bons resultados.

Uma forma equivalente de resolver esse problema é apresentada na Figura 8.14. A ideia consiste em rastrear o estado final e a saída em regime estacionário.

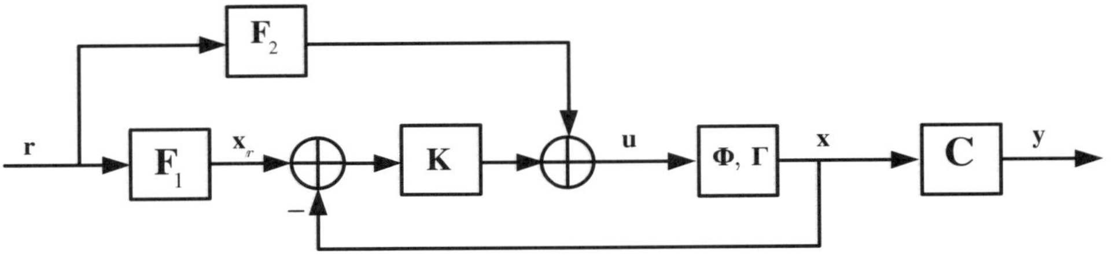

Figura 8.14 – Forma alternativa ao esquema da Figura 8.13.

Deseja-se que

$$\mathbf{F}_1\mathbf{r} = \mathbf{x}_r = \mathbf{x}_{ss}, \tag{8.169}$$

e que

$$\mathbf{y}_{ss} = \mathbf{C}\mathbf{x}_{ss} = \mathbf{r}, \tag{8.170}$$

ou seja,

$$\mathbf{C}\mathbf{F}_1\mathbf{r} = \mathbf{r} \Rightarrow \mathbf{C}\mathbf{F}_1 = \mathbf{I}_m. \tag{8.171}$$

Em regime estacionário, tem-se ainda que

$$\mathbf{x}_{ss} = \mathbf{\Phi}\mathbf{x}_{ss} + \mathbf{\Gamma}\mathbf{u}_{ss} \Rightarrow (\mathbf{\Phi} - \mathbf{I}_k)\,\mathbf{x}_{ss} + \mathbf{\Gamma}\mathbf{u}_{ss} = 0. \tag{8.172}$$

Como em regime estacionário $\mathbf{x}_r = \mathbf{x}_{ss}$, o que implica que o erro é zero, tem-se que $\mathbf{u}_{ss} = \mathbf{F}_2\mathbf{r}$ e, portanto,

$$(\mathbf{\Phi} - \mathbf{I}_k)\,\mathbf{F}_1\mathbf{r} + \mathbf{\Gamma}\mathbf{F}_2\mathbf{r} = 0. \tag{8.173}$$

De (8.171) e (8.173), pode-se escrever

$$\begin{bmatrix} (\mathbf{\Phi} - \mathbf{I}_k) & \mathbf{\Gamma} \\ \mathbf{C} & \mathbf{0} \end{bmatrix} \cdot \begin{bmatrix} \mathbf{F}_1 \\ \mathbf{F}_2 \end{bmatrix} = \begin{bmatrix} \mathbf{0} \\ \mathbf{I}_m \end{bmatrix}. \tag{8.174}$$

Assim[5],

$$\begin{bmatrix} \mathbf{F}_1 \\ \mathbf{F}_2 \end{bmatrix} = \begin{bmatrix} (\mathbf{\Phi} - \mathbf{I}_k) & \mathbf{\Gamma} \\ \mathbf{C} & 0 \end{bmatrix}^{-1} \cdot \begin{bmatrix} 0 \\ \mathbf{I}_m \end{bmatrix}. \tag{8.175}$$

Uma observação é que o sistema da Figura 8.14 pode ser representado como na Figura 8.15, sendo $\bar{\mathbf{F}} = \mathbf{F}_2 + \mathbf{K}\mathbf{F}_1$.

[5]O sistema não tem solução se a planta possuir zero em $z = 1$.

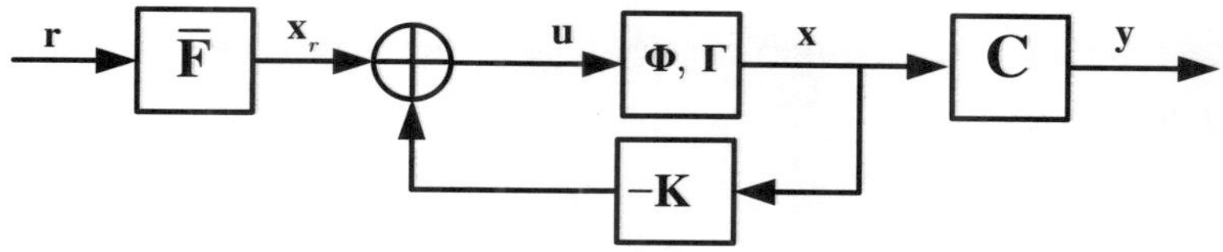

Figura 8.15 – Diagrama simplificado equivalente ao sistema da Figura 8.14.

8.12.2 Inserção de integradores

O problema de rastreamento também pode ser resolvido com a inserção de integradores na malha. Uma forma de inserir integradores consiste em introduzir um novo vetor de estados que integre o erro entre o vetor de saída $\mathbf{y}[n]$ e o vetor de comando de entrada $\mathbf{r}[n]$, ambos com m elementos, como apresentado no diagrama da Figura 8.16.

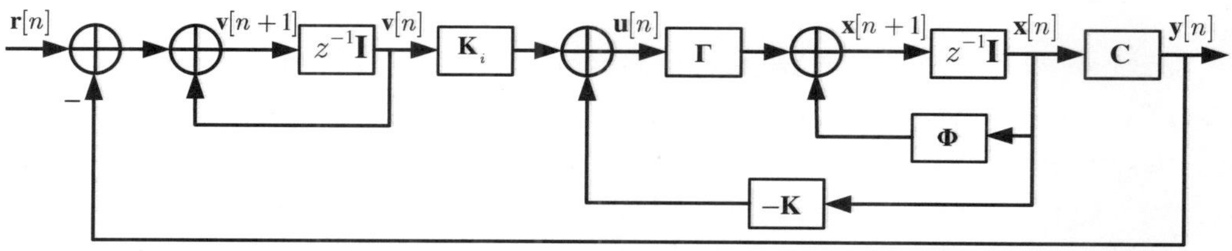

Figura 8.16 – Diagrama de blocos de um sistema em malha fechada com inserção de integradores e realimentação de estados.

A equação de estados da parcela integral inserida é dada por

$$\mathbf{v}[n+1] = \mathbf{v}[n] + \mathbf{r}[n] - \mathbf{y}[n] \Rightarrow \mathbf{v}[n+1] = \mathbf{v}[n] + \mathbf{r}[n] - \mathbf{C}\mathbf{x}[n], \tag{8.176}$$

o que, em malha fechada, resulta em

$$\mathbf{x}[n+1] = (\mathbf{\Phi} - \mathbf{\Gamma}\mathbf{K})\,\mathbf{x}[n] + \mathbf{\Gamma}\mathbf{K}_i\mathbf{v}[n]. \tag{8.177}$$

Tem-se, portanto, a seguinte equação para o sistema aumentado:

$$\begin{bmatrix} \mathbf{x}[n+1] \\ \mathbf{v}[n+1] \end{bmatrix} = \begin{bmatrix} \mathbf{\Phi} - \mathbf{\Gamma}\mathbf{K} & \mathbf{\Gamma}\mathbf{K}_i \\ -\mathbf{C} & \mathbf{I}_m \end{bmatrix} \cdot \begin{bmatrix} \mathbf{x}[n] \\ \mathbf{v}[n] \end{bmatrix} + \begin{bmatrix} \mathbf{0}_{k\times m} \\ \mathbf{I}_m \end{bmatrix} \cdot \mathbf{r}[n], \tag{8.178}$$

ou seja,

$$\begin{bmatrix} \mathbf{x}[n+1] \\ \mathbf{v}[n+1] \end{bmatrix} = \left(\underbrace{\begin{bmatrix} \mathbf{\Phi} & \mathbf{0}_{k\times m} \\ -\mathbf{C} & \mathbf{I}_m \end{bmatrix}}_{\hat{\mathbf{\Phi}}} - \underbrace{\begin{bmatrix} \mathbf{\Gamma} \\ \mathbf{0}_m \end{bmatrix}}_{\hat{\mathbf{\Gamma}}} \cdot \underbrace{\begin{bmatrix} \mathbf{K} & -\mathbf{K}_i \end{bmatrix}}_{\hat{\mathbf{K}}} \right) \begin{bmatrix} \mathbf{x}[n] \\ \mathbf{v}[n] \end{bmatrix} + \begin{bmatrix} \mathbf{0}_{k\times m} \\ \mathbf{I}_m \end{bmatrix} \mathbf{r}[n]. \tag{8.179}$$

Assim, basta determinar o ganho $\hat{\mathbf{K}}$ que aloca os polos para o sistema aumentado da Equação (8.179).

A seguir o lema de Hautus, também conhecido como teste de Popov-Belevitch-Hautus, é apresentado e utilizado para mostrar sob quais condições o sistema aumentado com integradores é controlável.

Lema 8.12.1 (Lema de Hautus - Controlabilidade [Sontag 1998]) *Seja a matriz de estados* $\mathbf{\Phi} \in \mathbb{R}^{k\times k}$ *e a matriz de entrada* $\mathbf{\Gamma} \in \mathbb{R}^{k\times r}$*, as três afirmações são equivalentes:*

- *O par* $(\mathbf{\Phi}, \mathbf{\Gamma})$ *é controlável.*
- *Para todo* $\gamma \in \mathbb{C}$ *tem-se que* $\text{rank}\left(\begin{bmatrix}\gamma\mathbf{I} - \mathbf{\Phi} & \mathbf{\Gamma}\end{bmatrix}\right) = k$.
- *Para todo autovalor* $\gamma \in \mathbb{C}$ *da matriz de estados tem-se que* $\text{rank}\left(\begin{bmatrix}\gamma\mathbf{I} - \mathbf{\Phi} & \mathbf{\Gamma}\end{bmatrix}\right) = k$.

Observe que o $\text{rank}(\gamma\mathbf{I} - \mathbf{\Phi}) = k$, exceto para o caso de γ ser um autovalor de $\mathbf{\Phi}$, ou seja, a terceira condição do lema, que é mais fácil de testar, garante a controlabilidade, se satisfeita. Caso haja um autovalor $\gamma \in \mathbb{C}$ de $\mathbf{\Phi}$, tal que $\begin{bmatrix}\gamma\mathbf{I} - \mathbf{\Phi} & \mathbf{\Gamma}\end{bmatrix}$ tenha posto deficiente, então γ será um modo não controlável do par $(\mathbf{\Phi}, \mathbf{\Gamma})$.

A versão dual do lema vale para observabilidade e considera a matriz $\begin{bmatrix}\gamma\mathbf{I} - \mathbf{\Phi} \\ \mathbf{C}\end{bmatrix}$. Caso haja um autovalor $\gamma \in \mathbb{C}$ de $\mathbf{\Phi}$, tal que $\begin{bmatrix}\gamma\mathbf{I} - \mathbf{\Phi} \\ \mathbf{C}\end{bmatrix}$ tenha posto deficiente, então γ será um modo não observável do par $(\mathbf{\Phi}, \mathbf{C})$.

Considere um sistema discreto em que o par $(\mathbf{\Phi}, \mathbf{\Gamma})$ é controlável, e um sistema aumentado $(\hat{\mathbf{\Phi}}, \hat{\mathbf{\Gamma}})$ com a mesma estrutura de (8.179). Pelo Lema de Hautus, para a controlabilidade do sistema aumentado, basta verificar o posto da matriz

$$\begin{bmatrix}\lambda\mathbf{I} - \begin{bmatrix}\mathbf{\Phi} & \mathbf{0} \\ -\mathbf{C} & \mathbf{I}\end{bmatrix} & \begin{bmatrix}\mathbf{\Gamma} \\ \mathbf{0}\end{bmatrix}\end{bmatrix} = \begin{bmatrix}\lambda\mathbf{I} - \mathbf{\Phi} & \mathbf{0} & \mathbf{\Gamma} \\ \mathbf{C} & \lambda\mathbf{I} - \mathbf{I} & \mathbf{0}\end{bmatrix}. \tag{8.180}$$

Como a permutação de colunas não altera o posto, pode-se analisar o posto de

$$\mathbf{H} = \left[\begin{array}{cc|c}\lambda\mathbf{I} - \mathbf{\Phi} & \mathbf{\Gamma} & \mathbf{0} \\ \hline \mathbf{C} & \mathbf{0} & (\lambda - 1)\mathbf{I}\end{array}\right], \tag{8.181}$$

para todos os autovalores de $\mathbf{\Phi}$ e para $\lambda = 1$, devido ao polo do integrador. Considere, inicialmente, o teste para os valores de $\lambda \neq 1$. Nesse caso, pelo lema de Hautus, as k primeiras linhas serão linearmente independentes, pois, pela hipótese de controlabilidade do sistema original, a matriz $\begin{bmatrix}\lambda\mathbf{I} - \mathbf{\Phi} & \mathbf{\Gamma}\end{bmatrix}$ não possui posto deficiente. Observe também que, para $\lambda \neq 1$, as m linhas seguintes são linearmente independentes entre si e das demais. Logo, a controlabilidade do sistema original garante que a matriz $\mathbf{H}$ tenha posto completo para todo $\lambda \neq 1$.

No entanto, para o autovalor $\lambda = 1$, é necessário que a matriz $\begin{bmatrix} \mathbf{I} - \mathbf{\Phi} & \mathbf{\Gamma} \\ \mathbf{C} & \mathbf{0} \end{bmatrix}$ não tenha posto deficiente. Note que isso equivale analisar se a matriz

$$\mathbf{H}' = \begin{bmatrix} \mathbf{I} - \mathbf{\Phi} & -\mathbf{\Gamma} \\ \mathbf{C} & \mathbf{0} \end{bmatrix} \tag{8.182}$$

apresenta posto deficiente. Essa é a condição geral para que o sistema aumentado seja controlável. Algumas observações podem ser feitas a partir disso:

- O sistema original precisa ser controlável.
- Note que $\mathbf{H}'$ corresponde à matriz de Rosenbrock para $z_0 = 1$. Logo, o sistema original não pode ter zeros em $z_0 = 1$ pois, caso contrário, $\mathbf{H}'$ terá posto deficiente. O zero em $z_0 = 1$ cancelaria o polo do integrador.
- A matriz $\mathbf{C}$ precisa ter posto completo de linhas, pois, caso contrário, o posto de $\mathbf{H}'$ será deficiente. Isso faz sentido, pois não se deseja rastrear variáveis e combinações lineares dessas variáveis ao mesmo tempo.

8.13 Exemplos de projeto

Nesta seção são apresentados alguns exemplos de projeto (Exemplos 8.10 a 8.14) sobre alocação de polos, observadores de estado e rastreamento de referência. Alguns exemplos numéricos e outros mais realistas com os pêndulos descritos no Apêndice C são considerados.

✍ **Exemplo 8.10:** Considere o sistema dado por

$$G(s) = \frac{Y(s)}{U(s)} = \frac{0,6}{s(s+0,7)}.$$

Projete um controlador digital por realimentação de estados de forma que o sistema em malha fechada apresente $w_n = 5,0$; $\zeta = 0,7$. Assuma $f_s = 20$Hz. Considere ainda: a) realimentação com todos os estados medidos; b) realimentação com todos os estados estimados e observador preditor; c) realimentação de estados com estimador de valor atual completo. Considere um pré-filtro (ganho) para corrigir o erro em regime. Lembre-se de que isso geralmente não funciona bem na prática!

Solução: note que

$$\ddot{y} + 0,7\dot{y} = 0,6u.$$

Define-se $x_1 = \dot{y}$ e $x_2 = y$. Assim, $\dot{x}_1 = \ddot{y} = -0,7x_1 + 0,6u$. Portanto,

$$\begin{bmatrix} \dot{x}_1 \\ \dot{x}_2 \end{bmatrix} = \begin{bmatrix} -0,7 & 0 \\ 1 & 0 \end{bmatrix} \cdot \begin{bmatrix} x_1 \\ x_2 \end{bmatrix} + \begin{bmatrix} 0,6 \\ 0 \end{bmatrix} u; \quad y = \begin{bmatrix} 0 & 1 \end{bmatrix} \cdot \begin{bmatrix} x_1 \\ x_2 \end{bmatrix}.$$

O restante do exercício será resolvido diretamente no MATLAB®:

```
clear all; clc; close all;
fs=20; Ts=1/fs;
K_G = 0.6; %Numerador da F. T.
A = [-0.7 0; 1 0]; B = [0.6; 0]; C = [0 1]; D = 0;
[Phi,Gamma] =  c2d(A,B,Ts);
wn = 5.0; zeta = 0.7;
s1 = wn*(-zeta+sqrt(-1)*sqrt(1-zeta^2));
p_c = exp([s1; s1']*Ts); %Polos do sist. de controle em MF
wn2 = 10.0; xsi2 = 0.707;
s2 = wn2*(-xsi2+sqrt(-1)*sqrt(1-xsi2^2));
p_o = exp([s2; s2']*Ts); %Polos do sist. observador completo
K = place(Phi,Gamma,p_c); %Projeto do Controlador
F = inv(C*inv(eye(2) - Phi + Gamma * K) * Gamma); %Pré-filtro
item = 'a'; %seleciona o item
switch(item)
   case 'a' %Realimentação de estados medidos
      sim('SIM_Ex_08_10a.slx');
   case 'b' %Realim. de estados estimados (obs. preditor)
      L = place(Phi',C',p_o)'; %Projeto do obs. preditor
            sim('SIM_Ex_08_10b.slx');
   case 'c' %realim. de estados estimados (obs. valor atual)
            Lc = place(Phi', (C*Phi)',p_o)';
            sim('SIM_Ex_08_10c.slx');
   otherwise
            error('item precisa ser ''a'', ''b'' ou ''c'' ');
end
figure(5);
x_1 = x_out(:,1); x_2 = x_out(:,2);
t_d = (0:length(x_1)-1)*Ts;
subplot(2,1,1);plot(t,r,'b',t,y,'r');
xlabel('t'); ylabel('Amplitude');
leg = legend('Setpoint','Saída');
subplot(2,1,2);stairs(t_d,x_1,'b');hold on; stairs(t_d,x_2,'r');
xlabel('n T_s'); ylabel('Amplitude','Interpreter','latex');
leg = legend('x_1(n T_s)','x_2(n T_s)');
```

```
figure(6); stairs(t_d, u);
xlabel('n T_s','Interpreter','latex');
ylabel('u(n T_s)','Interpreter','latex');
```

Os diagramas de simulação dos itens a), b) e c) são apresentados nas Figuras 8.17 a 8.19, respectivamente. Os códigos das *Matlab Functions* de cada exemplo são apresentados a seguir:

```
%a) realimentação de estados medidos
function u = fcn(r, x_1, x_2, K, F)

u = F*r-(K(1)*x_1 + K(2)*x_2);
```

```
%b) realimentação de estados observados (obs. ordem completa preditor)
function [u, x_chap_1, x_chap_2] = fcn(r, y, K, L, F, Phi, Gamma, C)

global x_chap_1_ant; global x_chap_2_ant;
u = F*r-(K(1)*x_chap_1_ant + K(2)*x_chap_2_ant);
y_chap = C(1)*x_chap_1_ant+C(2)*x_chap_2_ant;
x_chap_1 = Phi(1,1)*x_chap_1_ant + Phi(1,2)*x_chap_2_ant + ...
Gamma(1)*u + L(1)*(y - y_chap);
x_chap_2 = Phi(2,1)*x_chap_1_ant + Phi(2,2)*x_chap_2_ant + ...
Gamma(2)*u + L(2)*(y - y_chap);
x_chap_1_ant = x_chap_1; x_chap_2_ant = x_chap_2;
```

```
%c) realimentação de estados observados (obs. ordem completa e valor atual)
function [u, x_chap_1, x_chap_2] = fcn(r, y, K, Lc, F, Phi, Gamma, C)

global x_bar_1; global x_bar_2;
x_chap_1 = x_bar_1 + Lc(1)*(y - (C(1)*x_bar_1 + C(2)*x_bar_2));
x_chap_2 = x_bar_2 + Lc(2)*(y - (C(1)*x_bar_1 + C(2)*x_bar_2));
u = F*r-(K(1)*x_chap_1 + K(2)*x_chap_2);
x_bar_1 = Phi(1,1)*x_chap_1 +Phi(1,2)*x_chap_2 + Gamma(1)*u;
x_bar_2 = Phi(2,1)*x_chap_1 +Phi(2,2)*x_chap_2 + Gamma(2)*u;
```

Os resultados obtidos são mostrados nas Figuras 8.20 a 8.22.

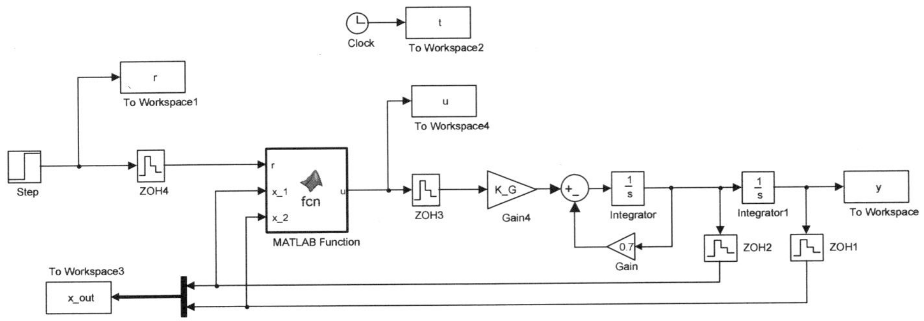

Figura 8.17 – Diagrama de simulação do Exemplo 8.10 a).

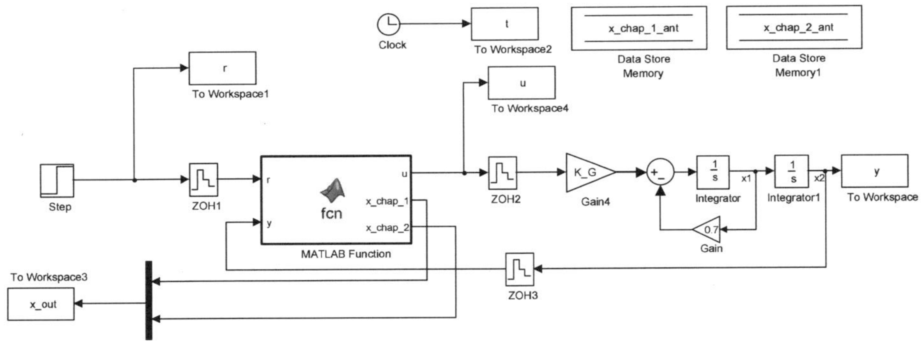

Figura 8.18 – Diagrama de simulação do Exemplo 8.10 b).

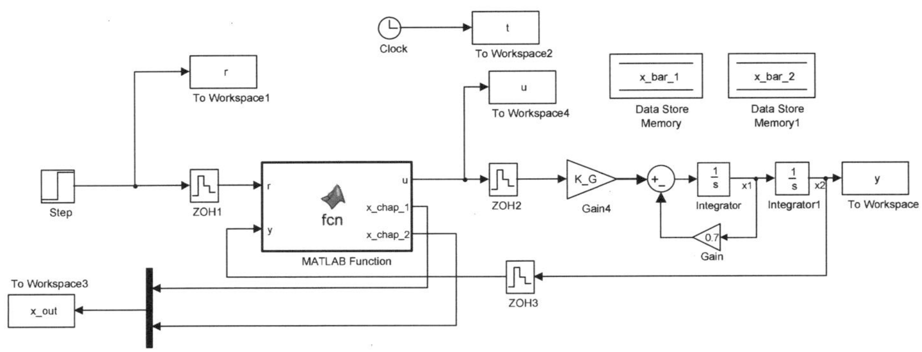

Figura 8.19 – Diagrama de simulação do Exemplo 8.10 c).

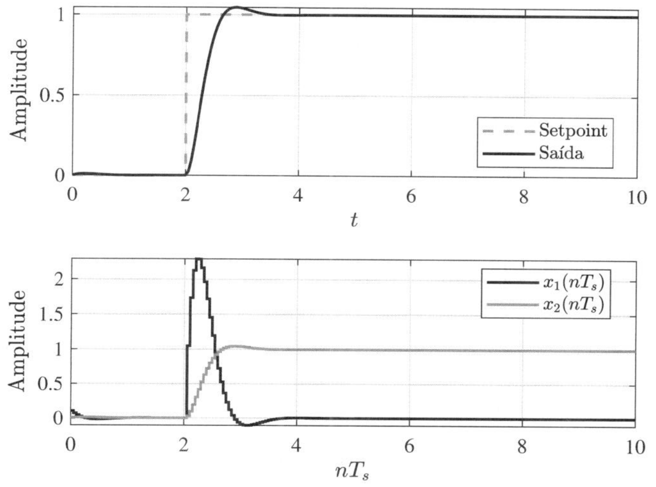

(a) Saída e Estados

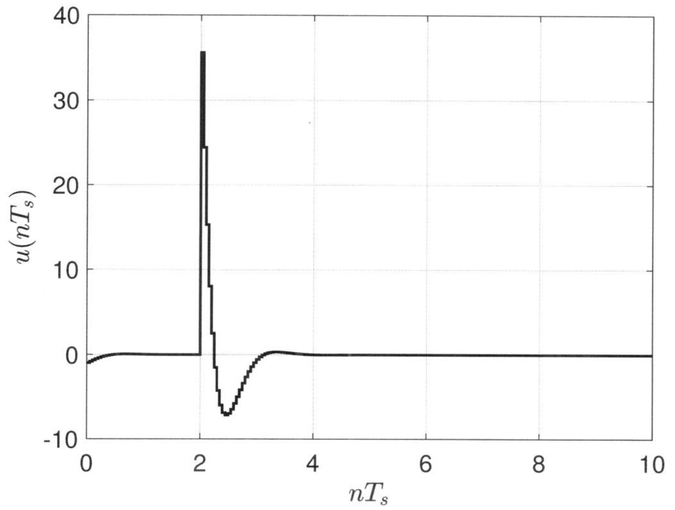

(b) Sinal de Controle

Figura 8.20 – Resposta do Exemplo 8.10 a).

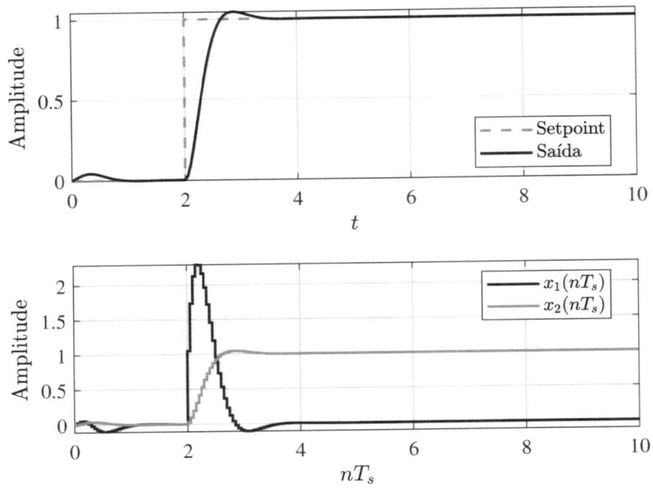

(a) Saída e Estados

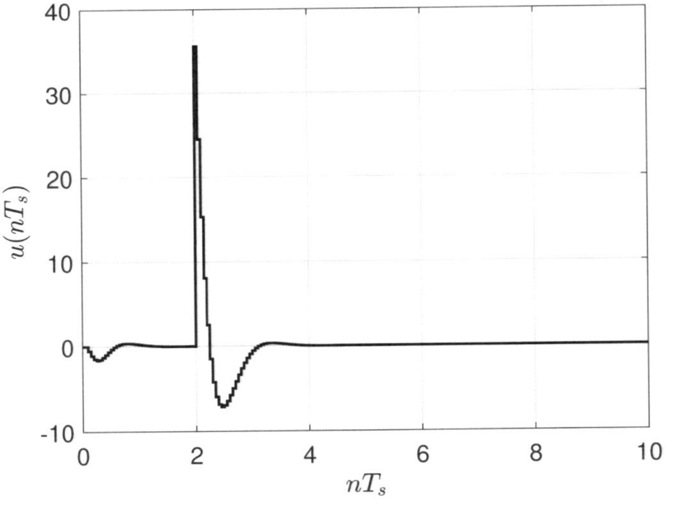

(b) Sinal de Controle

Figura 8.21 – Resposta do Exemplo 8.10 b).

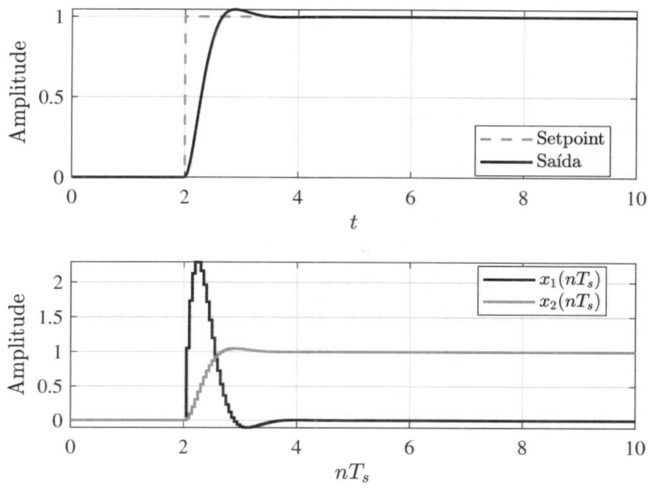

(a) Saída e Estados

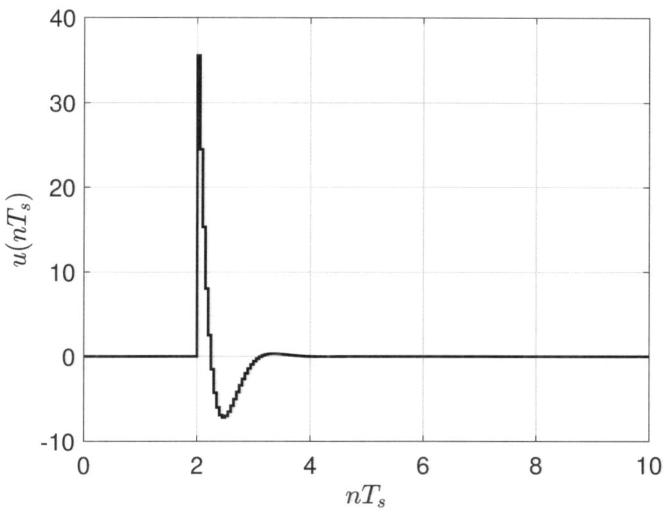

(b) Sinal de Controle

Figura 8.22 – Resposta do Exemplo 8.10 c).

✍ **Exemplo 8.11:** Considere o sistema dada por

$$G(s) = \frac{Y(s)}{U(s)} = \frac{1}{(s+1)(s+10)}.$$

Adicione um integrador ao sistema e projete um controle digital por realimentação de estados para o sistema aumentado. Assuma $f_s = 20$ Hz e, para os polos dominantes de malha fechada, considere: $\omega_n = 5,71$; $\zeta = 0,7$.

Solução: ao definir $x_2 = y$ e $x_1 = \dot{y}$, tem-se

$$\begin{bmatrix} \dot{x}_1 \\ \dot{x}_2 \end{bmatrix} = \begin{bmatrix} -11 & -10 \\ 1 & 0 \end{bmatrix} \cdot \begin{bmatrix} x_1 \\ x_2 \end{bmatrix} + \begin{bmatrix} 1 \\ 0 \end{bmatrix} u; \quad y = \begin{bmatrix} 0 & 1 \end{bmatrix} \cdot \begin{bmatrix} x_1 \\ x_2 \end{bmatrix}.$$

O restante do exercício será resolvido diretamente no MATLAB®:

```
clear all; clc; close all;
fs=20; Ts=1/fs;
A = [-11 -10; 1 0]; B = [1; 0]; C = [0 1];
%OBS: no bloco State-Space foi feito C=eye(2) para obter na saída todos os
%estados para a realimentação. Para obter y, tomou-se a 2a saída
[Phi,Gamma] =  c2d(A,B,Ts);
Phi_ = [Phi zeros(2,1); -C 1]; Gamma_ = [Gamma; 0];
wn = 5.71; zeta = 0.7;
s1 = wn*(-zeta+sqrt(-1)*sqrt(1-zeta^2));
p_c = exp([s1; s1']*Ts); %Polos do sist. de controle em MF
p_c = [p_c; 0.2]; %O terceiro polo foi inserido em z = 0.2
K_ = place(Phi_,Gamma_,p_c); %Projeto do Controlador
K = K_(1:2); Ki = -K_(3);
sim('SIM_Ex_08_11.slx');
%Código de geração de gráficos foi omitido
```

O digrama de simulação é apresentado na Figura 8.23. O código do bloco *Matlab Function* é apresentado a seguir:

```
function u = fcn(r, x_1, x_2, K, Ki)

global v
y=x_2;
u = -(K(1)*x_1 + K(2)*x_2)+ Ki*v;
v = v+(r-y);
```

Os resultados obtidos são apresentados na Figura 8.24.

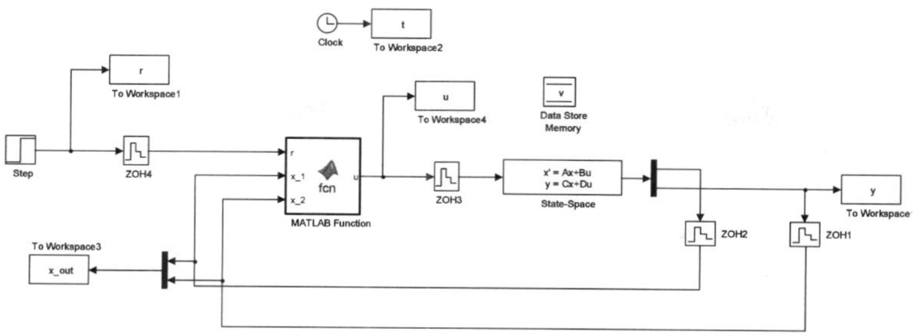

Figura 8.23 – Diagrama de simulação do Exemplo 8.11.

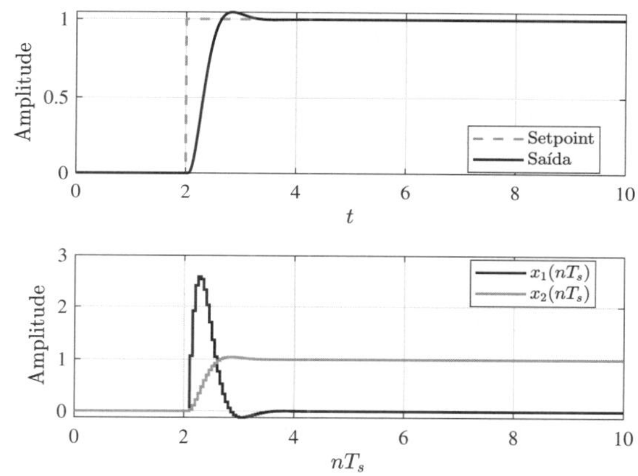

(a) Saída e Estados

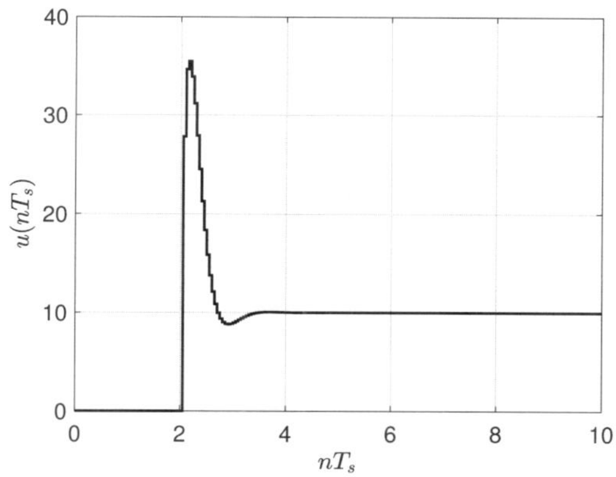

(b) Sinal de Controle

Figura 8.24 – Resposta do Exemplo 8.11.

✍ **Exemplo 8.12:** Considere o sistema dado por

$$G(s) = \frac{Y(s)}{U(s)} = \frac{1}{s(s+0,7)}.$$

Projete um controlador digital por realimentação de estados de forma que o sistema em malha fechada apresente $w_n = 3,5$; $\zeta = 0,7$ para os polos dominantes. Considere $f_s = 10$Hz e que o sistema tenha um integrador para garantir erro nulo em regime estacionário para entrada degrau, sendo que o polo adicional em malha fechada deve ficar em $s = -2,5$. Assuma que haja uma perturbação senoidal com amplitude unitária e frequência de 15 RPM. Projete um controlador por realimentação de estados, assumindo que os estados serão estimados por um observador na forma preditor, que também deve observar a perturbação para ser cancelada.

Solução: definem-se $x_1 = \dot{y}$ e $x_2 = y$. Assim, o sistema em espaço de estados é representado como

$$\begin{bmatrix}\dot{x}_1\\ \dot{x}_2\end{bmatrix} = \begin{bmatrix}-0,7 & 0\\ 1 & 0\end{bmatrix}\cdot\begin{bmatrix}x_1\\ x_2\end{bmatrix} + \begin{bmatrix}1\\ 0\end{bmatrix}u; \quad y = \begin{bmatrix}0 & 1\end{bmatrix}\cdot\begin{bmatrix}x_1\\ x_2\end{bmatrix}.$$

Se $w(t) = \text{sen}(\omega_0 t)$ é o sinal de perturbação, então $\ddot{w}(t) = -\omega_0^2 w(t)$. Portanto, a perturbação é modelada como:

$$\underbrace{\begin{bmatrix}\dot{w}(t)\\ \ddot{w}(t)\end{bmatrix}}_{\dot{\mathbf{x}}_w} = \underbrace{\begin{bmatrix}0 & 1\\ -\omega_0^2 & 0\end{bmatrix}}_{\mathbf{A}_w}\underbrace{\begin{bmatrix}w(t)\\ \dot{w}(t)\end{bmatrix}}_{\mathbf{x}_w},$$

$$w(t) = \begin{bmatrix}1 & 0\end{bmatrix}\cdot\mathbf{x}_w.$$

O restante do exercício será resolvido diretamente no MATLAB®:

```
clear all; clc; close all;
fs=10; Ts=1/fs;
A = [-0.7 0; 1 0]; B = [1; 0]; C = [0 1]; D = 0;
[Phi,Gamma] =  c2d(A,B,Ts);
Phi_ = [Phi zeros(2,1); -C 1]; Gamma_ = [Gamma; 0]; %Sist. com Int.
%Polos do sist. de controle em MF
wn = 3.5; zeta = 0.7; s1 = wn*(-zeta+sqrt(-1)*sqrt(1-zeta^2));
p_c = exp([s1; s1';  -2.5]*Ts); %Polos do sist. de controle em MF com int
wn2 = 10.0; xsi2 = 0.7; s2 = wn2*(-xsi2+sqrt(-1)*sqrt(1-xsi2^2));
wn3 = 7.0; xsi3 = 0.99; s3 = wn3*(-xsi3+sqrt(-1)*sqrt(1-xsi3^2));
p_o = exp([s2; s2';s3; s3']*Ts); %Polos do sist. observador completo
K = place(Phi_,Gamma_,p_c); %Projeto do Controlador
%Observador aumentado para rejeitar distúrbio
```

```
w0 = 15*2*pi/60; %RPM to rad/s
%x_aum = [x1; x2; w ; \dot w]
A_w = [0 1; -w0^2 0]; C_d = [1 0];
A_aum = [A B*C_w; zeros(2) A_w];
B_aum = [B; zeros(2,1)];
[Phi_aum,Gamma_aum] =c2d(A_aum,B_aum,Ts);
C_aum = [C , zeros(1,2)];
L = place(Phi_aum',C_aum',p_o)';
sim('SIM_Ex_08_12.slx')
%Código de geração de gráficos foi omitido
```

O digrama de simulação é apresentado na Figura 8.25. O código do bloco *Matlab Function* é apresentado a seguir:

```
function [u, x_chap_1, x_chap_2,w_out] = fcn(r, y, K, L, Phi_aum, ...
Gamma_aum, C_aum)

global x_chap_ant, global w_chap, global v;
w_out = w_chap;
Ki = -K(3);
u = -K(1:2)*x_chap_ant(1:2)+Ki*v- w_chap;
v = v+(r - y);
y_chap = C_aum*x_chap_ant;
x_chap = Phi_aum*x_chap_ant+ ...
Gamma_aum*u + L*(y - y_chap);
x_chap_1 = x_chap(1); x_chap_2 = x_chap(2);
w_chap = x_chap(3);
x_chap_ant = x_chap;
```

Os resultados obtidos são apresentados na Figura 8.26.

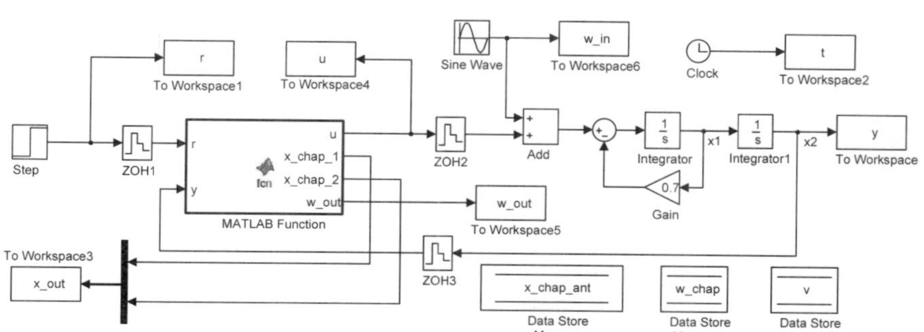

Figura 8.25 – Diagrama de simulação do Exemplo 8.12.

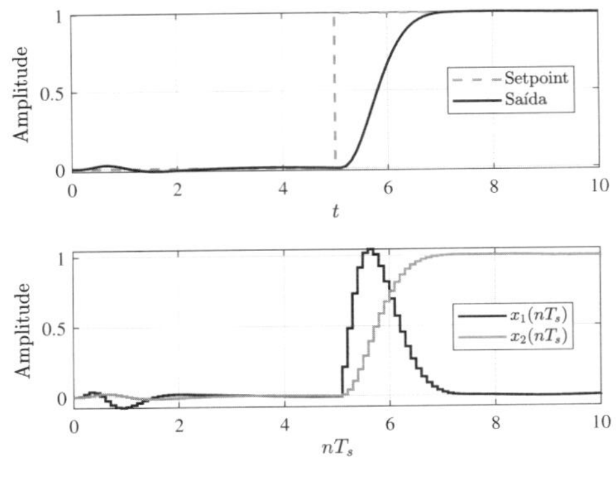

(a) Saída e Estados

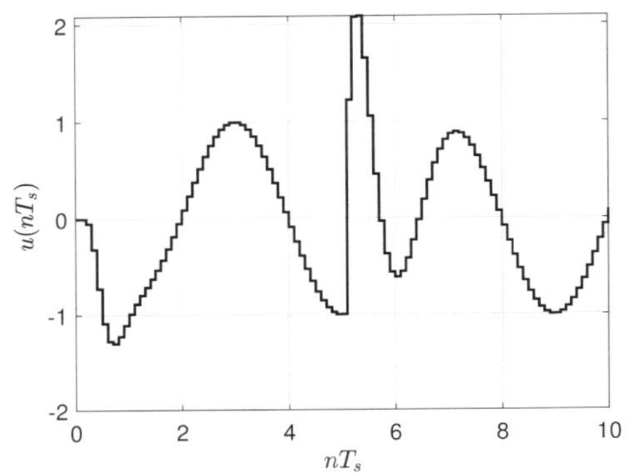

(b) Sinal de Controle

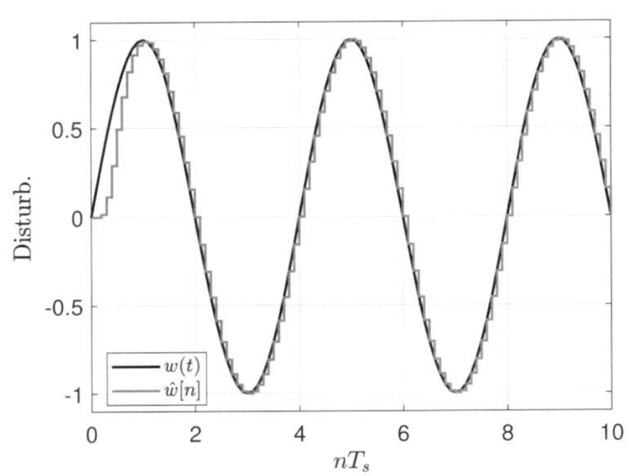

(c) Sinal de Perturbação

Figura 8.26 – Resposta do Exemplo 8.12.

✍ **Exemplo 8.13:** Considere o pêndulo com roda de reação apresentado no Apêndice C. Projete um controlador por realimentação de estados. Além disso, projete um observador na forma de preditor e outro pelo valor atual. No controle, as variáveis θ_1, $\dot{\theta}_1$ e $\dot{\theta}_2$ são realimentadas, mas o vetor de estados completo é observado. Os polos em malha fechada do controle e do observador são dados, respectivamente, por $p_c = \{0,83;\ 0,82;\ 0,9\}$ e $p_o = \{0,3;\ 0,31;\ 0,32;\ 0,33\}$. Considere que apenas os ângulos do pêndulo e da roda são medidos. Valide o controlador projetado com o modelo não linear do Apêndice C.

Solução: o vetor de estados completo é dado por $\mathbf{x} = [\theta_1\ \theta_2\ \dot{\theta}_1\ \dot{\theta}_2]^\top$. Com isso, para o projeto do observador, tem-se que

$$\mathbf{C} = \begin{bmatrix} 1 & 0 & 0 & 0 \\ 0 & 1 & 0 & 0 \end{bmatrix}.$$

Como os polos de malha fechada já foram fornecidos, a solução do problema será feita com o código MATLAB® a seguir. Observe que não se deseja controlar a variável θ_2, mas apenas estabilizar a velocidade $\dot{\theta}_2$.

```
clear all; clc; close all;
fs=100; Ts=1/fs;
load('Modelo_Roda_Reacao');
[Phi,Gamma] =  c2d(A,B,Ts);
C = [1 0 0 0; 0 1 0 0];
%%Observador Preditor
p_o = [0.3;0.31;0.32;0.33];
L = place(Phi',C',p_o)';
%Observador valor atual
L_va = place(Phi',(C*Phi)',p_o)';
%%Alocação de polos
%Redução do modelo (retirar o estado TH2)
Phi_red = [Phi(1,1) Phi(1,3:4); Phi(3:4,1) Phi(3:4,3:4)];
Gamma_red = [Gamma(1); Gamma(3:4)];
%Imposição de polos
p_c = [0.83;0.82;0.9];
K = place(Phi_red,Gamma_red,p_c);
%%Simulação
t_run = 0.8; x0 = [10*pi/180; 0; 0; 0];
sim('SIM_Ex_08_13a.slx');
x_pred = x; u_pred = u; t_pred = t;
t_d_pred = (0:length(u_pred)-1)*Ts;
sim('SIM_Ex_08_13b.slx');
x_atual = x; u_atual = u; t_atual = t;
t_d_atual = (0:length(u_atual)-1)*Ts;
```

Os códigos das *Matlab Functions* são apresentados a seguir.

```
function u = fcn(y, K, Phi, Gamma, L, C)

global x_chap_ant;
%Ralimentação de estados
u = -(K(1)*x_chap_ant(1)+K(2)*x_chap_ant(3)+K(3)*x_chap_ant(4));
%Saturação
if(u>1)
        u=1;
end
if(u<-1)
        u=-1;
end
%Observador
y_chap = C*x_chap_ant;
x_chap = Phi*x_chap_ant + Gamma*u + L*(y - y_chap);
x_chap_ant = x_chap;
```

```
function u = fcn(y, K, Phi, Gamma, L_va, C)

global x_bar;
%Observador, valor atual
x_chap = x_bar + L_va*(y - C*x_bar);
%Realimentação de estados
u = -(K(1)*x_chap(1)+K(2)*x_chap(3)+K(3)*x_chap(4));
%Saturação
if(u>1)
        u=1;
end
if(u<-1)
        u=-1;
end
x_bar = Phi*x_chap + Gamma*u;
```

Os diagramas de simulação estão presentes na Figura 8.27. Os resultados obtidos são apresentados na Figura 8.28.

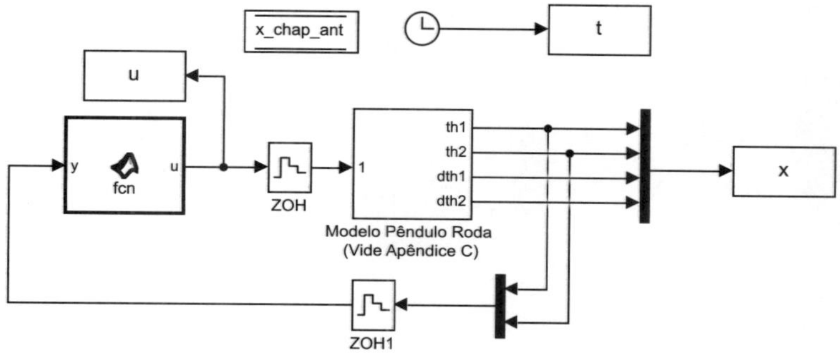

(a) SIM_Ex_08_13a.slx

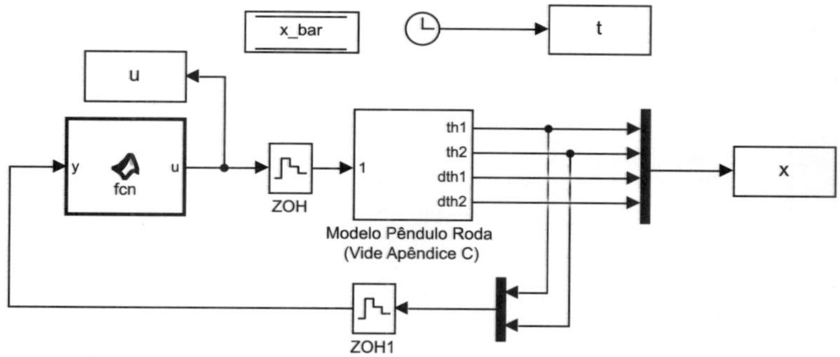

(b) SIM_Ex_08_13b.slx

Figura 8.27 – Diagramas de simulação do Exemplo 8.13.

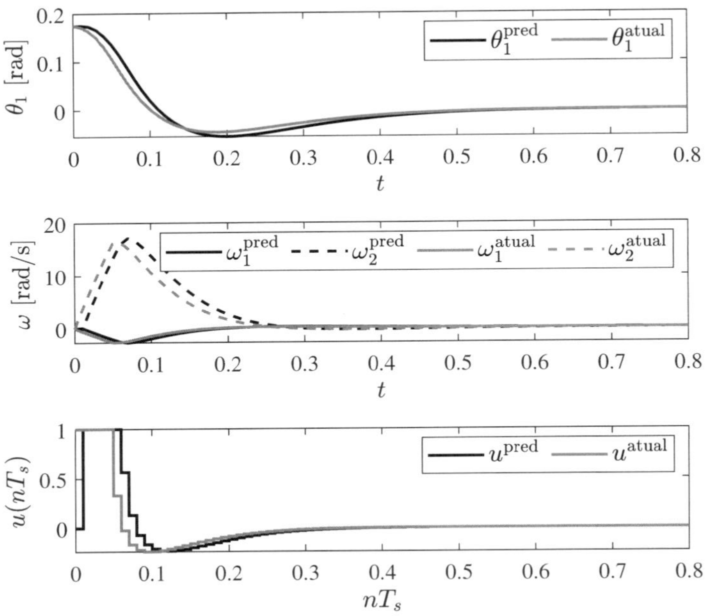

Figura 8.28 – Resultado do Exemplo 8.13. Foi imposta uma condição inicial de 10° em θ_1. A ação de controle está em porcentagem de *duty-cycle* do sinal PWM, incluindo o sentido de rotação.

✍ **Exemplo 8.14:** Considere o sistema pêndulo invertido rotacional (ou pêndulo de Furuta) apresentado no Apêndice C. O vetor de estados é dado por $\mathbf{x} = [\theta_0 \quad \theta_1 \quad \dot{\theta}_0 \quad \dot{\theta}_1]^\top$. O modelo já inclui como entrada um sinal normalizado de -1 a 1, representando o ciclo ativo (*duty-cycle*) do PWM e o sentido de rotação do motor DC de 12V que atua no braço. O modelo linear é dado por

$$\mathbf{A} = \begin{bmatrix} 0 & 0 & 1 & 0 \\ 0 & 0 & 0 & 1 \\ 0 & -24,3054 & -0.6725 & 0 \\ 0 & 95,3181 & 1,0087 & 0 \end{bmatrix}, \quad \mathbf{B} = \begin{bmatrix} 0 \\ 0 \\ 68,3880 \\ -102,5819 \end{bmatrix}. \tag{8.183}$$

Projete a) um controlador por alocação de polos para regular todos os estados; b) um controle por alocação de polos com integrador que equilibre o pêndulo e faça o braço seguir uma referência dada por uma onda quadrada com amplitude de $-\pi/4$ a $\pi/4$ e frequência 0,05 Hz. Como especificação, o ângulo do pêndulo (θ_1) deve ter um tempo de assentamento menor do que 0,8 s quando sujeito a um desvio de 5° (condição inicial, por exemplo) em relação ao ponto de equilíbrio. Valide os controles projetados com o modelo não linear do Apêndice C.

Solução: para o item a), após algumas tentativas, os seguintes polos de malha fechada foram escolhidos no plano-s: $p_{c1} = [-3 \quad -3,5 \quad -11 \quad -10]$. Para o item b), utilizou-se também p_{c1} com um polo adicional de malha fechada devido ao integrador em $s = -0,8$. O restante do exercício está resolvido no MATLAB®.

```
clear all; clc; close all;
fs=100; Ts=1/fs;
load('modelo_furuta.mat'); %Carrega modelo em tempo contínuo (A, B, C, D)
[Phi,Gamma] =  c2d(A,B,Ts);
x0 = [0 5*pi/180 0 0]; %Condições iniciais
item = 'a'; %Escolher 'a' ou 'b'
switch(item)
        case 'a' %Item a
                p_c1 = exp(Ts*[-3 -3.5 -11 -10]);
                K = place(Phi, Gamma, p_c1);
                t_run = 7; sim('SIM_Ex_08_14a.slx');
                figure(1); t_d = (0:length(u)-1)*Ts;
                subplot(2,1,1); plot(t,x);
                subplot(2,1,2),stairs(t_d, u,'linewidth',1.5);
        otherwise %Item b
                C = [1 0 0 0]; %Nesse caso, a saída é a posição do braço
                Phi_ = [Phi zeros(4,1); -C 1]; Gamma_ = [Gamma; 0]; %Sist.
                    com Int.
```

```
            p_c2 = exp(Ts*[-3 -3.5 -11 -10 -0.8]);
            K_ = place(Phi_, Gamma_, p_c2);
            K = K_(1:4); Ki = - K_(5);
            t_run = 40; sim('SIM_Ex_08_14b.slx');
            figure(2); t_d = (0:length(u)-1)*Ts;
            subplot(2,1,1);plot(t,r,'k--'); hold; plot(t,x);
            subplot(2,1,2),stairs(t_d, u,'linewidth',1.5);
end
```

Diagramas de simulação presentes na Figura 8.29. Resultados de simulação apresentados nas Figuras 8.30 e 8.31. Os códigos das *Matlab Functions* dos controladores dos itens a) e b) são apresentados a seguir.

```
function u = fcn(x, K)

u = -(K(1)*x(1)+K(2)*x(2)+K(3)*x(3)+K(4)*x(4));
%Saturação
if(u>1)
        u=1;
end
if(u<-1)
        u=-1;
end
```

```
function u = fcn(r,x,K,Ki)

global v
u = -(K(1)*x(1)+K(2)*x(2)+K(3)*x(3)+K(4)*x(4))+Ki*v;
v = v+(r-x(1));
%Saturação
if(u>1)
        u=1;
end
if(u<-1)
        u=-1;
end
```

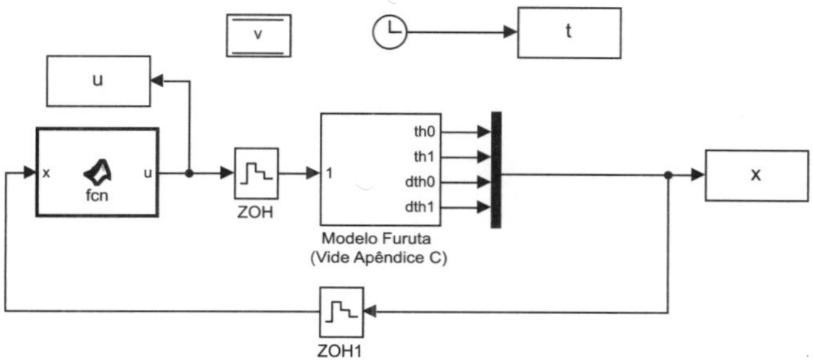

(a) SIM_Ex_08_14a.slx

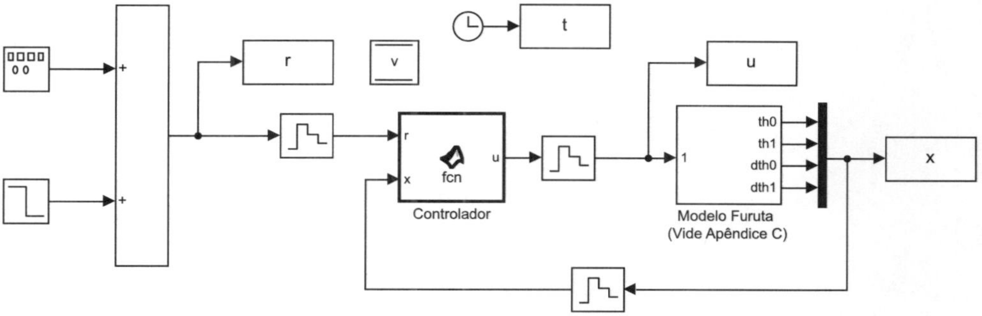

(b) SIM_Ex_08_14b.slx

Figura 8.29 – Diagramas de simulação do Exemplo 8.14.

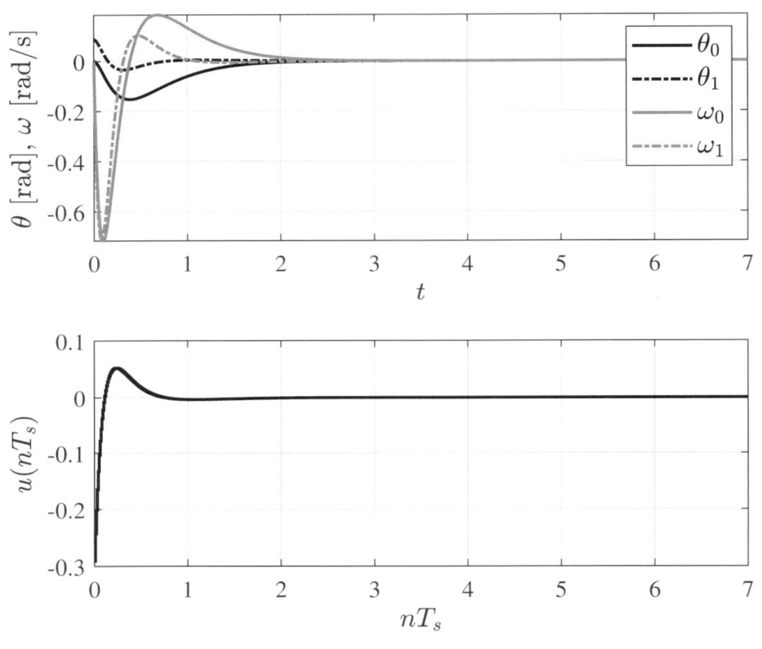

Figura 8.30 – Resultado do Exemplo 8.14 a. Foi imposta uma condição inicial de 5° em θ_1. A ação de controle representa o *duty-cycle* do sinal PWM, incluindo o sentido de rotação do motor.

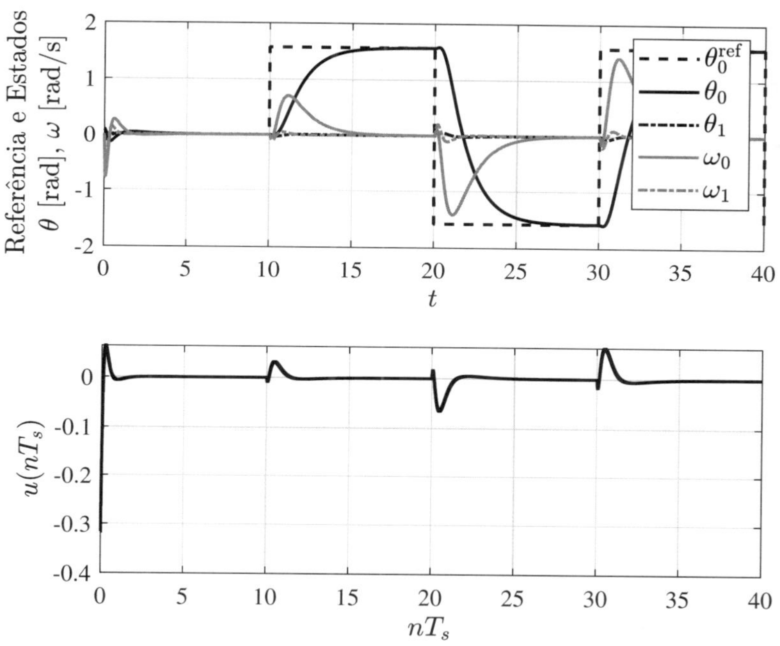

Figura 8.31 – Resultado do Exemplo 8.14 b. A ação de controle representa o *duty-cycle* sinal PWM, incluindo o sentido de rotação.

Capítulo 9

Introdução ao Controle Ótimo

Quando nos referimos a controle ótimo, significa que ele maximiza ou minimiza um certo funcional (denominada aqui de índice de desempenho) com possíveis restrições.

Como em sistemas MIMO as matrizes $\mathbf{K}$ e $\mathbf{L}$ (ganhos de realimentação e observador de estados, respectivamente) não são únicas, técnicas de controle ótimo podem ser adotadas para utilizar de forma inteligente este "grau de liberdade" de sistemas MIMO [Franklin, Powell e Workman 2006].

A primeira parte deste capítulo trata de um controle quadrático ótimo variante no tempo para o problema de regulação. Em seguida, uma forma estacionária desse controle ótimo é obtida, o que resulta no Regulador Linear Quadrático, LQR (do inglês *Linear Quadratic Regulator*). Na sequência, o Filtro de Kalman é introduzido como estimador ótimo na presença de ruídos e perturbações com características gaussianas.

Vale mencionar que, para o projeto do controle quadrático ótimo, o sistema deve ser considerado controlável e, para o projeto do filtro de Kalman, o sistema deve ser observável. Tais condições serão assumidas ao longo deste capítulo.

9.1 Controle quadrático ótimo

O controle quadrático ótimo consiste em encontrar o valor da entrada $\mathbf{u}[n]$ tal que minimize um índice de desempenho J, descrito como

$$J = \frac{1}{2}\mathbf{x}^{\top}[N]\mathbf{S}\mathbf{x}[N] + \frac{1}{2}\sum_{n=0}^{N-1}\left(\mathbf{x}^{\top}[n]\mathbf{Q}\mathbf{x}[n] + \mathbf{u}^{\top}[n]\mathbf{R}\mathbf{u}[n]\right), \qquad (9.1)$$

sujeito a

$$\mathbf{x}[n+1] = \mathbf{\Phi}\mathbf{x}[n] + \mathbf{\Gamma}\mathbf{u}[n], \quad \mathbf{x}[0] = \mathbf{x}_i, \tag{9.2}$$

onde

- $\mathbf{Q}$ matriz $(k \times k)$ simétrica definida semipositiva,
- $\mathbf{R}$ matriz $(r \times r)$ simétrica definida positiva,
- $\mathbf{S}$ matriz $(k \times k)$ simétrica definida semipositiva

são matrizes de ponderação do índice de desempenho relativas ao estado, ao sinal de controle e ao estado final, respectivamente. Se o estado final for imposto, tal que $\mathbf{x}[N] = \mathbf{x}_f$, então o primeiro termo à direita de (9.1) é eliminado. Note que o termo $\frac{1}{2}\mathbf{x}^\top[N]\mathbf{S}\mathbf{x}[N]$, no índice de desempenho, implica fazer com que o estado final seja o mais próximo possível da origem.

A minimização do funcional J pode ser feita de algumas formas diferentes, como por programação dinâmica [Kirk 2004] ou pelo método de multiplicadores de Lagrange [Ogata 1995] [Franklin, Powell e Workman 2006]. Aqui será reproduzida a solução pelo método de multiplicadores de Lagrange.

Deseja-se minimizar o índice de desempenho descrito em (9.1) sujeito às restrições impostas em (9.2). Considere um vetor de multiplicadores de Lagrange, $\boldsymbol{\lambda}[n+1]$, para cada instante n. Assim, o seguinte índice de desempenho é definido:

$$\begin{aligned} L \;=\; & \frac{1}{2}\mathbf{x}^\top[N]\mathbf{S}\mathbf{x}[N] + \sum_{n=0}^{N-1}\Bigg(\frac{1}{2}\mathbf{x}^\top[n]\mathbf{Q}\mathbf{x}[n] + \frac{1}{2}\mathbf{u}^\top[n]\mathbf{R}\mathbf{u}[n] \\ & + \boldsymbol{\lambda}^\top[n+1]\left(-\mathbf{x}[n+1] + \mathbf{\Phi}\mathbf{x}[n] + \mathbf{\Gamma}\mathbf{u}[n]\right)\Bigg). \end{aligned} \tag{9.3}$$

Dando sequência ao procedimento de otimização, as seguintes equações são obtidas:

$$\frac{\partial L}{\partial \mathbf{u}[n]} = \mathbf{u}^\top[n]\mathbf{R} + \boldsymbol{\lambda}^\top[n+1]\mathbf{\Gamma} = 0, \tag{9.4}$$

$$\frac{\partial L}{\partial \boldsymbol{\lambda}[n+1]} = -\mathbf{x}[n+1] + \mathbf{\Phi}\mathbf{x}[n] + \mathbf{\Gamma}\mathbf{u}[n] = 0, \tag{9.5}$$

$$\frac{\partial L}{\partial \mathbf{x}[n]} = \mathbf{x}^\top[n]\mathbf{Q} - \boldsymbol{\lambda}^\top[n] + \boldsymbol{\lambda}^\top[n+1]\mathbf{\Phi} = 0, \tag{9.6}$$

$$\frac{\partial L}{\partial \mathbf{x}[N]} = \mathbf{x}^\top[N]\mathbf{S} - \boldsymbol{\lambda}^\top[N] = 0. \tag{9.7}$$

Note que (9.5) é simplesmente a equação de estados, ou seja,

$$\mathbf{x}[n+1] = \mathbf{\Phi}\mathbf{x}[n] + \mathbf{\Gamma}\mathbf{u}[n]. \tag{9.8}$$

O termo $\boldsymbol{\lambda}[n]$ é frequentemente denominado vetor adjunto e, por isso, (9.6) é denominada equação adjunta, que pode ser escrita como

$$\boldsymbol{\lambda}[n] = \mathbf{Q}\mathbf{x}[n] + \boldsymbol{\Phi}^\top \boldsymbol{\lambda}[n+1], \tag{9.9}$$

em que o valor final de $\boldsymbol{\lambda}[n]$ é especificado na Equação (9.7).

A solução de (9.4) é dada por

$$\mathbf{R}\mathbf{u}[n] = -\boldsymbol{\Gamma}^\top \boldsymbol{\lambda}[n+1] \Rightarrow \mathbf{u}[n] = -\mathbf{R}^{-1}\boldsymbol{\Gamma}^\top \boldsymbol{\lambda}[n+1]. \tag{9.10}$$

Sobre as condições de contorno, $\mathbf{x}[0] = \mathbf{x}_i$ deve ser dado. Entretanto, $\boldsymbol{\lambda}[0]$ não é usualmente conhecido, sendo $\boldsymbol{\lambda}[N]$ a condição de contorno, dada por (9.7), ou seja,

$$\boldsymbol{\lambda}[N] = \mathbf{S}\mathbf{x}[N]. \tag{9.11}$$

Com isso, o conjunto de equações que descreve a solução do problema de otimização está completamente especificada, tal que

$$\begin{aligned} \boldsymbol{\lambda}[n] &= \boldsymbol{\Phi}^\top \boldsymbol{\lambda}[n+1] + \mathbf{Q}\mathbf{x}[n] \\ \mathbf{x}[n+1] &= \boldsymbol{\Phi}\mathbf{x}[n] + \boldsymbol{\Gamma}\mathbf{u}[n] \\ \mathbf{u}[n] &= -\mathbf{R}^{-1}\boldsymbol{\Gamma}^\top \boldsymbol{\lambda}[n+1] \\ \mathbf{x}[0] &= \mathbf{x}_i \\ \boldsymbol{\lambda}[N] &= \mathbf{S}\mathbf{x}[N] \end{aligned}$$

Note que há para $\mathbf{x}$ uma condição de contorno inicial e, para $\boldsymbol{\lambda}$, uma condição de contorno final, o que caracteriza um **problema de valores de contorno em dois pontos** (TBVP, *Two-point Boundary Value Problem*). A solução desse problema não é trivial. Um método de solução consiste em assumir [Bryson, Ho e Cantwell 1975]

$$\boldsymbol{\lambda}[n] = \mathbf{P}[n]\mathbf{x}[n], \tag{9.12}$$

tal que o problema com valor de contorno em dois pontos em $\mathbf{x}$ e $\boldsymbol{\lambda}$ é transformado para um problema com condição de contorno em um ponto em $\mathbf{P}$. De (9.12) e (9.10), tem-se que

$$\begin{aligned} \mathbf{R}\mathbf{u}[n] &= -\boldsymbol{\Gamma}^\top \mathbf{P}[n+1]\mathbf{x}[n+1] \\ &= -\boldsymbol{\Gamma}^\top \mathbf{P}[n+1]\left(\boldsymbol{\Phi}\mathbf{x}[n] + \boldsymbol{\Gamma}\mathbf{u}[n]\right), \end{aligned} \tag{9.13}$$

Resolvendo para $\mathbf{u}[n]$, obtém-se

$$\mathbf{u}[n] = -\left(\mathbf{R} + \mathbf{\Gamma}^\top \mathbf{P}[n+1]\mathbf{\Gamma}\right)^{-1} \mathbf{\Gamma}^\top \mathbf{P}[n+1]\mathbf{\Phi}\mathbf{x}[n]. \tag{9.14}$$

De (9.9) e (9.12), segue que

$$\mathbf{P}[n]\mathbf{x}[n] = \mathbf{Q}\mathbf{x}[n] + \mathbf{\Phi}^\top \mathbf{P}[n+1]\mathbf{x}[n+1]. \tag{9.15}$$

Ao substituir (9.8) em (9.15), tem-se

$$\mathbf{P}[n]\mathbf{x}[n] = \mathbf{\Phi}^\top \mathbf{P}[n+1]\left(\mathbf{\Phi}\mathbf{x}[n] + \mathbf{\Gamma}\mathbf{u}[n]\right) + \mathbf{Q}\mathbf{x}[n]. \tag{9.16}$$

Ainda, substituindo $\mathbf{u}[n]$ de (9.14) em (9.16), chega-se em

$$\begin{aligned}\mathbf{P}[n]\mathbf{x}[n] = \; & \mathbf{\Phi}^\top \mathbf{P}[n+1]\left(\mathbf{\Phi}\mathbf{x}[n] - \mathbf{\Gamma}\left(\mathbf{R} + \mathbf{\Gamma}^\top \mathbf{P}[n+1]\mathbf{\Gamma}\right)^{-1} \mathbf{\Gamma}^\top \mathbf{P}[n+1]\mathbf{\Phi}\mathbf{x}[n]\right) \\ & + \mathbf{Q}\mathbf{x}[n],\end{aligned} \tag{9.17}$$

que pode ser reescrita como

$$\begin{aligned}&\left(\mathbf{P}[n] - \mathbf{\Phi}^\top \mathbf{P}[n+1]\mathbf{\Phi} + \mathbf{\Phi}^\top \mathbf{P}[n+1]\mathbf{\Gamma}\left(\mathbf{R} + \mathbf{\Gamma}^\top \mathbf{P}[n+1]\mathbf{\Gamma}\right)^{-1}\right. \\ &\qquad\qquad \left. \mathbf{\Gamma}^\top \mathbf{P}[n+1]\mathbf{\Phi} - \mathbf{Q}\right)\mathbf{x}[n] = 0.\end{aligned} \tag{9.18}$$

Como (9.18) deve valer para qualquer $\mathbf{x}[n]$, o termo que o multiplica deve ser nulo. Assim,

$$\mathbf{P}[n] = \mathbf{\Phi}^\top \left(\mathbf{P}[n+1] - \mathbf{P}[n+1]\mathbf{\Gamma}\left(\mathbf{R} + \mathbf{\Gamma}^\top \mathbf{P}[n+1]\mathbf{\Gamma}\right)^{-1} \mathbf{\Gamma}^\top \mathbf{P}[n+1]\right)\mathbf{\Phi} + \mathbf{Q}, \tag{9.19}$$

que é frequentemente escrita como

$$\mathbf{P}[n] = \mathbf{\Phi}^\top \mathbf{M}[n+1]\mathbf{\Phi} + \mathbf{Q}, \tag{9.20}$$

em que

$$\mathbf{M}[n+1] = \mathbf{P}[n+1] - \mathbf{P}[n+1]\mathbf{\Gamma}\left(\mathbf{R} + \mathbf{\Gamma}^\top \mathbf{P}[n+1]\mathbf{\Gamma}\right)^{-1} \mathbf{\Gamma}^\top \mathbf{P}[n+1]. \tag{9.21}$$

A Equação (9.19) é denominada **equação de Riccati**. De (9.11) e (9.12) pode-se verificar que

$$\mathbf{P}[N] = \mathbf{S}, \tag{9.22}$$

e, portanto, a solução é descrita pelas equações recursivas (9.20) e (9.21), com a condição de contorno dada por (9.22). A recursão deve ser resolvida de trás para frente, pois a condição de contorno é um ponto final. A ação ótima de controle é dada por

$$\mathbf{u}[n] = -\mathbf{K}[n]\mathbf{x}[n], \tag{9.23}$$

em que, de (9.14),

$$\mathbf{K}[n] = \left(\mathbf{R} + \mathbf{\Gamma}^\top \mathbf{P}[n+1]\mathbf{\Gamma}\right)^{-1} \mathbf{\Gamma}^\top \mathbf{P}[n+1]\mathbf{\Phi}. \tag{9.24}$$

Os cálculos são resumidos no seguinte procedimento:

1. Faça $\mathbf{P}[N] = \mathbf{S}$ e $\mathbf{K}[N] = 0$.
2. Faça $n = N$.
3. Calcule $\mathbf{M}[n] = \mathbf{P}[n] - \mathbf{P}[n]\mathbf{\Gamma}\left(\mathbf{R} + \mathbf{\Gamma}^\top \mathbf{P}[n]\mathbf{\Gamma}\right)^{-1} \mathbf{\Gamma}^\top \mathbf{P}[n]$.
4. Calcule $\mathbf{K}[n-1] = \left(\mathbf{R} + \mathbf{\Gamma}^\top \mathbf{P}[n]\mathbf{\Gamma}\right)^{-1} \mathbf{\Gamma}^\top \mathbf{P}[n]\mathbf{\Phi}$.
5. Armazene $\mathbf{K}[n-1]$.
6. Calcule $\mathbf{P}[n-1] = \mathbf{\Phi}^\top \mathbf{M}[n]\mathbf{\Phi} + \mathbf{Q}$.
7. Faça $n = n - 1$.
8. Volte para o passo 3.

Portanto, uma vez conhecido o modelo do sistema e as matrizes de peso $\mathbf{S}$, $\mathbf{Q}$ e $\mathbf{R}$, e a duração do problema N, os valores de $\mathbf{K}[n]$ devem ser previamente calculados de $n = N$ até $n = 0$ (de trás para frente) e armazenados.

Dada a condição inicial $\mathbf{x}[0] = \mathbf{x}_i$, os valores de $\mathbf{K}[n]$ armazenados são utilizados para o cálculo do sinal de controle conforme a lei $\mathbf{u}[n] = -\mathbf{K}[n]\ \mathbf{x}[n]$, em que $\mathbf{x}[n]$ evolui de acordo com a Equação (9.8). Pode-se verificar que o custo ótimo é dado por

$$J_{\min} = \mathbf{x}^\top[0]\mathbf{P}[0]\mathbf{x}[0]. \tag{9.25}$$

O Exemplo 9.1 mostra o processo interativo para calcular o ganho de realimentação de estados para cada instante e, consequentemente, o esforço de controle.

✍ **Exemplo 9.1:** Considere um sistema descrito por

$$\mathbf{x}[n+1] = \mathbf{\Phi}\mathbf{x}[n] + \mathbf{\Gamma}u[n],$$

onde

$$\mathbf{\Phi} = \begin{bmatrix} 2 & 2 \\ 1 & 0 \end{bmatrix}, \quad \mathbf{\Gamma} = \begin{bmatrix} 1 \\ 0 \end{bmatrix}, \quad \mathbf{x}[0] = \begin{bmatrix} 1 \\ 0 \end{bmatrix}.$$

Determine a sequência ótima de controle $u[n]$ que minimiza o seguinte índice de desempenho:

$$J = \frac{1}{2}\mathbf{x}^\top[8]\mathbf{S}\mathbf{x}[8] + \frac{1}{2}\sum_{n=0}^{7}\left(\mathbf{x}^\top[n]\mathbf{Q}\mathbf{x}[n] + u^\top[n]Ru[n]\right),$$

onde

$$\mathbf{Q} = \begin{bmatrix} 1 & 0 \\ 0 & 2 \end{bmatrix}, \quad R = 1, \quad \mathbf{S} = \begin{bmatrix} 1 & 0 \\ 0 & 1 \end{bmatrix}.$$

Solução: o *script* a seguir foi utilizado para resolver o problema. Os resultados obtidos são apresentados nas Tabelas 9.1 e 9.2.

```
clear all; clc; close all;
Phi = [2 2;1 0]; Gamma = [1; 0]; N = 8;
Q = diag([1,2]); R=1; S = eye(2);
P = zeros(2,2,N+1); P(:,:,N+1) = S; K = zeros(N+1,2);
for n=N+1:-1:1  %Cálculo de K
        M = P(:,:,n)-P(:,:,n)*Gamma*inv(R+Gamma'*P(:,:,n)*Gamma)*Gamma'*P
            (:,:,n);
        if (n>1)
                K(n-1,:) = inv(R+Gamma'*P(:,:,n)*Gamma)*Gamma'*P(:,:,n)*Phi
                    ;
                P(:,:,n-1) = Phi'*M*Phi+Q;
        end
end
x = zeros(2,N+1); x(:,1) = [1; 0]; u = zeros(1,N+1);
for n=1:N+1 %Cálculo de u
        u(n) = -K(n,:)*x(:,n);
        x(:,n+1) = Phi*x(:,n)+Gamma*u(n);
end
```

9.2 Controle LQR

Como visto na seção anterior, o controle ótimo quadrático é dado por um ganho variante no tempo, $\mathbf{K}[n]$. Se for considerada a condição em regime, ter-se-á um ganho constante $\mathbf{K}_{ss}$, que é muito mais fácil de se obter do que o ganho variante no tempo. De fato, para um problema de tempo infinito, denominado **regulador**, a solução com ganho constante é ótima. Assim, tal solução **é denominada regulador linear quadrático** (LQR, *Linear Quadratic Regulator*).

Tabela 9.1 – Cálculo de $\mathbf{K}[n]$ do Exemplo 9.1.

$n \downarrow$	$\mathbf{P}[n]$	$\mathbf{K}[n]$
8	$\begin{bmatrix} 1 & 0 \\ 0 & 1 \end{bmatrix}$	$\begin{bmatrix} 0 & 0 \end{bmatrix}$
7	$\begin{bmatrix} 4 & 2 \\ 2 & 4 \end{bmatrix}$	$\begin{bmatrix} 1,0 & 1,0 \end{bmatrix}$
6	$\begin{bmatrix} 9 & 4 \\ 4 & 5,2 \end{bmatrix}$	$\begin{bmatrix} 2,0 & 1,6 \end{bmatrix}$
5	$\begin{bmatrix} 9,8 & 4,4 \\ 4,4 & 5,6 \end{bmatrix}$	$\begin{bmatrix} 2,2 & 1,8 \end{bmatrix}$
4	$\begin{bmatrix} 10,0667 & 4,4444 \\ 4,4444 & 5,6296 \end{bmatrix}$	$\begin{bmatrix} 2,2222 & 1,8148 \end{bmatrix}$
3	$\begin{bmatrix} 10,0897 & 4,4418 \\ 4,4418 & 5,6386 \end{bmatrix}$	$\begin{bmatrix} 2,2209 & 1,8193 \end{bmatrix}$
2	$\begin{bmatrix} 10,1009 & 4,4404 \\ 4,4404 & 5,6393 \end{bmatrix}$	$\begin{bmatrix} 2,2202 & 1,8197 \end{bmatrix}$
1	$\begin{bmatrix} 10,1028 & 4,4397 \\ 4,4397 & 5,6397 \end{bmatrix}$	$\begin{bmatrix} 2,2198 & 1,8198 \end{bmatrix}$
0	$\begin{bmatrix} 10,1036 & 4,4395 \\ 4,4395 & 5,6397 \end{bmatrix}$	$\begin{bmatrix} 2,2197 & 1,8199 \end{bmatrix}$

Tabela 9.2 – Cálculo de $u[n]$ do Exemplo 9.1.

$n \uparrow$	$\mathbf{x}[n]$	$u[n]$
0	$\begin{bmatrix}1,0 & 0\end{bmatrix}$	$-2,2197$
1	$\begin{bmatrix}-0,2197 & 1,0\end{bmatrix}$	$-1,3321$
2	$\begin{bmatrix}0,2285 & -0,2197\end{bmatrix}$	$-0,1074$
3	$\begin{bmatrix}-0,0899 & 0,2285\end{bmatrix}$	$-0,2159$
4	$\begin{bmatrix}0,0612 & -0,0899\end{bmatrix}$	$0,0273$
5	$\begin{bmatrix}-0,0302 & 0,0612\end{bmatrix}$	$-0,0435$
6	$\begin{bmatrix}0,0183 & -0,0302\end{bmatrix}$	$0,0118$
7	$\begin{bmatrix}-0,0121 & 0,0183\end{bmatrix}$	$-0,0062$
8	$\begin{bmatrix}0,0062 & -0,0121\end{bmatrix}$	$0,0$

Para $N \to \infty$, o índice de desempenho poder ser modificado para

$$J = \frac{1}{2}\sum_{n=0}^{\infty}\left(\mathbf{x}^\top[n]\mathbf{Q}\mathbf{x}[n] + \mathbf{u}^\top[n]\mathbf{R}\mathbf{u}[n]\right). \tag{9.26}$$

O termo $\frac{1}{2}\mathbf{x}^\top(N)\mathbf{S}\mathbf{x}[N]$ não aparece nesta representação pois, ao assumir estabilidade no regulador ótimo, $\mathbf{x}_{ss}$ converge para zero.

Uma forma de se obter $\mathbf{K}_{ss}$ consiste em calcular $\mathbf{P}[n]$ até que ela se encontre na condição de regime, ou seja, $\mathbf{P}_{ss}$, e assim utilizar esse valor em (9.23) para obter $\mathbf{K}_{ss}$. A desvantagem desse método é o elevado esforço computacional.

Outra forma consiste em utilizar na equação de Riccati na forma estacionária, denominada **equação algébrica de Riccati**. Em regime estacionário, tem-se

$$\mathbf{P}_{ss} = \mathbf{\Phi}^\top\left(\mathbf{P}_{ss} - \mathbf{P}_{ss}\mathbf{\Gamma}\left(\mathbf{R} + \mathbf{\Gamma}^\top\mathbf{P}_{ss}\mathbf{\Gamma}\right)^{-1}\mathbf{\Gamma}^\top\mathbf{P}_{ss}\right)\mathbf{\Phi} + \mathbf{Q}. \tag{9.27}$$

Devido ao fato de a equação ser quadrática em $\mathbf{P}_{ss}$, há mais de uma solução. A solução escolhida deve ser definida positiva. Em muitos casos não é possível obter uma solução analítica de (9.27), o que exige algum método numérico para sua solução.

No MATLAB® há o comando `dlqr`, que, de acordo com a notação utilizada aqui, possui a seguinte sintaxe: `[K,P,E] = dlqr(Phi,Gamma,Q,R,N)`. Tal comando calcula a matriz de realimentação de estados $\mathbf{K}$, de forma que $\mathbf{u}[n] = -\mathbf{K}\mathbf{x}[n]$ minimize o seguinte índice de desempenho:

$$J = \frac{1}{2}\sum_{n=0}^{\infty}\left(\mathbf{x}^\top[n]\mathbf{Q}\mathbf{x}[n] + \mathbf{u}^\top[n]\mathbf{R}\mathbf{u}[n] + 2\mathbf{x}^\top[n]\mathbf{N}\mathbf{u}[n]\right),$$

para o sistema descrito por

$$\mathbf{x}[n+1] = \mathbf{\Phi}\mathbf{x}[n] + \mathbf{\Gamma}\mathbf{u}[n].$$

Por padrão, `N=0`, valor este assumido quando o parâmetro é omitido. Adicionalmente, o comando retorna solução da equação algébrica de Riccati, `P`, e os autovalores de malha fechada do sistema, `E`.

Se a equação de saída do sistema é dada por $\mathbf{y}[n] = \mathbf{C}\mathbf{x}[n]$, e $\mathbf{Q} = \mathbf{C}^\top\mathbf{C}$, então a função custo do LQR pode ser escrita como

$$\begin{aligned} J &= \frac{1}{2}\sum_{n=0}^{\infty}\left(\mathbf{x}^\top[n]\mathbf{C}^\top\mathbf{C}\mathbf{x}[n] + \mathbf{u}^\top[n]\mathbf{R}\mathbf{u}[n]\right) \\ &= \frac{1}{2}\sum_{n=0}^{\infty}\left(\mathbf{y}^\top[n]\mathbf{y}[n] + \mathbf{u}^\top[n]\mathbf{R}\mathbf{u}[n]\right). \end{aligned} \tag{9.28}$$

Quando a matriz $\mathbf{R}$ é da forma $\mathbf{R} = \rho\mathbf{I}$, e $\rho \to 0^+$ o problema é denominado LQR *cheap control*.

9.2.1 Escolha de Q e R

Em relação ao projeto do controlador LQR, a escolha das matrizes $\mathbf{Q}$ e $\mathbf{R}$ requer uma certa quantidade de ajustes até que se tenha uma resposta satisfatória. Um aumento em $\mathbf{Q}$ aumenta a velocidade de convergência da solução ao ponto de equilíbrio. Um aumento em $\mathbf{R}$ reduz o esforço de controle considerado.

Há algumas diretrizes que podem conduzir a uma boa escolha, ou pelo menos restringir a busca, de forma a torná-la menos exaustiva. A regra de Bryson, mencionada em [Franklin, Powell e Emami-Naeini 2002], sugere escolher $\mathbf{Q}$ e $\mathbf{R}$ diagonais, tais que

$$Q_{ii} = \frac{1}{\text{Máximo valor aceitável para } x_i^2}, \quad i = 1, 2, \ldots, k, \tag{9.29}$$

$$R_{ii} = \frac{1}{\text{Máximo valor aceitável para } u_j^2}, \quad j = 1, 2, \ldots, r. \tag{9.30}$$

Tal regra é frequentemente utilizada como um ponto de partida para um método interativo de tentativa e erro, a fim de se obter um sistema em malha fechada com propriedades desejadas.

As matrizes **Q** e **R** não estão diretamente relacionadas com as especificações de desempenho, ou seja, com a posição exata dos polos de malha fechada. Devido a isso, a seguir é descrito um método para modificar tais matrizes de forma a garantir que os polos de malha fechada fiquem no interior do círculo de raio $1/\alpha$, com $\alpha > 1$. Com isso, a resposta transitória decairá com taxa pelo menos igual a $1/\alpha^n$. Considere a seguinte relação:

$$\mathbf{z}[n] = \alpha^n \mathbf{x}[n], \quad \alpha > 1. \tag{9.31}$$

Pode-se definir o tempo de assentamento t_{ss} do estado x_j como sendo o tempo que o estado decai a 1% do seu valor inicial, assumindo que os demais estados sejam nulos em $n = 0$. Por exemplo, se $x_j[0] = 1,0$, t_{ss} é o tempo necessário para que x_j tenha valor igual a $0,01$, i.e., se $t_{ss} = n_{ss}T_s$, tem-se que

$$x_j(n_{ss}T_s) \leq 0,01 x_j(0). \tag{9.32}$$

Ao considerar a seguinte aproximação:

$$x_j(n_{ss}T_s) \approx x_j(0)(1/\alpha)^{n_{ss}}, \tag{9.33}$$

verifica-se que

$$\alpha \geq 100^{(1/n_{ss})}. \tag{9.34}$$

De (9.31) note que

$$\begin{aligned} \mathbf{z}[n+1] &= \alpha^{n+1}\mathbf{x}[n+1] = \alpha\left[\alpha^n(\mathbf{\Phi x}[n] + \mathbf{\Gamma u}[n])\right] \\ &= \alpha\left[(\mathbf{\Phi z}[n] + \mathbf{\Gamma v}[n])\right] \\ &= \alpha\mathbf{\Phi z}[n] + \alpha\mathbf{\Gamma v}[n], \end{aligned} \tag{9.35}$$

em que $\mathbf{v}[n] = \alpha^n \mathbf{u}[n]$. Assim, projeta-se o controle ótimo para $\mathbf{z}[n]$, ou seja, considerando as matrizes $\alpha\mathbf{\Phi}$ e $\alpha\mathbf{\Gamma}$, o que garante $\mathbf{z}[n]$ estável. Consequente, $\mathbf{x}[n]$ será estável e terá taxa de decaimento pelo menos igual a $1/\alpha^n$.

O Exemplo 9.2 apresenta um projeto de controle LQR aplicado em um sistema de tanque quádruplo.

✍ **Exemplo 9.2:** Considere o sistema de tanques quádruplos representado na Figura 9.1 [Neves et al. 2016]. Trata-se de um sistema com duas entradas (as duas tensões nas bombas) e duas saídas (os níveis dos tanques 1 e 2), ou seja, um sistema TITO (*Two-input-Two-output*). O modelo fenomenológico, já linearizado em torno do ponto de equilíbrio $\bar{h}_1 = \bar{h}_2 = 15$ cm, $\bar{h}_3 = 7,2595$ cm, $\bar{h}_4 = 4,4463$ cm, com $\bar{v}_1 = 3,9449$ V, $\bar{v}_2 = 4,9312$ V e considerando $\gamma_1 = 0,55$ $\gamma_2 = 0,54$, é dado por

$$\dot{\mathbf{x}} = \mathbf{A}\mathbf{x} + \mathbf{B}\mathbf{u}, \;\; \mathbf{y} = \mathbf{C}\mathbf{x}, \tag{9.36}$$

com

$$\mathbf{A} = \begin{bmatrix} -0,01046 & 0 & 0,0306 & 0 \\ 0 & -0,01046 & 0 & 0,0253 \\ 0 & 0 & -0,0306 & 0 \\ 0 & 0 & 0 & -0,0253 \end{bmatrix}, \tag{9.37}$$

$$\mathbf{B} = \begin{bmatrix} 0,03961 & 0 \\ 0 & 0,04103 \\ 0 & 0,02971 \\ 0,03112 & 0 \end{bmatrix}, \tag{9.38}$$

em que o vetor de estados é dado por $\mathbf{x} = [h_1 \; h_2 \; h_3 \; h_4]^\top$. Teoricamente, o modelo é simétrico, mas, como as bombas apresentam curvas ligeiramente diferentes e $\gamma_1 \neq \gamma_2$, uma assimetria é observada no modelo. Considerando que o sistema esteja no ponto de equilíbrio, projete um controlador LQR com integradores tal que o sistema em malha fechada apresente um tempo de assentamento para os estados h_1 e h_2 menor do que 80 s, e que o máximo sobressinal não ultrapasse 10%.

Solução: considere inicialmente as seguintes matrizes de ponderação:

$$\mathbf{Q} = \text{diag}([5 \;\; 5 \;\; 1\times10^{-3} \;\; 1\times10^{-3} \;\; 1\times10^{-1} \;\; 1\times10^{-1}]),$$

$$\mathbf{R} = \begin{bmatrix} 10 & 0 \\ 0 & 10 \end{bmatrix}.$$

O seguinte código MATLAB® foi utilizado como solução:

```
clear all; clc; close all;
fs=2; Ts=1/fs;
K_G = 0.6; %Numerador da F. T.
A = [-0.01046 0        0.0306  0;
0        -0.01046 0       0.0253;
0        0        -0.0306 0;
0        0        0       -0.0253];
B = [0.03961   0; 0 0.04103; 0 0.02971; 0.03112 0];
C = [1 0 0 0; 0 1 0 0];
[Phi,Gamma] =  c2d(A,B,Ts);
Phi_ = [Phi zeros(4,2); -C eye(2)]; Gamma_ = [Gamma; zeros(2)];
```

```
Q = diag([5 5 1e-3 1e-3 1e-1 1e-1]); R = 10*eye(2);
K = dlqr(Phi_,Gamma_,Q,R); %Projeto do Controlador
sim('SIM_Ex_09_02');
%Código de geração de gráficos foi omitido
```

O código do Bloco *Matlab Function* é apresentado a seguir:

```
function [u_1, u_2] = fcn(x_1, x_2, x_3, K)

u_1 = -( K(1,1)*x_1 + K(1,2)*x_2 + K(1,3)*x_3 );
u_2 = -( K(2,1)*x_1 + K(2,2)*x_2 + K(2,3)*x_3 );
```

O diagrama de simulação SIM_Ex_09_02.slx é mostrado na Figura 9.2. Os resultados são apresentados na Figura 9.3. Como o desempenho foi satisfatório, não há necessidade de reajustes em $\mathbf{Q}$ e $\mathbf{R}$.

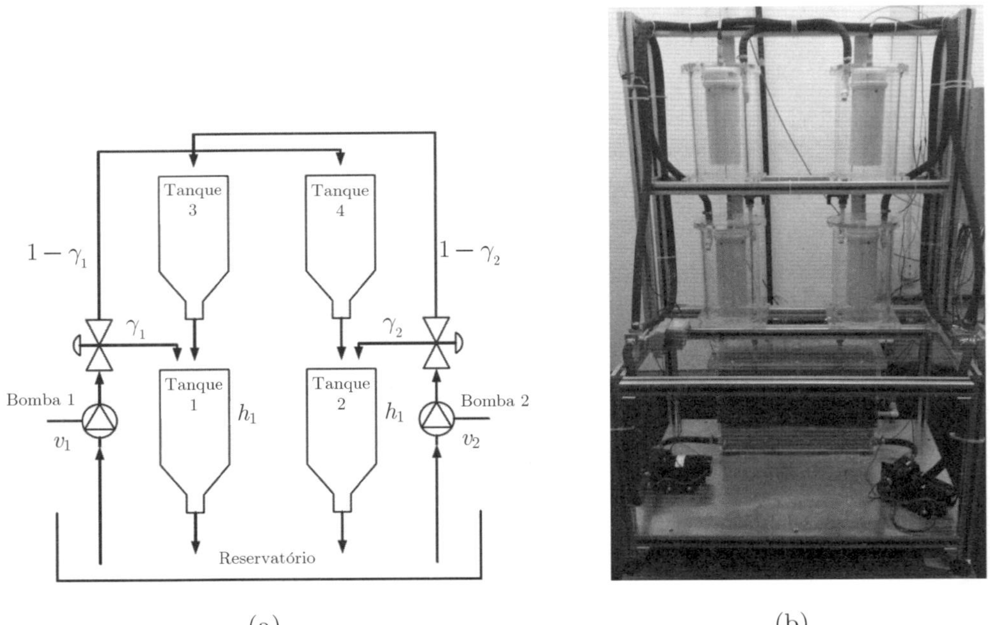

Figura 9.1 – Sistema tanque quádruplo do Exemplo 9.2. (a) diagrama esquemático; (b) planta física.

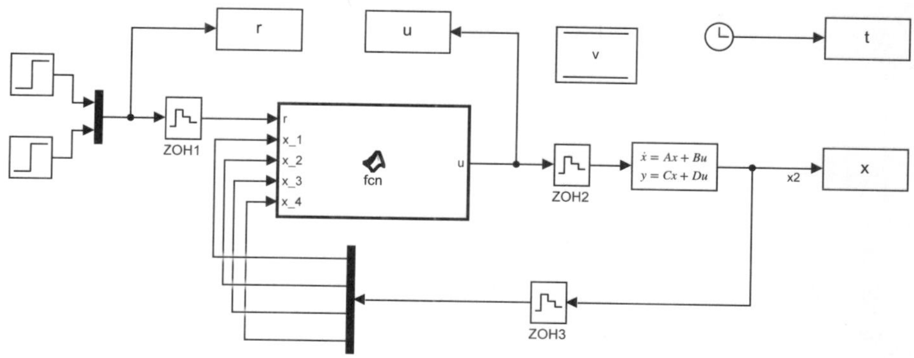

Figura 9.2 – Diagrama de simulação do Exemplo 9.2.

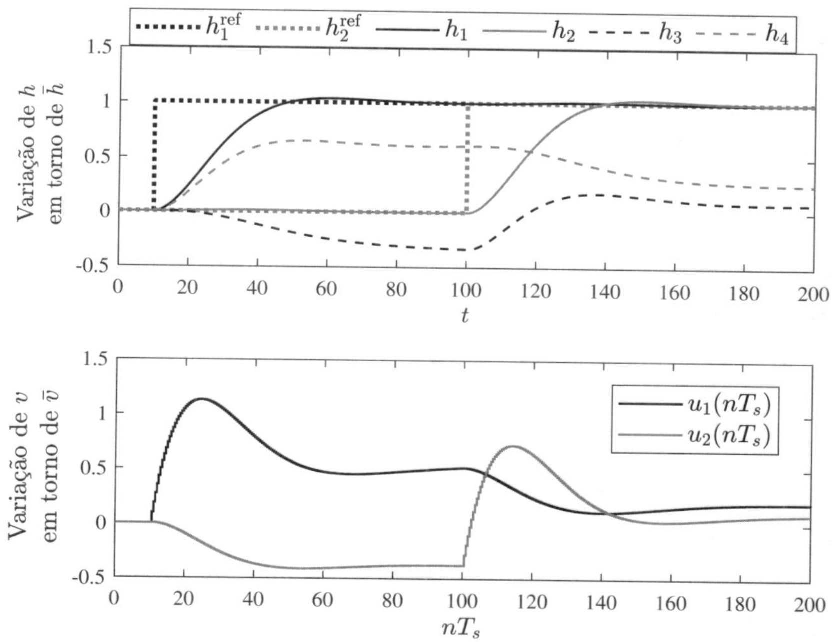

Figura 9.3 – Resposta do Exemplo 9.2. Observe que os resultados estão de acordo com a especificação.

9.3 Filtro de Kalman

O filtro de Kalman consiste em um conjunto de equações recursivas para estimar os estados do sistema descrito pelas seguintes equações de diferenças:

$$\mathbf{x}[n+1] = \mathbf{\Phi x}[n] + \mathbf{\Gamma u}[n] + \mathbf{\Psi w}[n], \tag{9.39}$$

e

$$\mathbf{y}[n] = \mathbf{Cx}[n] + \mathbf{v}[n], \tag{9.40}$$

onde $\mathbf{w}[n]$ e $\mathbf{v}[n]$ representam, respectivamente, o ruído de processo e o ruído de medição, ambos caracterizados como ruído branco, tais que

$$\mathbb{E}\left\{\mathbf{v}[k]\mathbf{w}^\top[j]\right\} = 0, \tag{9.41}$$

$$\mathbb{E}\left\{\mathbf{v}[k]\mathbf{v}^\top[j]\right\} = \begin{cases} 0, & k \neq j, \\ \mathbf{R_v}, & k = j, \end{cases} \tag{9.42}$$

e

$$\mathbb{E}\left\{\mathbf{w}[k]\mathbf{w}^\top[j]\right\} = \begin{cases} 0, & k \neq j, \\ \mathbf{R_w}, & k = j, \end{cases} \tag{9.43}$$

em que $\mathbf{R_w}$ e $\mathbf{R_v}$ representam as matrizes de covariância do ruído de processo e de medição, respectivamente.

Como observador de estados, o filtro de Kalman é ótimo para sistemas lineares sujeitos a ruído branco. A partir de $\mathbf{R_v}$ e $\mathbf{R_w}$ e do modelo linear do sistema, o ganho do observador é determinado, de forma recursiva, como resultado de um processo de otimização. O trabalho original de Kalman foi publicado em 1960 [Kalman 1960]. Desde então, tal algoritmo vem sendo utilizado em uma enorme quantidade de aplicações.

Considere um estimador com a mesma estrutura do observador de valor atual, tal que

$$\hat{\mathbf{x}}[n] = \bar{\mathbf{x}}[n] + \mathbf{L}_c[n](\mathbf{y}[n] - \mathbf{C}\,\bar{\mathbf{x}}[n]), \tag{9.44}$$

$$\bar{\mathbf{x}}[n] = \mathbf{\Phi}\hat{\mathbf{x}}[n-1] + \mathbf{\Gamma u}[n-1], \tag{9.45}$$

onde (9.45) é denominada atualização temporal e (9.44) atualização de medida. Definem-se

$$\tilde{\mathbf{x}}[n] = \hat{\mathbf{x}}[n] - \mathbf{x}[n], \tag{9.46}$$

e

$$\tilde{\bar{\mathbf{x}}}[n] = \bar{\mathbf{x}}[n] - \mathbf{x}[n], \tag{9.47}$$

como os erros de estimação *a posteriori* e *a priori*, respectivamente. Pode-se verificar que

$$\tilde{\mathbf{x}}[n] = (\mathbf{I} - \mathbf{L}_c[n]\mathbf{C})\,\tilde{\bar{\mathbf{x}}} + \mathbf{L}_c[n]\mathbf{v}[n], \tag{9.48}$$

e

$$\tilde{\tilde{\mathbf{x}}}[n] = \mathbf{\Phi}\tilde{\mathbf{x}}[n-1] - \mathbf{\Psi}\mathbf{w}[n-1]. \tag{9.49}$$

As matrizes de covariâncias (medidas das magnitudes dos ruídos) dos erros de estimação *a posteriori* e *a priori* são, respectivamente, dadas por

$$\begin{aligned}
\mathbf{P}[n] &= \mathbb{E}\left\{\tilde{\mathbf{x}}[n]\,\tilde{\mathbf{x}}^{\top}[n]\right\} \\
&= \mathbb{E}\left\{(\mathbf{I}-\mathbf{L}_c[n]\mathbf{C})\,\tilde{\tilde{\mathbf{x}}}[n]\;\tilde{\tilde{\mathbf{x}}}^{\top}[n]\,(\mathbf{I}-\mathbf{L}_c\mathbf{C})^{\top}\right\} + \\
&\quad\; \mathbb{E}\left\{\mathbf{L}_c[n]\mathbf{v}[n]\;\mathbf{v}^{\top}[n]\mathbf{L}_c^{\top}[n]\right\} \\
&= (\mathbf{I}-\mathbf{L}_c[n]\mathbf{C})\;\mathbf{M}[n](\mathbf{I}-\mathbf{L}_c[n]\mathbf{C})^{\top} + \mathbf{L}_c[n]\,\mathbf{R}_{\mathbf{v}}\,\mathbf{L}_c^{\top}[n],
\end{aligned} \tag{9.50}$$

e

$$\begin{aligned}
\mathbf{M}[n] &= \mathbb{E}\left\{\tilde{\tilde{\mathbf{x}}}[n]\,\tilde{\tilde{\mathbf{x}}}^{\top}[n]\right\} \\
&= \mathbb{E}\left\{(\mathbf{\Phi}\tilde{\mathbf{x}}[n-1]-\mathbf{\Psi}\mathbf{w}[n-1])\,(\mathbf{\Phi}\tilde{\mathbf{x}}[n-1]-\mathbf{\Psi}\mathbf{w}[n-1])^{\top}\right\} \\
&= \mathbf{\Phi}\mathbf{P}[n-1]\mathbf{\Phi}^{\top} + \mathbf{\Psi}\mathbf{R}_{\mathbf{w}}\mathbf{\Psi}^{\top}.
\end{aligned} \tag{9.51}$$

O ganho $\mathbf{L}_c[n]$ é obtido ao minimizar o índice de desempenho

$$J = \operatorname{Tr}\left(\mathbf{P}[n]\right). \tag{9.52}$$

Antes de prosseguir, considere as seguintes propriedades: sejam $\mathbf{G}$, $\mathbf{A}$, $\mathbf{X}$, $\mathbf{B}$ e $\mathbf{W}$ matrizes de dimensões compatíveis, então

$$\frac{\partial}{\partial \mathbf{X}}\operatorname{Tr}\left[(\mathbf{G}+\mathbf{AXB})\,\mathbf{W}(\mathbf{G}+\mathbf{AXB})^{\top}\right] = 2\mathbf{A}^{\top}\left(\mathbf{AXB}+\mathbf{G}\right)\mathbf{W}\mathbf{B}^{\top},$$

$$\frac{\partial}{\partial \mathbf{X}}\operatorname{Tr}\left(\mathbf{XAX}^{\top}\right) = \mathbf{X}\left(\mathbf{A}+\mathbf{A}^{\top}\right).$$

Com isso, verifica-se que

$$\frac{\partial}{\partial \mathbf{L}_c[n]}\operatorname{Tr}\left[(\mathbf{I}-\mathbf{L}_c[n]\mathbf{C})\;\mathbf{M}[n](\mathbf{I}-\mathbf{L}_c[n]\mathbf{C})^{\top}\right] = -2\left(\mathbf{I}-\mathbf{L}_c[n]\mathbf{C}\right)\mathbf{M}[n]\,\mathbf{C}^{\top}, \tag{9.53}$$

e

$$\frac{\partial}{\partial \mathbf{L}_c[n]}\operatorname{Tr}\left(\mathbf{L}_c[n]\,\mathbf{R}_{\mathbf{v}}\,\mathbf{L}_c^{\top}[n]\right) = \mathbf{L}_c[n]\,\left(\mathbf{R}_{\mathbf{v}}+\mathbf{R}_{\mathbf{v}}^{\top}\right) = 2\mathbf{L}_c[n]\mathbf{R}_{\mathbf{v}}. \tag{9.54}$$

Logo,

$$\frac{\partial J}{\partial \mathbf{L}_c[n]} = -2\left(\mathbf{I}-\mathbf{L}_c[n]\mathbf{C}\right)\,\mathbf{M}[n]\,\mathbf{C}^{\top} + 2\mathbf{L}_c[n]\mathbf{R}_{\mathbf{v}}. \tag{9.55}$$

Ao igualar (9.55) a zero, encontra-se $\mathbf{L}_c[n]$, tal que

$$\mathbf{L}_c[n] = \mathbf{M}[n]\mathbf{C}^{\top}\left(\mathbf{C}\,\mathbf{M}[n]\,\mathbf{C}^{\top}+\mathbf{R}_{\mathbf{v}}\right)^{-1}. \tag{9.56}$$

Considere novamente a Equação (9.50). Ao expandir os termos, chega-se em

$$\mathbf{P}[n] = \mathbf{M}[n] - \mathbf{L}_c[n]\mathbf{C}\mathbf{M}[n] + \mathbf{L}_c[n]\left(\mathbf{C}\mathbf{M}[n]\mathbf{C}^\top + \mathbf{R_v}\right)\mathbf{L}_c^\top[n] - \mathbf{M}[n]\mathbf{C}^\top\mathbf{L}_c^\top[n]. \quad (9.57)$$

Substituindo (9.56) no terceiro termo do lado direito de (9.57), obtém-se

$$\mathbf{P}[n] = \left(\mathbf{I} - \mathbf{L}_c[n]\mathbf{C}\right)\mathbf{M}[n]. \quad (9.58)$$

Neste ponto já se tem uma versão do filtro de Kalman como estimador de estados, baseado no estimador pelo valor atual:

1. Defina $\mathbf{R_v}$, $\mathbf{R_w}$, $\hat{\mathbf{x}}[-1]$ e $\mathbf{P}[-1]$.
2. Faça $n = 0$.
3. $\bar{\mathbf{x}}[n] = \boldsymbol{\Phi}\hat{\mathbf{x}}[n-1] + \boldsymbol{\Gamma}\mathbf{u}[n-1]$ } predição
4. $\mathbf{M}[n] = \boldsymbol{\Phi}\mathbf{P}[n-1]\boldsymbol{\Phi}^\top + \boldsymbol{\Psi}\mathbf{R_w}\boldsymbol{\Psi}^\top$ } predição
5. $\mathbf{L}_c[n] = \mathbf{M}[n]\mathbf{C}^\top\mathbf{R_v}^{-1}\left(\mathbf{C}\,\mathbf{M}[n]\,\mathbf{C}^\top\mathbf{R_v}^{-1} + \mathbf{I}\right)^{-1}$ } correção
6. $\hat{\mathbf{x}}[n] = \bar{\mathbf{x}}[n] + \mathbf{L}_c[n](\mathbf{y}[n] - \mathbf{C}\,\bar{\mathbf{x}}[n])$ } correção
7. $\mathbf{P}[n] = \left(\mathbf{I} - \mathbf{L}_c[n]\mathbf{C}\right)\mathbf{M}[n]$ } correção
8. Faça $n = n + 1$.
9. Volte para o passo 3.

Neste esquema, a predição é atualizada antes da correção. Em seguida, as equações serão manipuladas para se chegar em novas representações.

A Equação (9.56) pode ser rearranjada como

$$\begin{aligned}\mathbf{L}_c[n] &= \mathbf{M}[n]\mathbf{C}^\top\mathbf{R_v}^{-1}\mathbf{R_v}\left(\mathbf{C}\,\mathbf{M}[n]\,\mathbf{C}^\top + \mathbf{R_v}\right)^{-1}\\ &= \mathbf{M}[n]\mathbf{C}^\top\mathbf{R_v}^{-1}\left(\mathbf{C}\,\mathbf{M}[n]\,\mathbf{C}^\top\mathbf{R_v}^{-1} + \mathbf{I}\right)^{-1}.\end{aligned} \quad (9.59)$$

Com isso,

$$\mathbf{L}_c[n]\left(\mathbf{C}\,\mathbf{M}[n]\,\mathbf{C}^\top\mathbf{R_v}^{-1} + \mathbf{I}\right) = \mathbf{M}[n]\mathbf{C}^\top\mathbf{R_v}^{-1}, \quad (9.60)$$

ou seja,

$$\mathbf{L}_c[n] = \mathbf{M}[n]\mathbf{C}^\top\mathbf{R_v}^{-1} - \mathbf{L}_c[n]\mathbf{C}\,\mathbf{M}[n]\,\mathbf{C}^\top\mathbf{R_v}^{-1} = \left(\mathbf{I} - \mathbf{L}_c[n]\mathbf{C}\right)\mathbf{M}[n]\,\mathbf{C}^\top\mathbf{R_v}^{-1}. \quad (9.61)$$

Portanto, de (9.58) e (9.61), chega-se em

$$\mathbf{L}_c[n] = \mathbf{P}[n]\mathbf{C}^\top\mathbf{R_v}^{-1}. \quad (9.62)$$

De (9.58), verifica-se que

$$\mathbf{P}[n]\mathbf{M}^{-1}[n] = (\mathbf{I} - \mathbf{L}_c[n]\mathbf{C})\,. \tag{9.63}$$

Ao substituir (9.62) em

$$\mathbf{P}[n] = \left(\mathbf{M}^{-1}[n] + \mathbf{C}^\top \mathbf{R}_\mathbf{v}^{-1}\mathbf{C}\right)^{-1}. \tag{9.64}$$

Com isso, chega-se a outra forma do filtro de Kalman:

1. Defina $\mathbf{R_v}$, $\mathbf{R_w}$, $\bar{\mathbf{x}}[0]$ e $\mathbf{M}[0]$.
2. Faça $n = 0$.
3. Calcule $\mathbf{P}[n] = \left(\mathbf{M}^{-1}[n] + \mathbf{C}^\top \mathbf{R}_\mathbf{v}^{-1}\mathbf{C}\right)^{-1}$. } correção
4. Calcule $\mathbf{L}_c[n] = \mathbf{P}[n]\mathbf{C}^\top \mathbf{R}_\mathbf{v}^{-1}$. } correção
5. Calcule $\hat{\mathbf{x}}[n] = \bar{\mathbf{x}}[n] + \mathbf{L}_c[n](\mathbf{y}[n] - \mathbf{C}\,\bar{\mathbf{x}}[n])$. } correção
6. Atualize $\bar{\mathbf{x}}[n+1] = \mathbf{\Phi}\hat{\mathbf{x}}[n] + \mathbf{\Gamma}\mathbf{u}[n]$. } predição
7. Atualize $\mathbf{M}[n+1] = \mathbf{\Phi}\mathbf{P}[n]\,\mathbf{\Phi}^\top + \mathbf{\Psi}\mathbf{R_w}\mathbf{\Psi}^\top$. } predição
8. Faça $n = n + 1$.
9. Volte para o passo 3.

Observe que essa nova representação faz a predição de $\mathbf{M}[n + 1]$ e $\bar{\mathbf{x}}[n+1]$ após a correção.

Além disso, uma forma numericamente mais eficiente de se escrever (9.64) pode ser obtida utilizando-se o seguinte lema:

Lema 9.3.1 (Lema da inversão de matrizes) *Considere matrizes* $\mathbf{R}$, $\mathbf{S}$, $\mathbf{T}$ *e* $\mathbf{U}$ *de dimensões compatíveis e assuma que não haja problemas de singularidade com as matrizes a serem invertidas. Então, a seguinte relação é válida:*

$$(\mathbf{R} + \mathbf{STU})^{-1} = \mathbf{R}^{-1} - \mathbf{R}^{-1}\mathbf{S}\left[\mathbf{T}^{-1} + \mathbf{U}\mathbf{R}^{-1}\mathbf{S}\right]^{-1}\mathbf{U}\mathbf{R}^{-1}.$$

Pelo Lema 9.3.1, (9.64) pode ser reescrita como

$$\mathbf{P}[n] = \mathbf{M}[n] - \mathbf{M}[n]\mathbf{C}^\top \left(\mathbf{C}\mathbf{M}[n]\mathbf{C}^\top + \mathbf{R_v}\right)^{-1}\mathbf{C}\mathbf{M}[n]. \tag{9.65}$$

Note que em (9.62) o ganho $\mathbf{L}_c[n]$ depende de $\mathbf{P}[n]$ dada em (9.65), que, por sua vez, depende de $\mathbf{M}[n]$. Assim, tem-se uma terceira forma do filtro de Kalman como observador de estados:

1. Defina $\mathbf{R_v}$, $\mathbf{R_w}$, $\bar{\mathbf{x}}[0]$ e $\mathbf{M}[0]$.
2. Faça $n = 0$.
3. Calcule $\mathbf{P}[n] = \mathbf{M}[n] - \mathbf{M}[n]\mathbf{C}^\top \left(\mathbf{C}\mathbf{M}[n]\mathbf{C}^\top + \mathbf{R_v}\right)^{-1} \mathbf{C}\mathbf{M}[n]$. (correção)
4. Calcule $\mathbf{L}_c[n] = \mathbf{P}[n]\mathbf{C}^\top\mathbf{R_v}^{-1}$. (correção)
5. Calcule $\hat{\mathbf{x}}[n] = \bar{\mathbf{x}}[n] + \mathbf{L}_c[n](\mathbf{y}[n] - \mathbf{C}\,\bar{\mathbf{x}}[n])$. (correção)
6. Atualize $\bar{\mathbf{x}}[n+1] = \mathbf{\Phi}\hat{\mathbf{x}}[n] + \mathbf{\Gamma}\mathbf{u}[n]$. (predição)
7. Atualize $\mathbf{M}[n+1] = \mathbf{\Phi}\mathbf{P}[n]\,\mathbf{\Phi}^\top + \mathbf{\Psi}\mathbf{R_w}\mathbf{\Psi}^\top$. (predição)
8. Faça $n = n + 1$.
9. Volte para o passo 3.

As equações recursivas para determinar $\mathbf{M}$ e $\mathbf{P}$ no filtro de Kalman são repetidas aqui:

$$\mathbf{P}[n] = \mathbf{M}[n] - \mathbf{M}[n]\mathbf{C}^\top \left(\mathbf{C}\mathbf{M}[n]\mathbf{C}^\top + \mathbf{R_v}\right)^{-1} \mathbf{C}\mathbf{M}[n],$$

$$\mathbf{M}[n+1] = \mathbf{\Phi}\mathbf{P}[n]\,\mathbf{\Phi}^\top + \mathbf{\Psi}\mathbf{R_w}\mathbf{\Psi}^\top.$$

Já para o controle ótimo, obteve-se

$$\mathbf{M}[n] = \mathbf{P}[n] - \mathbf{P}[n]\mathbf{\Gamma}\left(\mathbf{R} + \mathbf{\Gamma}^\top\mathbf{P}[n]\mathbf{\Gamma}\right)^{-1}\mathbf{\Gamma}^\top\mathbf{P}[n],$$

$$\mathbf{P}[n-1] = \mathbf{\Phi}^\top\mathbf{M}[n]\mathbf{\Phi} + \mathbf{Q}.$$

Note que as duas formas são semelhantes, exceto pelo sentido da evolução temporal. Pode-se considerar aqui também a versão em regime estacionário para o estimador, resultando em um ganho constante $\mathbf{L}_{ss}$. Por analogia ao controle ótimo, tem-se

$$\mathbf{L}_{ss} = \mathbf{M}_{ss}\,\mathbf{C}^\top\left(\mathbf{C}\,\mathbf{M}_{ss}\mathbf{C}^\top + \mathbf{R_v}\right)^{-1}, \tag{9.66}$$

onde

$$\mathbf{M}_{ss} = \mathbf{\Phi}\mathbf{P}_{ss}\,\mathbf{\Phi}^\top + \mathbf{\Psi}\mathbf{R_w}\mathbf{\Psi}^\top, \tag{9.67}$$

e

$$\mathbf{P}_{ss} = \mathbf{M}_{ss} - \mathbf{M}_{ss}\mathbf{C}^\top\left(\mathbf{R_v} + \mathbf{C}\mathbf{M}_{ss}\mathbf{C}^\top\right)^{-1}\mathbf{C}\mathbf{M}_{ss}. \tag{9.68}$$

De (9.67) e (9.68), obtém-se

$$\mathbf{M}_{ss} = \mathbf{\Phi}\left(\mathbf{M}_{ss} - \mathbf{M}_{ss}\mathbf{C}^\top\left(\mathbf{R_v} + \mathbf{C}\mathbf{M}_{ss}\mathbf{C}^\top\right)^{-1}\mathbf{C}\mathbf{M}_{ss}\right)\mathbf{\Phi}^\top + \mathbf{\Psi}\mathbf{R_w}\mathbf{\Psi}^\top. \tag{9.69}$$

No MATLAB® há o comando `dlqe`, que, de acordo com a notação utilizada aqui, possui a seguinte sintaxe: `[L,M,P,E]=dlqe(Phi,Psi,C,Rw,Rv)`, sendo `E` os polos resultantes do observador.

Tabela 9.3 – Parâmetros duais do LQR e do FK em regime estacionário.

LQR	FK
$\mathbf{\Phi}$	$\mathbf{\Phi}^\top$
$\mathbf{\Gamma}$	$\mathbf{C}^\top$
$\mathbf{Q}$	$\mathbf{\Psi}\mathbf{R_w}\mathbf{\Psi}^\top$
$\mathbf{R}$	$\mathbf{R_v}$

O LQR e o FK estacionários são duais, ou seja, relações análogas são obtidas nos dois casos, simplesmente fazendo as correspondências apontadas na Tabela 9.3.

O Exemplo 9.3 mostra um projeto de um observador usando o filtro de Kalman na sua forma que considera a predição sendo feita após a atualização e na versão em regime estacionário.

✍ **Exemplo 9.3:** Considere o sistema descrito pela seguinte função de transferência:

$$G(s) = \frac{70}{(s+2)(s+5)(s+7)}.$$

A representação em espaço de estados pode ser dada por

$$\begin{bmatrix} \dot{x}_1 \\ \dot{x}_2 \\ \dot{x}_3 \end{bmatrix} = \begin{bmatrix} -14 & -59 & -70 \\ 1 & 0 & 0 \\ 0 & 1 & 0 \end{bmatrix} \begin{bmatrix} x_1 \\ x_2 \\ x_3 \end{bmatrix} + \begin{bmatrix} 70 \\ 0 \\ 0 \end{bmatrix} u, \quad y = \begin{bmatrix} 0 & 0 & 1 \end{bmatrix} \begin{bmatrix} x_1 \\ x_2 \\ x_3 \end{bmatrix}.$$

Assuma ruído branco de medição com $\mathbf{R_v} = 0,01$. Considere também a presença de ruído branco no estado x_1, tal que $\mathbf{R_w} = 0,01$. Note que, assim, pode-se considerar $\mathbf{\Psi} = \begin{bmatrix} 1 & 0 & 0 \end{bmatrix}^\top$. Projete estimadores de estado considerando: a) observador pelo valor atual, alocando os polos com dinâmica cerca de três vezes mais rápida do que a menor constante de tempo do sistema; b) filtro de Kalman variante no tempo; c) filtro de Kalman estacionário. Assuma estado inicial igual a $\begin{bmatrix} 1 & 0 & 1 \end{bmatrix}^\top$.

Solução: observe que

$$\begin{bmatrix} \dot{x}_1 \\ \dot{x}_2 \\ \dot{x}_3 \end{bmatrix} = \mathbf{A} \begin{bmatrix} x_1 \\ x_2 \\ x_3 \end{bmatrix} + \begin{bmatrix} b_1 \\ 0 \\ 0 \end{bmatrix} u + \begin{bmatrix} 1 \\ 0 \\ 0 \end{bmatrix} w = \mathbf{A} \begin{bmatrix} x_1 \\ x_2 \\ x_3 \end{bmatrix} + \begin{bmatrix} b_1 & 1 \\ 0 & 0 \\ 0 & 0 \end{bmatrix} \begin{bmatrix} u \\ w \end{bmatrix}.$$

Assim, para incluir o ruído de processo no modelo, pode-se considerar a matriz aumentada $\mathbf{B}_1 = \begin{bmatrix} b_1 & 1 \\ 0 & 0 \\ 0 & 0 \end{bmatrix}$ no modelo em espaço de estados, bem como o vetor de entrada $\begin{bmatrix} u \\ w \end{bmatrix}$.

A solução é obtida pelo seguinte código MATLAB®:

```
clear all; clc; close all;
fs=50; Ts=1/fs; s = tf('s');
G = 1/((s+2)*(s+5)*(s+7)); K_G = 1/dcgain(G); G = K_G*G;
%OBS 1: O ganho foi transferido para a matriz de entrada. Assim y = x_3
[A,B,C,D] = tf2ss(G.num{:},G.den{:}); B = B*K_G; C = C/K_G;
[Phi,Gamma] =  c2d(A,B,Ts);
Psi = [1 0 0]'; Rv = 1e-2; Rw = 1e-2;
%OBS 2: no bloco State-Space1 a matriz B foi modificada para considerar a
%entrada de ruído em x_1. Consequentemente, D foi modificada
A1 = A; B1 = [B, Psi]; C1 = C; D1 = [0 0]; %Matrizes do bloco State-Space1
%OBS 3: no bloco State-Space2 foi feito C=eye(3) para sair todos os estados
%para fins de comparação
A2 = A; B2 = B; C2 = eye(3); D2 = [0; 0; 0]; %Matrizes do bloco State-
    Space2
x_0 = [1 0 1]; %estado inicial
item = 'a'; % Escolher 'a', 'b' ou 'c'
switch(item)
    case 'a' %Obs por valor atual
        so = [-21; -22+j*2; -22-j*2]; p_o = exp(so*Ts);
        Lc = place(Phi', (C*Phi)',p_o)';
        sim('SIM_Ex_09_03_a');
    case 'b' %Filtro de Kalman
        M_0 = eye(3);
        sim('SIM_Ex_09_03_b');
    case 'c' %Filtro de Kalman estacionário
        Lc = dlqe(Phi, Psi, C, Rw, Rv);
        sim('SIM_Ex_09_03_a');
    otherwise
        error('item precisa se ''a'', ''b'' ou ''c'' ');
end
x_1 = x_out(:,1); x_2 = x_out(:,2); x_3 = x_out(:,3); y = x_3;
x_chap_1 = x_chap_out(:,1); x_chap_2 = x_chap_out(:,2);
x_chap_3 = x_chap_out(:,3);  y_chap = x_chap_3;
%Código de geração de gráficos foi omitido
```

Os diagramas de simulação estão apresentados nas Figuras 9.4 e 9.5. Os códigos dos blocos *Matlab Function* são apresentados a seguir:

```
%a) e c) Obs. Val. Atual  e Kalman Estacionário
function [x_chap_1, x_chap_2, x_chap_3] = ...
fcn(u, y, Phi, Gamma, C, Lc)

global x_bar;
x_chap = x_bar + Lc*(y - C*x_bar);
x_bar = Phi*x_chap+ Gamma*u;
x_chap_1 = x_chap(1); x_chap_2 = x_chap(2); x_chap_3 = x_chap(3);
```

```
%b) Kalman variante no tempo
function [x_chap_1, x_chap_2, x_chap_3] = ...
fcn(u, y, Phi, Gamma, C, Rv, Rw, Psi)

global x_bar;
global M;
P = M-M*C'*inv(C*M*C'+Rv)*C*M;
Lc = P*C'*inv(Rv);
x_chap = x_bar + Lc*(y - C*x_bar);
x_bar = Phi*x_chap+ Gamma*u;
M = Phi*P*Phi'+Psi*Rw*Psi';
x_chap_1 = x_chap(1); x_chap_2 = x_chap(2); x_chap_3 = x_chap(3);
```

Os resultados obtidos são mostrados nas Figuras 9.6 a 9.8. Observe que o FK apresentou bom desempenho, sendo que o FK estacionário foi um pouco mais lento que o iterativo para convergir no início da simulação com condição inicial diferente de zero.

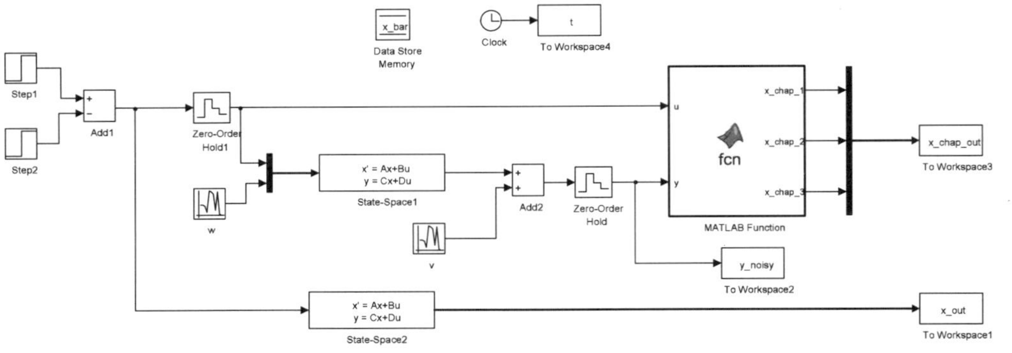

Figura 9.4 – Diagrama de blocos da simulação o Exemplo 9.3 a) e c).

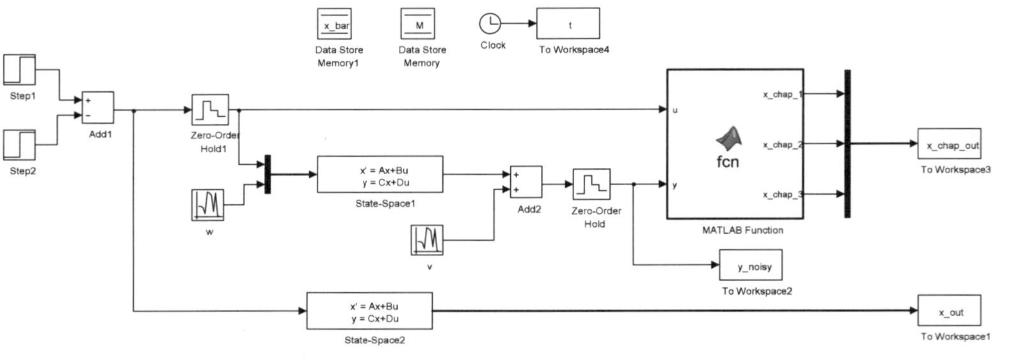

Figura 9.5 – Diagrama de blocos da simulação do Exemplo 9.3 b).

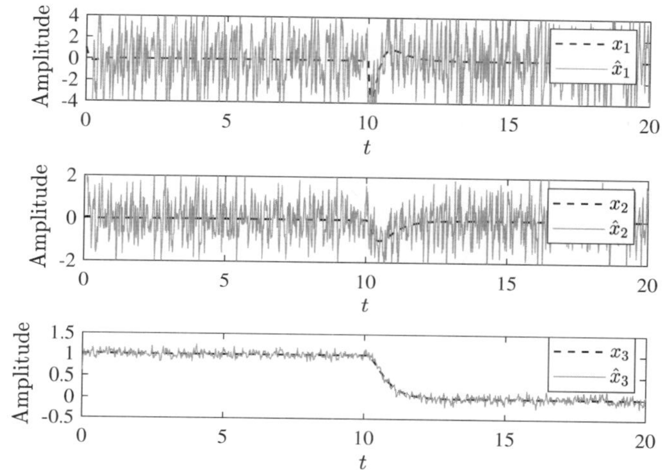

(a) Estados

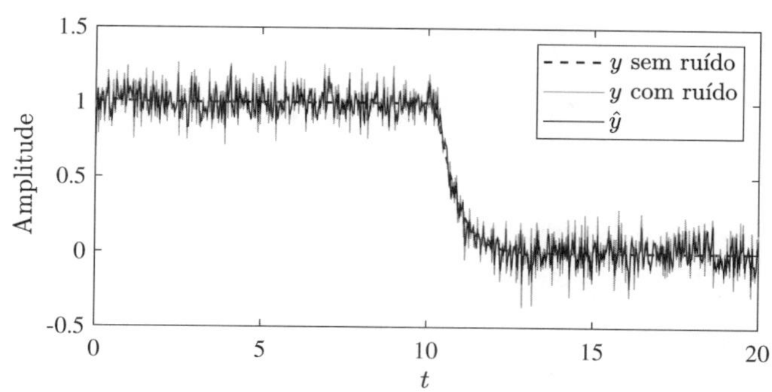

(b) Sinal de Controle

Figura 9.6 – Resposta do Exemplo 9.3 a).

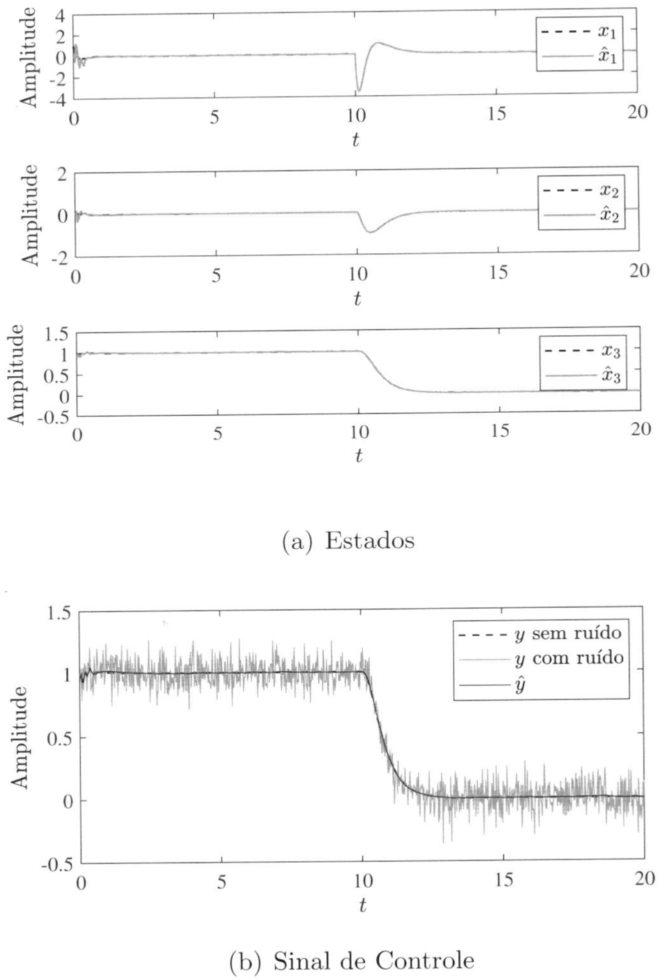

Figura 9.7 – Resposta do Exemplo 9.3 b).

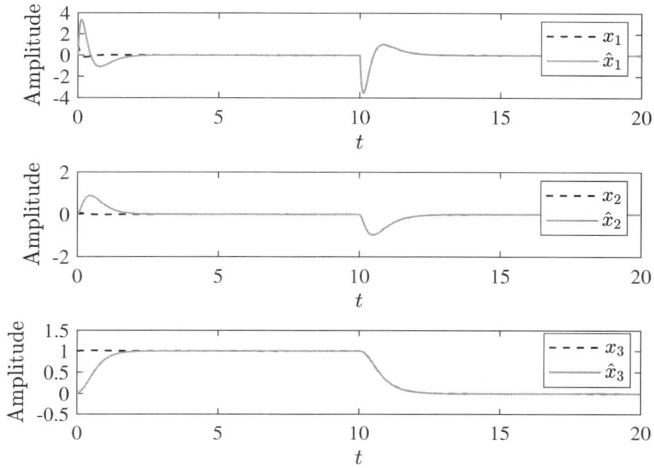

(a) Estados

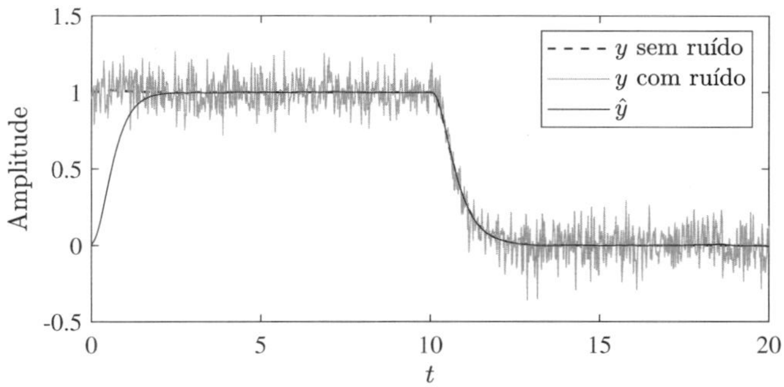

(b) Sinal de Controle

Figura 9.8 – Resposta do Exemplo 9.3 c).

Capítulo 10

Aspectos Práticos

Este capítulo apresenta formas de representação de sistemas discretos e aborda alguns problemas encontrados na aplicação de controladores digitais em relação a ruídos de quantização e arredondamento numérico. Por fim, um pseudocódigo de implementação de um controlador digital é apresentado.

10.1 Estruturas de representação de sistemas discretos

Equações de diferenças lineares podem ser representadas por um diagrama de blocos com símbolos para soma entre duas sequências, multiplicação de uma sequência por uma constante e atraso unitário. Considere, por exemplo, a seguinte equação de diferenças:

$$u[n] = e[n] + be[n-1] + au[n-1]. \tag{10.1}$$

Graficamente, pode-se ter uma representação como a da Figura 10.1.

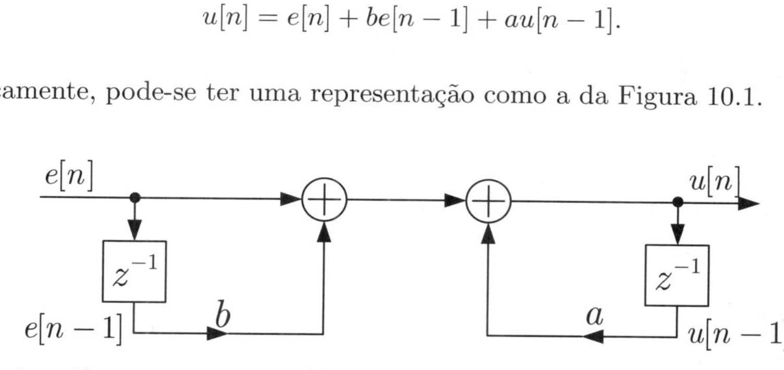

Figura 10.1 – Representação gráfica da equação de diferenças em (10.1).

Considere como exemplo um sistema em tempo discreto de terceira ordem com a seguinte função de transferência:

$$C(z) = \frac{b_0 + b_1 z^{-1} + b_2 z^{-2} + b_3 z^{-3}}{1 + a_1 z^{-1} + a_2 z^{-2} + a_3 z^{-3}} = \frac{B(z)}{A(z)}. \tag{10.2}$$

Há várias formas de representação em diagrama de blocos para este sistema. Algumas delas serão vistas a seguir.

Forma direta I

Note que $C(z)$ pode ser escrita como $C_1(z)C_2(z)$, com

$$C_1(z) = \frac{W(z)}{E(z)} = B(z) = b_0 + b_1 z^{-1} + b_2 z^{-2} + b_3 z^{-3} \tag{10.3}$$

e

$$C_2(z) = \frac{U(z)}{W(z)} = \frac{1}{A(z)} = \frac{1}{1 + a_1 z^{-1} + a_2 z^{-2} + a_3 z^{-3}}. \tag{10.4}$$

Tem-se, portanto, a representação da Figura 10.2. A equação de diferenças é dada por

$$\begin{aligned} u[n] &= -a_1 u[n-1] - a_2 u[n-2] - a_3 u[n-3] + \\ &\quad b_0 e[n] + b_1 e[n-1] + b_2 e[n-2] + b_3 e[n-3]. \end{aligned} \tag{10.5}$$

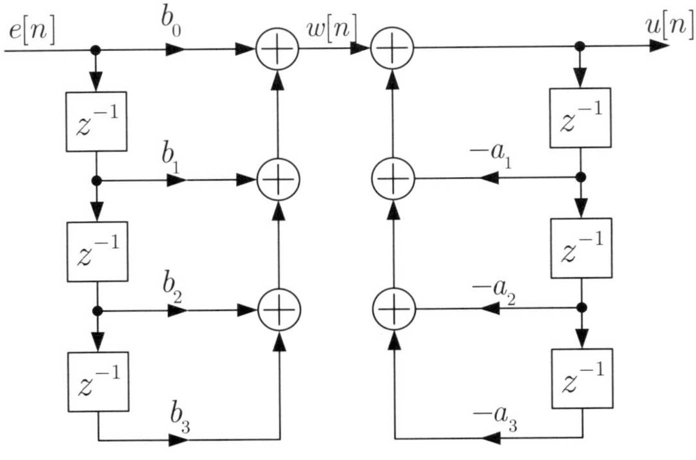

Figura 10.2 – Forma direta I de representação do sistema da Equação (10.2).

Forma direta II

O Exemplo 10.1 será utilizado para derivar a forma direta II.

✍ **Exemplo 10.1:** Mostre que as formas de representação da Figura 10.3 (a) e (b) são equivalentes.

Solução: Como já visto, para a Figura 10.3 (a) tem-se

$$C(z) = \frac{U(z)}{E(z)} = \frac{b_0 + b_1 z^{-1}}{1 + a_1 z^{-1}}.$$

Por outro lado, analisando o diagrama da Figura 10.3 (b), pode-se concluir que

$$\begin{cases} u[n] = b_0 v[n] + b_1 v[n-1] \\ v[n] = e[n] - a_1 v[n-1] \end{cases} \longrightarrow \begin{cases} U(z) = b_0 V(z) + b_1 z^{-1} V(z) \\ V(z) = E(z) - a_1 z^{-1} V(z). \end{cases}$$

Portanto,

$$V(z) = \frac{E(z)}{1 + a_1 z^{-1}},$$

e

$$U(z) = b_0 \frac{E(z)}{1 + a_1 z^{-1}} + b_1 z^{-1} \frac{E(z)}{1 + a_1 z^{-1}} \Rightarrow C(z) = \frac{U(z)}{E(z)} = \frac{b_0 + b_1 z^{-1}}{1 + a_1 z^{-1}}.$$

Logo, os sistemas são equivalentes.

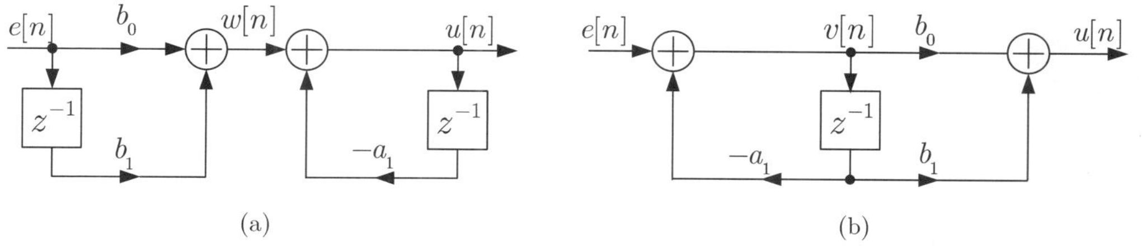

Figura 10.3 – Sistemas referentes ao Exemplo 10.1.

Generalizando o resultado obtido no Exemplo 10.1, o sistema da Equação (10.2) pode ser representado conforme ilustrado na Figura 10.4. Essa é a forma direta II. Tal forma é canônica, ou seja, o número de atrasos na representação é igual à ordem do sistema. A equação de diferenças é dada por

$$\begin{aligned} v[n] &= e[n] - a_1 v[n-1] - a_2 v[n-2] - a_3 v[n-3], \\ u[n] &= b_0 v[n] + b_1 v[n-1] + b_2 v[n-2] + b_3 v[n-3]. \end{aligned} \tag{10.6}$$

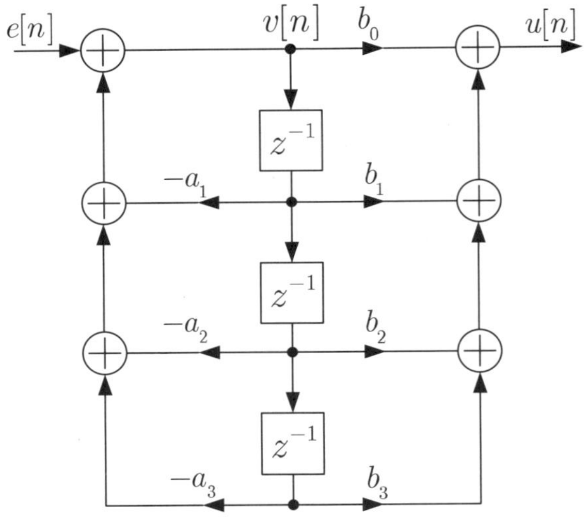

Figura 10.4 – Forma direta II de representação do sistema da Equação 10.2.

A forma direta II, por utilizar um mínimo número de atrasos, economiza memória.

Para sistemas de ordens elevadas, algumas formas alternativas podem ser utilizadas para reduzir a sensibilidade a erros de quantização dos coeficientes do filtro, tais como a forma cascata e a forma paralela.

Forma cascata

Os polinômios do numerador e do denominador de uma função de transferência podem ser escritos como o produto de polinômios de menor ordem, ou seja,

$$C(z) = \frac{B(z)}{A(z)} = \frac{B_1(z)B_2(z)B_3(z)}{A_1(z)A_2(z)A_3(z)}. \tag{10.7}$$

Usualmente, os polinômios são fatorados em termos de primeira ordem e termos de segunda ordem, i.e.,

$$C(z) = K\frac{\prod_{m=1}^{M_1}(1 - b_{1,m}z^{-1})\prod_{m=1}^{M_2}(1 - b_{2,m}z^{-1})(1 - b_{2,m}^{*}z^{-1})}{\prod_{n=1}^{N_1}(1 - a_{1,n}z^{-1})\prod_{n=1}^{N_2}(1 - a_{2,n}z^{-1})(1 - a_{2,n}^{*}z^{-1})}, \tag{10.8}$$

onde K é uma constante, $M = M_1 + 2M_2$ é o grau do numerador e $N = N_1 + 2N_2$ é o grau do numerador. Note que, fatorados desta forma, os polinômios representam a configuração mais geral de polos e zeros. As Equações (10.7) e (10.8) sugerem representações em cascata para uma função de transferência. Há uma certa liberdade na escolha da composição dos subsistemas a serem cascateados. O Exemplo 10.2 é sobre a realização em cascata.

✍ **Exemplo 10.2:** Considere o sistema de terceira ordem dado por

$$C(z) = \frac{U(z)}{E(z)} = \frac{0,4z^{-1} + 0,3z^{-2} + 0,01z^{-3}}{1 + 0,4z^{-1} + 0,29z^{-2} - 0,15z^{-3}}.$$

Obtenha uma realização em cascata de um sistema de primeira ordem com outro de segunda ordem.

Solução: tal sistema pode ser fatorado como

$$\begin{aligned} C(z) &= \frac{\left(0,4 + 0,3z^{-1} + 0,01z^{-2}\right) z^{-1}}{(3/20)\left(10/3 - z^{-1}\right)\left(z^{-2} + 1,4z^{-1} + 2\right)} \\ &= \frac{\left(0,4 + 0,3z^{-1} + 0,01z^{-2}\right) z^{-1}}{0,5\left(1 - (3/10)z^{-1}\right) 2\left(0,5z^{-2} + 0,7z^{-1} + 1\right)} \\ &= \frac{\left(0,4 + 0,3z^{-1} + 0,01z^{-2}\right) z^{-1}}{\left(1 - 0.3z^{-1}\right)\left(0,5z^{-2} + 0,7z^{-1} + 1\right)} \\ &= \frac{z^{-1}}{\left(1 - 0.3z^{-1}\right)} \frac{\left(0,4 + 0,3z^{-1} + 0,01z^{-2}\right)}{\left(0,5z^{-2} + 0,7z^{-1} + 1\right)}. \end{aligned}$$

A Figura 10.5 apresenta as formas gráficas da realização em cascata, considerando as formas diretas I e II para os subsistemas de ordens menores. Na forma direta I verifica-se que

$$\begin{aligned} u_1[n] &= 0.3u_1[n-1] + e[n-1], \\ u[n] &= -0,7u[n-1] - 0,5u[n-2] + 0,4u_1[n] + 0,3u_1[n-1] + \\ &\quad 0,01u_1[n-2]. \end{aligned}$$

Já para a forma direta II, tem-se

$$\begin{aligned} v_1[n] &= e[n] + 0,4v_1[n-1], \\ u_1[n] &= v_1[n-1], \\ v_2[n] &= u_1[n] - 0,7v_2[n-1] - 0,5v_2[n-2], \\ u[n] &= 0,4v_2[n] + 0,3v_2[n-1] + 0,01v_2[n-2]. \end{aligned}$$

Forma paralela

A estrutura de representação paralela é obtida efetuando-se a expansão em frações parciais de funções de transferência. O Exemplo 10.3 apresenta este procedimento.

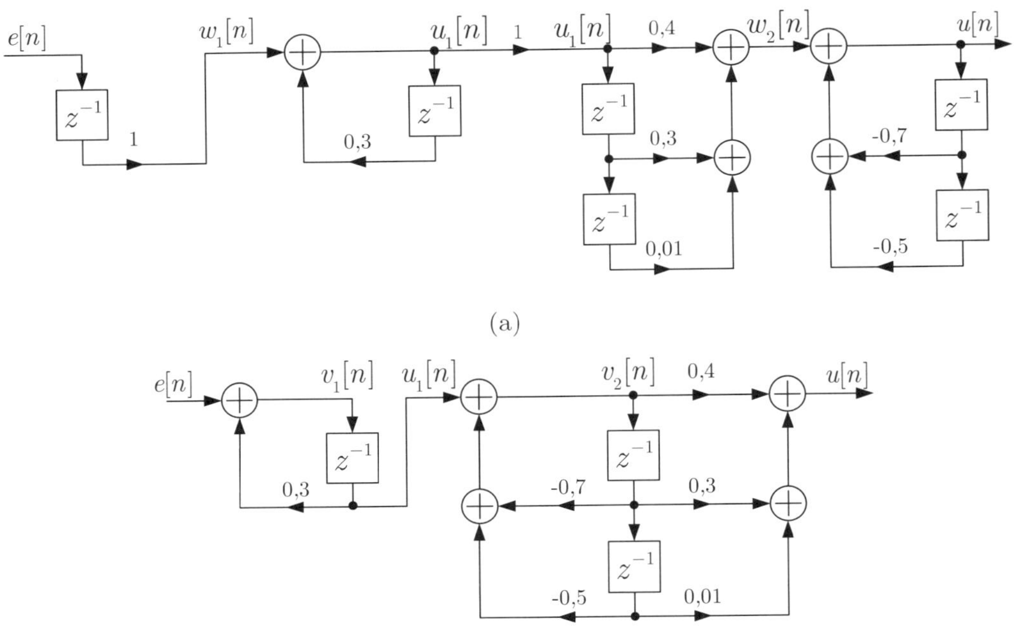

(b)

Figura 10.5 – Formas diretas I (a) e II (b) de representação em cascata do sistema do Exemplo 10.2.

✍ **Exemplo 10.3: Realização paralela**: A função de transferência do Exemplo 10.2 pode ser expandida como (mostre!):

$$C(z) = \frac{0,17z^{-1}}{1-0,3z^{-1}} + \frac{0,23z^{-1}+0,25z^{-2}}{1+0,7z^{-1}+0,5z^{-2}}.$$

A Figura 10.6 apresenta a forma gráfica de representação em paralelo do exemplo em questão, considerando apenas a forma direta II para os subsistemas. A seguinte equação de diferenças é obtida:

$$\begin{aligned} v_1[n] &= e[n] + 0,3v_1[n-1], \\ u_1[n] &= 0,17v_1[n-1]. \end{aligned}$$

$$\begin{aligned} v_2[n] &= e[n] - 0,7v_2[n-1] - 0,5v_2[n-2], \\ u_2[n] &= 0,23v_2[n-1] + 0,25v_2[n-2]. \end{aligned}$$

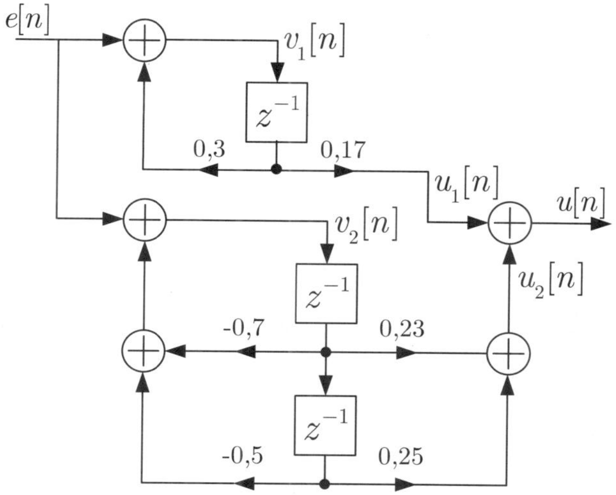

Figura 10.6 – Realização em paralelo do Exemplo 10.3.

No livro [Ingle e Proakis 2012] algumas funções foram desenvolvidas em MATLAB® para converter de uma forma de implementação em outra. Os códigos dessa referência estão disponíveis em [Proakis 2021].

10.2 Erros numéricos de precisão

Nesta seção serão analisadas duas fontes de erros comuns na implementação de compensadores digitais: erros de quantização na conversão A/D e erros devido ao arredondamento dos coeficientes do compensador.

10.2.1 Erros de quantização na conversão A/D

Suponha um conversor A/D de N bits e resolução (nível de quantização) igual a Q. O erro de quantização pode ser modelado como uma variável aleatória uniformemente distribuída entre $-Q/2$ a $+Q/2$, conforme apresentado na Figura 10.7.

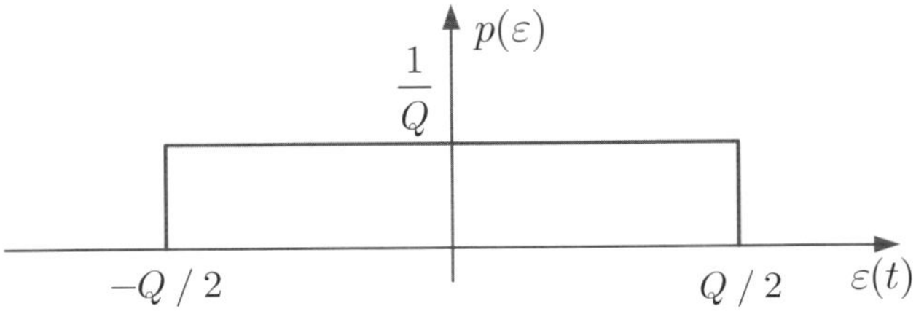

Figura 10.7 – Função densidade de probabilidade do ruído de quantização.

A variância do ruído $\epsilon(t)$ é dada por

$$\sigma_\epsilon^2 = \frac{1}{Q}\int_{-Q/2}^{Q/2} [\epsilon(t) - \bar{\epsilon}(t)]^2\, dt = \frac{Q^2}{12}, \tag{10.9}$$

em que $\bar{\epsilon}(t)$ representa o valor médio de $\epsilon(t)$, que nesse caso é nulo. Portanto a variância do ruído associado ao erro de quantização é um doze avos do quadrado do nível de quantização, o que é um valor extremamente pequeno quando se tem um conversor A/D de alta resolução. Para ter uma ideia mais clara sobre o efeito do erro de quantização em um sistema digital em malha fechada, considere, como apresentado em [Fadali e Visioli 2013], um sistema de primeira ordem do tipo

$$G(s) = \frac{K}{\tau s + 1}, \tag{10.10}$$

cujo equivalente discreto, considerando ZOH e amostragem com período T_s, é dado por

$$G(z) = \frac{Y(z)}{U(z)} = \frac{Kz^{-1}(1 - e^{-T_s/\tau})}{1 - z^{-1}e^{-T_s/\tau}}. \tag{10.11}$$

Ao aplicar a transformada-z inversa, chega-se à seguinte equação de diferenças

$$y[n] = e^{-T_s/\tau}y[n-1] + K(1 - e^{-T_s/\tau})u[n-1]. \tag{10.12}$$

Considere uma lei de controle proporcional do tipo $u[n] = -K_c y[n]$. No entanto, se o erro de quantização for considerado ao se digitalizar $y[n]$, tem-se que $u[n] = -K_c(y[n] - \epsilon[n])$. Portanto, em malha fechada, tem-se

$$y[n] = [e^{-T_s/\tau} - K_c K(1 - e^{-T_s/\tau})]y[n-1] + K_c K(1 - e^{-T_s/\tau})\epsilon[n-1]. \quad (10.13)$$

que é da forma

$$y[n] = ay[n-1] + b\epsilon[n-1]. \quad (10.14)$$

Ao assumir condições iniciais nulas, tem-se a solução do tipo

$$y[n] = \sum_{i=0}^{n-1} a^{n-i-1}\, b\, \epsilon[i]. \quad (10.15)$$

Assim,

$$y[n] = \sum_{i=0}^{n-1} [e^{-T_s/\tau} - K_c K(1 - e^{-T_s/\tau})]^{n-i-1}\, K_c K(1 - e^{-T_s/\tau})\, \epsilon[i]. \quad (10.16)$$

O valor esperado da saída é dado por

$$\mathbb{E}\{y[n]\} = \sum_{i=0}^{n-1} [e^{-T_s/\tau} - K_c K(1 - e^{-T_s/\tau})]^{n-i-1}\, K_c K(1 - e^{-T_s/\tau})\, \mathbb{E}\{\epsilon[i]\} = 0. \quad (10.17)$$

Por definição, a variância de y é dada por: $\sigma_y^2 = \mathbb{E}\{y^2[n]\} - \mathbb{E}^2\{y[n]\}$. Como $\mathbb{E}\{y[n]\} = 0$, tem se que $\sigma_y = \mathbb{E}\{y^2[n]\}$. Voltando à forma (10.14), tem-se

$$y^2[n] = a^2 y^2[n-1] + 2aby[n-1]\epsilon[n-1] + b^2\epsilon^2[n-1]. \quad (10.18)$$

Com a hipótese de que $\epsilon[n]$ é ruído branco, verifica-se que $\mathbb{E}\{y[n-1]\epsilon[n-1]\} = 0$. Adicionalmente, se o sistema for estável, a série temporal será estacionária e, portanto, $\sigma_y^2 = \mathbb{E}\{y^2[n]\} = \mathbb{E}\{y^2[n-m]\}$. Logo,

$$\sigma_y^2 = a^2\sigma_y^2 + b^2\sigma_\epsilon^2 \Rightarrow \sigma_y^2 = \frac{b^2}{1-a^2}\sigma_\epsilon^2. \quad (10.19)$$

Ao substituir os valores de a e b e considerar a Equação (10.9), chega-se em

$$\sigma_y^2 = \frac{[K_c K(1 - e^{-T_s/\tau})]^2}{1 - [e^{-T_s/\tau} - K_c K(1 - e^{-T_s/\tau})]^2}\left(\frac{Q^2}{12}\right). \quad (10.20)$$

Se $(T_s/\tau) \ll 1$, pode-se considerar que $e^{-T_s/\tau} \approx (1 - T_s/\tau)$. Ainda, de forma aproximada, será considerado que $2\tau \gg T_s(1 + KK_C)$. Com isso, pode-se verificar que

$$\sigma_y^2 \approx \frac{(K_c K)^2 T_s}{(K_c K + 1)(2\tau)}\left(\frac{Q^2}{12}\right). \quad (10.21)$$

Note que, para o caso particular considerado, σ_y^2 é aproximadamente linear em relação ao período de amostragem. A Figura 10.8 apresenta os gráficos normalizados das relações (10.20) e (10.21).

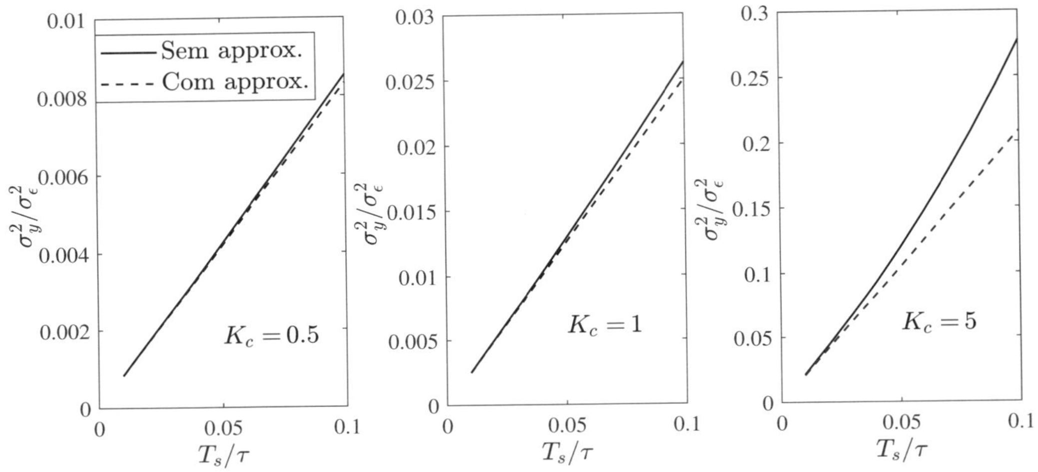

Figura 10.8 – Gráficos normalizados das relações (10.20) e (10.21) em função de (T_s/τ).

Uma forma de minimizar o efeito da variância do erro de quantização na saída consiste em diminuir T_s. No entanto, frequências de amostragens elevadas exigem hardwares mais eficientes e podem agravar problemas de quantização dos coeficientes da equação de diferenças do controlador digital.

10.2.2 Erros devido ao arredondamento de coeficientes

Considere, por exemplo, a versão em tempo discreto da função de transferência de um compensador digital, tal que

$$C(z) = \frac{\sum_{i=0}^{k} b_i z^{-i}}{1 - \sum_{i=1}^{k} a_i z^{-i}}, \tag{10.22}$$

que pode ser reescrito como

$$C(z) = \frac{K \prod_{j=0}^{k} (1 - z_j z^{-1})}{\prod_{j=0}^{k} (1 - p_j z^{-1})}, \tag{10.23}$$

em que os termos z_j e p_j representam os zeros e os polos de $C(z)$, e K é o ganho do compensador. Para a análise seguinte apenas os polos serão considerados.

A ideia é verificar a sensibilidade do m-ésimo polo (p_m) em termos da variação do ℓ-ésimo coeficiente do polinômio do denominador de (10.22) (a_ℓ), devido a erros de arredondamento numérico, ou seja, $(\partial p_m/\partial a_\ell)|_{z=p_m}$. Para tanto, define-se $A(z) = 1 - \sum_{i=0}^{k} a_i z^{-i} = \prod_{j=0}^{k}(1 - p_j z^{-1})$. Assume-se também, de forma simplificada, que $A(z)$ possui apenas polos simples. Assim,

$$\frac{\partial A(z)}{\partial a_\ell} = \frac{\partial A(z)}{\partial p_m}\frac{\partial p_m}{\partial a_\ell}. \tag{10.24}$$

Note que

$$\frac{\partial A(z)}{\partial a_\ell} = -z^{-\ell}, \tag{10.25}$$

e que

$$\frac{\partial A(z)}{\partial p_m} = -z^{-1}\prod_{j=0;j\neq m}^{k}(1 - p_j z^{-1}). \tag{10.26}$$

Portanto,

$$\begin{aligned}
\left.\frac{\partial p_m}{\partial a_\ell}\right|_{z=p_m} &= \left[\left(\frac{\partial A(z)}{\partial a_\ell}\right)\Big/\left(\frac{\partial A(z)}{\partial p_m}\right)\right]_{z=p_m} \\
&= \left.\frac{-z^{1-\ell}}{\prod\limits_{j=0;j\neq m}^{k}(1 - p_j z^{-1})}\right|_{z=p_m} \\
&= \frac{-p_m^{1-\ell}}{\prod\limits_{j=0;j\neq m}^{k}(1 - p_j p_m^{-1})}.
\end{aligned} \tag{10.27}$$

Caso os polos estejam agrupados e muito próximos um dos outros, o denominador em (10.27) torna-se pequeno, o que causa uma sensibilidade elevada. Tal efeito torna-se maior conforme a ordem do sistema aumenta. Essa é uma enorme desvantagem das formas de implementação diretas I e II. Pequenos erros nos coeficientes podem causar erros consideráveis nas posições dos polos e zeros. Tal problema é ainda agravado para elevadas taxas de amostragem.

Uma forma de minimizar o efeito do erro de quantização de coeficientes consiste em utilizar as formas cascata ou, preferencialmente, a paralela. O Exemplo 10.4 elucida essa ideia.

✍ **Exemplo 10.4:** Considere o seguinte sistema:

$$G(s) = \frac{10}{(s+1,5)(s-0,5)(s+10)}.$$

Um controlador em tempo contínuo $C(s)$ foi projetado para este sistema, cuja função de transferência é dada por

$$C(s) = \frac{563,2s^3 + 6603s^2 + 9901s + 1895}{s^4 + 31,54s^3 + 446,1s^2 + 3329s}.$$

O controlador deve ser discretizado pelo método de Tustin com $T_s = 0,01$s e programado considerando as seguintes representações:

a) Forma direta I com a precisão *double* do MATLAB®.

b) Forma direta I com coeficientes truncados com 4 casas decimais.

c) Forma paralela com coeficientes truncados com 4 casas decimais.

Programe as *Matlab Functions* para esses casos e compare as respostas ao degrau unitário dos três casos.

Solução: Ao discretizar $C(s)$ com Tustin e $T_s = 0,01$s, tem-se

$$C(z) = \frac{2,551 - 4,815z^{-1} - 0,2823z^{-2} + 4,815z^{-3} - 2,268z^{-4}}{1 - 3,69z^{-1} + 5,112z^{-2} - 3,152z^{-3} + 0,7295z^{-4}},$$

em que os coeficientes foram truncados somente para encurtar a representação escrita.

Ao converter para a forma paralela, obtém-se

$$C_1(z) = -3,1091,$$

$$C_2(z) = \frac{3,159 - 3,345z^{-1}}{1 - 1,845z^{-1} + 0,8632z^{-2}},$$

$$C_3(z) = \frac{2,501 - 2,5z^{-1}}{1 - 1,845z^{-1} + 0,8452^{-2}}.$$

Novamente, houve o truncamento dos coeficientes somente para encurtar a representação escrita. O restante do exercício é resolvido diretamente no MATLAB®.

```
clear all; close all; clc
s = tf('s'); z = tf('z'); Ts = 1/100;
G = 10/((s+1.5)*(s-0.5)*(s+10)); %Sistema a ser controlado
C = (563.2 * s^3 + 6603 * s^2 + 9901 * s + 1895)/...
(s^4 + 31.54*s^3 + 446.1*s^2 + 3329*s); %Controlador em tempo contínuo
Cd = c2d(C,Ts,'tustin'); %Discretização do controlador por Tustin
```

```
%Forma direta 1 - coefs sem truncamento
b_ = Cd.num{:}; b_0 = b_(1); b = b_(2:end);%[b_0, b]: coefs do numerador
a_ = Cd.den{:}; a = a_(2:end); %[1, a]: coefs do denominador
%Forma direta 1 - coefs com truncamento
b_T_ = round(b_ *1e4)/1e4;
b_0_T = b_T_(1); b_T = b_T_(2:end);%[b_0_T, b_T]: coefs do numerador
a_T_ = round(a_ *1e4)/1e4; a_T = a_T_(2:end);%[1, a_T]: coefs do
    denominador
%Forma Paralela - coefs com truncamento
%dir2par converte da forma direta para a paralela.
%Fonte: John Proakis (2021). Digital Signal Processing Using MATLAB
%(https://www.mathworks.com/matlabcentral/fileexchange/
%2189-digital-signal-processing-using-matlab),
%MATLAB Central File Exchange. Retrieved August 10, 2021.
[C,B,A] = dir2par(b_,a_);
c_TP = round(C*1e4)/1e4;%C_1(z) = c_TP
B_ = round(B*1e4)/1e4; A_ = round(B*1e4)/1e4;
b1_TP_ = B_(1,:); b1_0_TP = b1_TP_(1); b1_TP = b1_TP_(2:end);
b2_TP_ = B_(2,:); b2_0_TP = b2_TP_(1); b2_TP = b2_TP_(2:end);
a1_TP_ = A(1,:); a1_TP = a1_TP_(2:end);
a2_TP_ = A(2,:); a2_TP = a2_TP_(2:end);
%[b1_0_TP, b1_TP]: coefs do numerador de C2(s);
%[b2_0_TP, b2_TP]: coefs do numerador de C3(s);
%[1, a1_TP]: coefs do denominador de C2(s);
%[1, a2_TP]: coefs do denominador de C3(s);
t_run = 25;
sim('SIM_Ex_10_04.slx');
t_d = (0:length(u)-1)*Ts;
subplot(121); p1_r = plot(t_sim,r,'k:'); set(p1_r,'LineWidth',2); hold on;
p1 = plot(t_sim,y,'b',t_sim,y_T,'r--',t_sim,y_TP,'g:');
axis([0 25 -2 2]);
subplot(122); p2 = stairs(t_d,u,'b'); hold on;
p3 = stairs(t_d,u_T,'r--'); p4 = stairs(t_d,u_TP,'g:');
axis([0 25 -5 30]);
```

```
function u  = fcn(e, a, b, b_0)
global u_ant1 u_ant2 u_ant3 u_ant4;
global e_ant1 e_ant2 e_ant3 e_ant4;
u = - a(1)*u_ant1 - a(2)*u_ant2 - a(3)*u_ant3 - a(4)*u_ant4 + ...
b_0*e + b(1)*e_ant1 + b(2)*e_ant2 + b(3)*e_ant3 + b(4)*e_ant4;
u_ant4 = u_ant3; u_ant3 = u_ant2; u_ant2 = u_ant1; u_ant1 = u;
e_ant4 = e_ant3; e_ant3 = e_ant2; e_ant2 = e_ant1; e_ant1 = e;
```

```
function uT = fcn(eT, a_T, b_T, b_0_T)
```

```
global u_ant1_T u_ant2_T u_ant3_T u_ant4_T;
global e_ant1_T e_ant2_T e_ant3_T e_ant4_T;
uT =-a_T(1)*u_ant1_T -a_T(2)*u_ant2_T -a_T(3)*u_ant3_T -a_T(4)*u_ant4_T+...
b_0_T*eT+b_T(1)*e_ant1_T+b_T(2)*e_ant2_T+b_T(3)*e_ant3_T+b_T(4)*e_ant4_T;
u_ant4_T= u_ant3_T; u_ant3_T= u_ant2_T; u_ant2_T= u_ant1_T; u_ant1_T= uT;
e_ant4_T= e_ant3_T; e_ant3_T= e_ant2_T; e_ant2_T= e_ant1_T;  e_ant1_T= eT;
```

```
function uTP = fcn(eTP, b1_0_TP, b2_0_TP, b1_TP, a1_TP, a2_TP, c_TP, b2_TP)
global u_ant1_TP1 u_ant2_TP1 u_ant1_TP2 u_ant2_TP2;
global e_ant1_TP1 e_ant1_TP2;
u0TP = c_TP * eTP;
u1TP = -a1_TP(1)*u_ant1_TP1 -a1_TP(2)*u_ant2_TP1 +b1_0_TP*eTP + ...
b1_TP(1)*e_ant1_TP1;
u_ant2_TP1 = u_ant1_TP1; u_ant1_TP1 = u1TP; e_ant1_TP1 = eTP;
u2TP = - a2_TP(1)*u_ant1_TP2 - a2_TP(2)*u_ant2_TP2 + b2_0_TP*eTP + ...
b2_TP(1)*e_ant1_TP2;
u_ant2_TP2 = u_ant1_TP2; u_ant1_TP2 = u2TP; e_ant1_TP2 = eTP;
uTP = u0TP + u1TP + u2TP;
```

A Figura 10.9 apresenta o diagrama de simulação do exemplo, enquanto a Figura 10.10 ilustra os resultados obtidos. Percebe-se claramente que a forma paralela é menos sensível que a forma direta em relação à quantização dos coeficientes da equação de diferenças do controlador. A forma direta com truncamento não estabilizou o sistema em malha fechada.

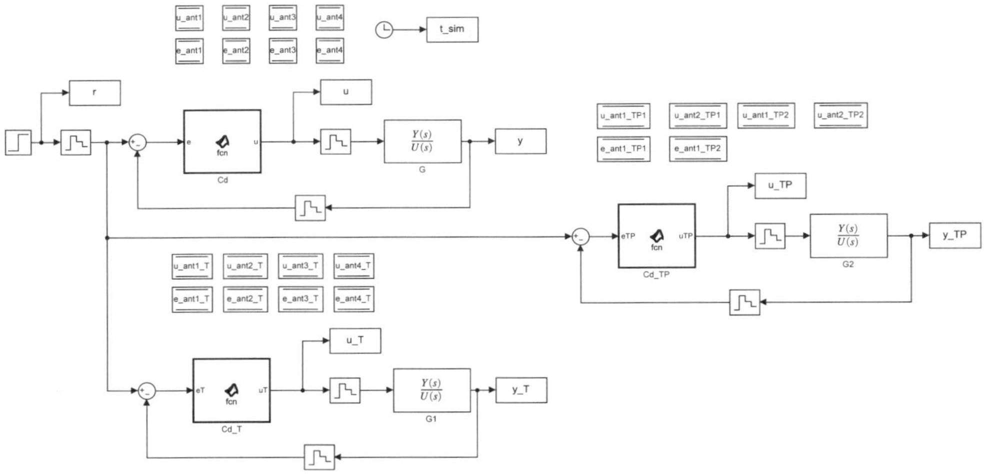

Figura 10.9 – Diagrama de simulação do Exemplo 10.4.

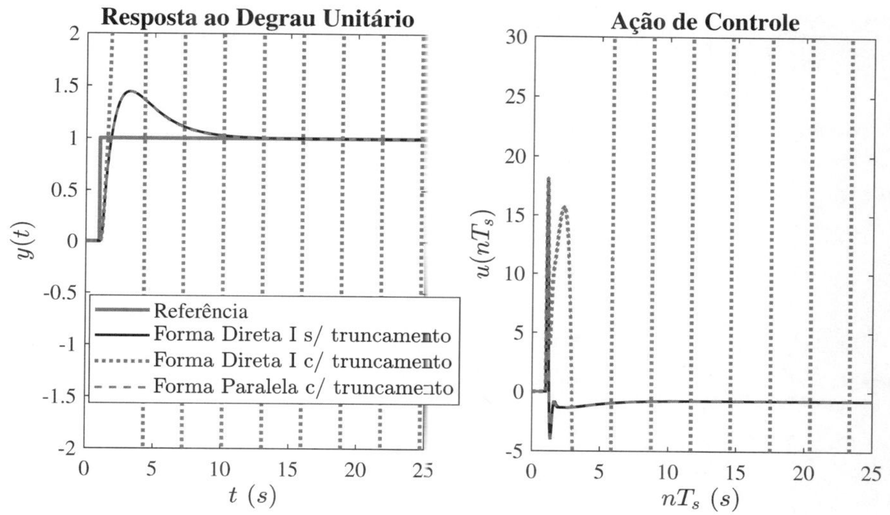

Figura 10.10 – Resultados de simulação do Exemplo 10.4.

10.3 Exemplo de pseudocódigo

A seguir é apresentado um simples pseudocódigo (Exemplo 10.5) para uma equação de diferenças em um hardware digital. Alguns aspectos devem ser antes mencionados.

- No exemplo a seguir, assume-se que a taxa do A/D é bem elevada (ex. 20 kHz), mas deseja-se um período de amostragem para o sistema menor do que isso (ex. 50 Hz).
- Se a frequência de amostragem desejada é bem próxima da máxima taxa do conversor A/D e o tempo de processamento do código for um "gargalo" na implementação, recomenda-se utilizar um hardware com RTOS (*Real Time Operation System*), em que se pode criar tarefas múltiplas com prioridades diferentes.

✍ **Exemplo 10.5:** Considere um controlador PI digital dado pela seguinte função de transferência:

$$C(z) = \frac{12,777779z - 12,22221}{z-1},$$

com período de amostragem igual a $T_s = 0,02$ segundo. Escreva um pseudocódigo para esse controlador.

```
%flag deve ser variável global
int flag = 0;
%Habilita interrupção de timer
timer tempo;
%Rotina de interrupção
habilita_loop( )
{
flag = 1;
}
%Rotina principal
main()
{
float u = 0, u_ant = 0, e = 0, e_ant = 0;
float y = 0, r = 1; %r é o setpoint igual a 1
float Ts = 0.02; %Período de amostragem
%Configura rotina de interrupção de timer. O código é desviado para
%habilita_loop() a cada Ts segundos
tempo.attach(&habilita_loop, Ts);
while(true)
{
if (flag == 1)
{
y = read_ADC(ch0); %Lê canal 0 do A/D
e = r - y; %sinal de erro
u = u_ant + 12.777779*e - 12.22221*e_ant;
%Se a saída for sinal analógico
write_DAC(ch0,u); %Escreve no canal 0 do D/A
u_ant = u; e_ant = e; %Atualiza variáveis
flag = 0;
}
}
}
```

Se a saída for do tipo PWM, ao invés da função que escreve o valor na saída do conversor D/A, utiliza-se a função para escrever na saída PWM.

```
...
{
if (flag == 1)
{
        y = read_ADC(ch0); %Lê canal 0 do A/D
        e = r - y; %sinal de erro
        u = u_ant + 12.777779*e - 12.22221*e_ant;
        %Saída PWM foi previamente configurada para o pino PTA1.
```

```
                %Nesse caso, u deve ser sinal entre 0 e 1.
                PWMout(PTA1,u); %saída PWM com duty-cycle u
                u_ant = u; e_ant = e; %Atualiza variáveis
                flag = 0;
        }
} ...
```

Apêndice A

Controlador PID em Tempo Contínuo

O controlador proporcional-integral-derivativo (PID) é, de longe, o tipo de controle mais utilizado na indústria. Sua forma paralela é apresentada na Figura A.1.

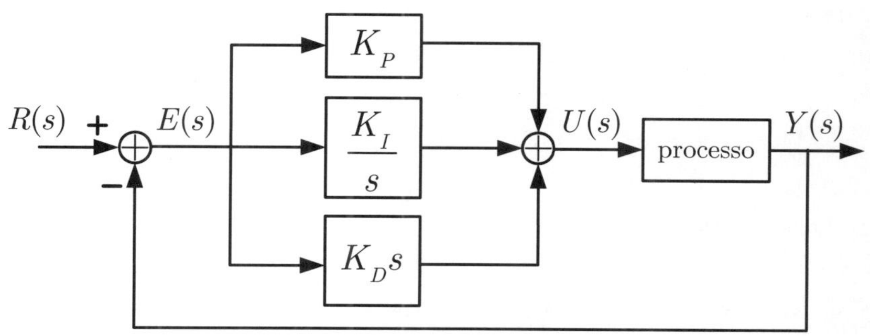

Figura A.1 – Controlador PID na forma paralela.

Os parâmetros K_P, K_I e K_D são denominados ganho proporcional, ganho integrativo e ganho derivativo, respectivamente. A ação de controle é dada por

$$
\begin{aligned}
u(t) &= K_P e(t) + K_I \int_0^t e(\tau)\, d\tau + K_D \frac{de(t)}{dt}, \\
\Rightarrow \frac{U(s)}{E(s)} &= K_P + \frac{K_I}{s} + K_D s. \qquad \text{(A.1)}
\end{aligned}
$$

Outra forma de estrutura de controle PID é apresentada na Figura A.2. Tal esquema é um caso particular da forma ISA, sendo mais usual. Note que

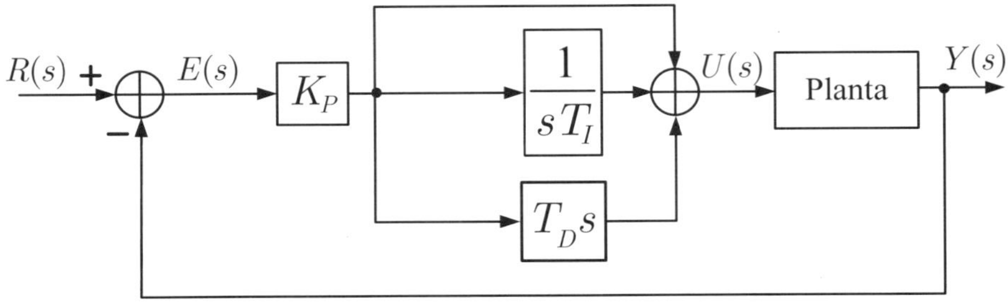

Figura A.2 – Controlador PID ISA.

$$
\begin{aligned}
u(t) &= K_P\left(e(t) + \frac{1}{T_I}\int_0^t e(\tau)\,d\tau + T_D\frac{de(t)}{dt}\right), \\
\Rightarrow \frac{U(s)}{E(s)} &= K_P(1 + \frac{1}{T_I s} + T_D s). \qquad \text{(A.2)}
\end{aligned}
$$

onde T_D é denominado tempo derivativo e T_I tempo integrativo (*reset time*). Ao comparar as Equações (A.1) e (A.2), observa-se que $K_I = K_P/T_I$ e $K_D = K_P T_D$, ou seja, K_D e K_I dependem de K_P.

O aumento do ganho proporcional acelera a resposta, pois, quanto maior o erro, maior será o termo proporcional de compensação. O aumento de K_P tende ainda a diminuir os erros em regime permanente, além de reduzir os efeitos dos distúrbios e a sensibilidade à variação de parâmetros na planta. Porém não rejeita completamente distúrbios, e erros em estado estacionário geralmente irão persistir. Além disso, ganhos elevados podem levar o sistema à instabilidade.

A ação integral acelera o movimento do processo em direção ao *set-point*, eliminando (ou diminuindo) o erro residual que ocorre com controlador puramente proporcional (insere polo na origem aumentando o tipo do sistema de um). Como o termo integral isolado acumula erros do passado, valores elevados para K_I provocam o efeito colateral de aumento no sobressinal.

Em um sistema prático é comum a ocorrência de saturação no atuador. Quando ocorre a saturação e a saída da planta não atinge o *set-point*, a saída do termo integrativo do controlador cresce cada vez mais, mesmo que a saída física já tenha saturado. Assim, o erro acumulado pelo integrador fica muito elevado. Tal fenômeno é denominado *windup*. O problema não é o *windup* em si, mas a volta do sistema a uma condição normal após algum tempo em saturação. Se o erro acumulado no integrador for alto, o sistema demorará muito para corrigir o erro.

Para evitar que isso ocorra, deve-se utilizar um esquema denominado *anti-windup*, que limita ou "congela" a ação integrativa quando o sistema entra em saturação, evitando o acúmulo de erro indesejável no integrador. Uma forma muito utilizada de PID com *anti-windup* é representada na Figura A.3.

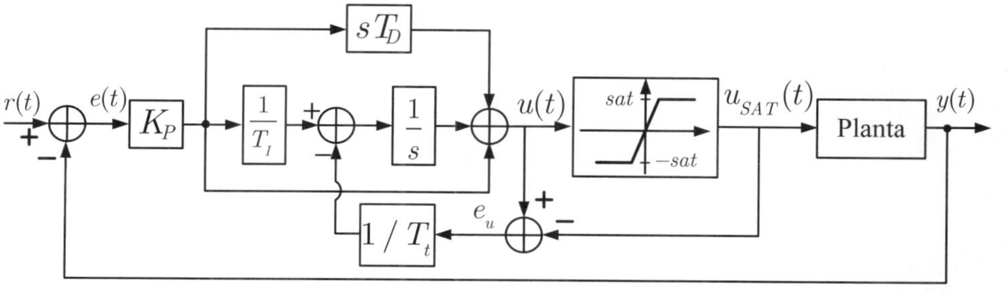

Figura A.3 – Controlador PID com *anti-windup*.

A diferença entre a entrada e a saída do atuador (e_u) é realimentada para a entrada do integrador, passando pelo ganho $1/T_t$. Quando há saturação, este sinal impede que o integrador acumule erros indesejados. T_t é a constante de tempo de atracamento do *anti-windup*. Uma regra prática consiste em assumir $T_D \leq T_t \leq T_I$ (por exemplo, $T_t = \sqrt{T_I T_D}$) [Åström e Wittenmark 1997].

Para utilizar o *anti-windup* em um sistema prático, deve-se inserir na malha um modelo de saturação do atuador.

Considere isoladamente agora a ação derivativa, tal que

$$U(s) = K_P T_D s E(s). \tag{A.3}$$

Note que se tem uma função de transferência não própria. Além disso, o termo derivativo possui um ganho que cresce com o aumento da frequência, e o sistema fica extremamente sensível a ruídos de alta frequência. Para evitar tal problema, pode-se escrever o termo derivativo em uma forma realizável, tal que

$$U(s) = K_P \frac{T_D s}{(T_D/N)s + 1} E(s), \tag{A.4}$$

onde N é um parâmetro tipicamente adotado entre 3 e 20. Essa forma acrescenta um polo em $-N/T_D$. Além de tornar a função de transferência própria, o ganho da parcela derivativa é saturado a partir de $\omega = N/T_D$. As respostas em frequência das parcelas derivativas para os casos com derivada pura e com polo adicional são ilustradas na Figura A.4.

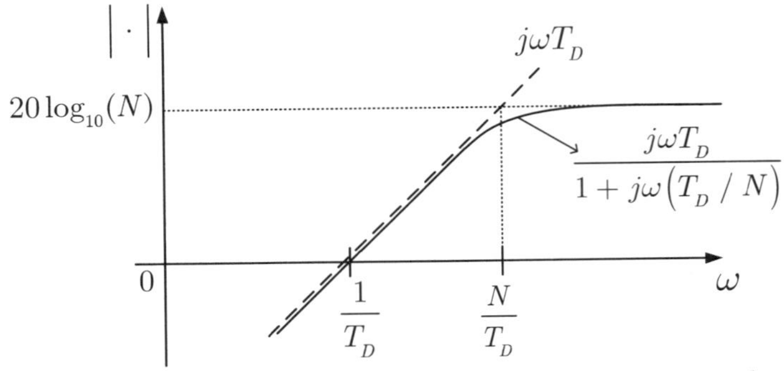

Figura A.4 – Comparação da resposta em frequência do termo derivativo.

Para variações abruptas na referência, a ação de controle derivativa contribui com um valor de amplitude muito elevado (*kick derivativo*). Para amenizar este problema, a parcela derivativa pode atuar diretamente na realimentação de saída, com sinal trocado, o que resulta na seguinte ação de controle:

$$U(s) = -K_P \frac{T_D s}{(T_D/N)s + 1} Y(s). \tag{A.5}$$

O diagrama do controle PID realizável com *anti-windup* e derivada da saída é representado na Figura A.5.

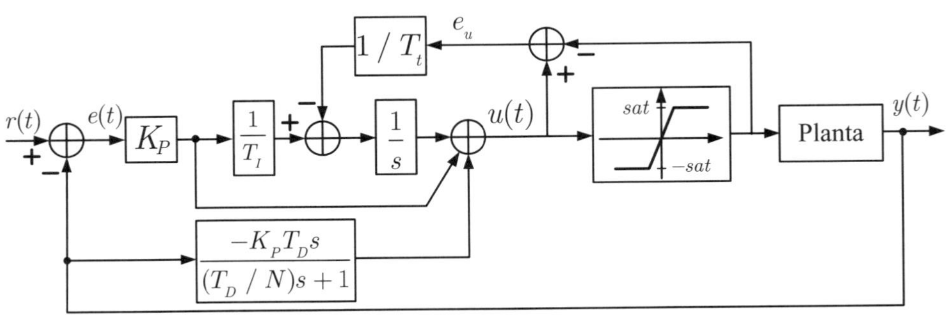

Figura A.5 – Controlador PID realizável com *anti-windup*.

Os efeitos independentes dos ganhos K_P, K_I e K_D na resposta de malha fechada do sistema são resumidos na Tabela A.1.

Tabela A.1 – Efeitos dos parâmetros K_P, K_I e K_D em um controle PID.

	t_r	$U.P.$	t_s	e_{ss}	Estabilidade
$\uparrow K_P$	Decresce	Aumenta	Aumenta pouco	Decresce	Degrada
$\uparrow K_I$	Decr. Pouco	Aumenta	Aumenta	Decr. Muito	Degrada
$\uparrow K_D$	Decr. Pouco	Decresce	Decresce	Influi Pouco	Melhora*

* Deve-se ficar atento quando há componentes de ruído de altas frequências.

Apêndice B

Simulação de Sistemas de Controle Digital no MATLAB/Simulink

O MATLAB/Simulink® será utilizado para simulação de sistemas de controle digitais. Este suplemento explica o procedimento a ser utilizado, com base em um exemplo de aplicação.

Considere o Exemplo 6.1, cujo diagrama em malha fechada é apresentado na Figura B.1.

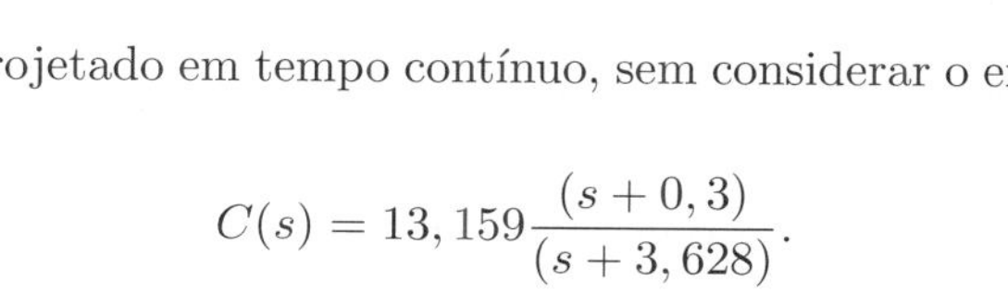

Figura B.1 – Sistema de controle do Exemplo 6.1.

O controlador projetado em tempo contínuo, sem considerar o efeito do ZOH, é dado por:

$$C(s) = 13,159\frac{(s+0,3)}{(s+3,628)}. \tag{B.1}$$

Para simular este sistema em tempo contínuo, o seguinte código em MATLAB® foi utilizado:

```
clear all; close all; clc;
s = tf('s'); G = 1/(s*(s+0.3)); %G(s)
num_G = G.num{:}; %Colocar no numerador da F.T. da planta
den_G = G.den{:}; %Colocar no denominador da F.T. da planta
C = 13.159*(s+0.3)/(s+3.628); %C(s)
num_C = C.num{:}; %Colocar no numerador da F.T. do controlador
den_C = C.den{:}; %Colocar no denominador da F.T. do controlador
t_run = 6; %Colocar no simulation stop time do SIMULINK
t_step = 1; %Colocar no parâmetro step time do bloco step
sim('controle_01'); %Executa o arquivo controle_01 do SIMULINK
subplot(121); p1 = plot(tout, r, 'k--',tout,y,'k'); %Gráfico de saída
xlabel(t (s)); ylabel(Amplitude);
leg = legend('Referência','Resposta');
subplot(122); plot(tout, u,'k'); %Gráfico do sinal de controle
xlabel('t (s)'); ylabel('u(t)');
```

O diagrama referente ao arquivo `controle_01.slx` do Simulink® é apresentado na Figura B.2. O resultado obtido está apresentado na Figura B.3.

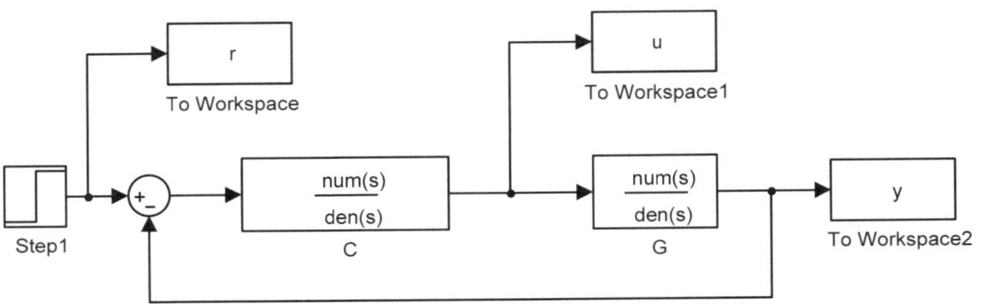

Figura B.2 – Diagrama da simulação em tempo contínuo.

Para a simulação do sistema de controle digital, inicialmente será considerada a abordagem utilizando uma função de transferência discreta no Simulink®. Para discretização do controlador, utilizou-se o método casamento polo e zero, com período de amostragem igual a 0,2 segundo. Para o projeto do controlador, o efeito do atraso do ZOH foi inserido na planta por uma aproximação Padé de primeira ordem (vide Exemplo 6.6.1). A função de transferência discreta obtida para o controlador é dada por

$$C(z) = 9,7656\frac{(z-0,9418)}{(z-0,3203)}. \tag{B.2}$$

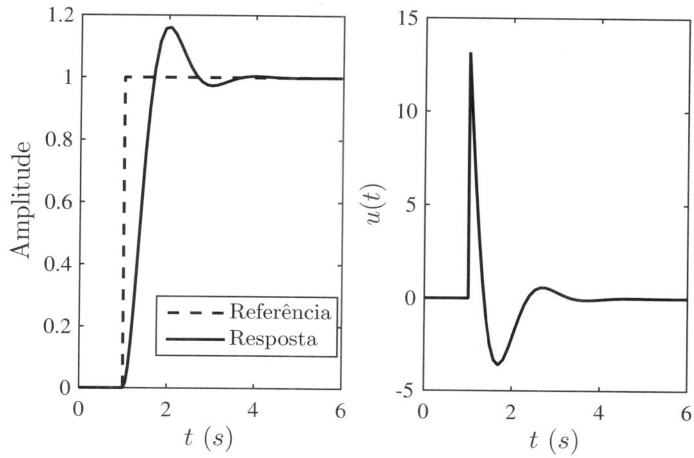

Figura B.3 – Resultado da simulação em tempo contínuo (saída e sinal de controle).

O seguinte código em MATLAB® foi utilizado:

```
clear all; close all; clc;
Ts = 0.2; %Inserir nos blocos zoh e na F.T. discreta do controlador
s = tf('s'); G = 1/(s*(s+0.3)); %G(s)
num_G = G.num{:}; %Colocar no numerador da F.T. da planta
den_G = G.den{:}; %Colocar no denominador da F.T. da planta
C = 15.877*(s+0.3)/(s+5.693); %C(s) com efeito do ZOH
C_d = c2d(C,Ts,'matched'); %Equiv. discreto
num_C_d = C_d.num{:}; %Numerador da F.T. do controlador digital
den_C_d = C_d.den{:}; %Denominador da F.T. do controlador digital
t_run = 6; %Colocar no simulation stop time do SIMULINK
t_step = 1; %Colocar no parâmetro step time do bloco step
sim('controle_02'); %Executa o arquivo controle_02 do SIMULINK
subplot(121); p1 = plot(tout, r, 'k--',tout,y,'k'); %Gráfico de saída
xlabel('t (s)'); ylabel('Amplitude');
leg = legend('Referência','Resposta');
td = 0:Ts:Ts*(length(u)-1); %Vetor de tempo discreto
subplot(122); stairs(td, u,'k'); %Gráfico do sinal de controle
xlabel('nT_s (s)'); ylabel('u(nT_s)');
```

O diagrama de simulação do arquivo `controle_02.slx` do Simulink® é apresentado na Figura B.4. O resultado obtido está apresentado na Figura B.5.

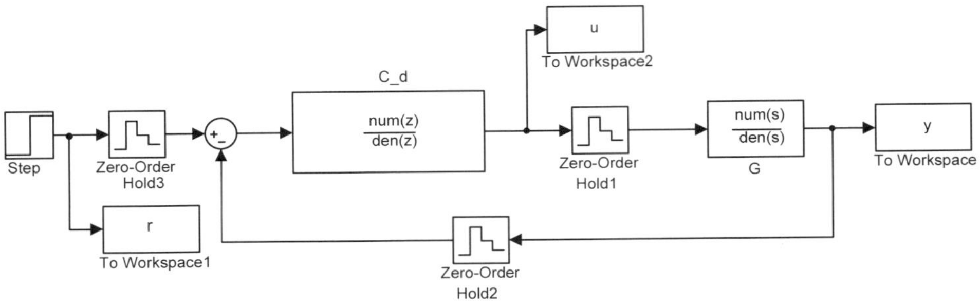

Figura B.4 – Diagrama da simulação em tempo discreto.

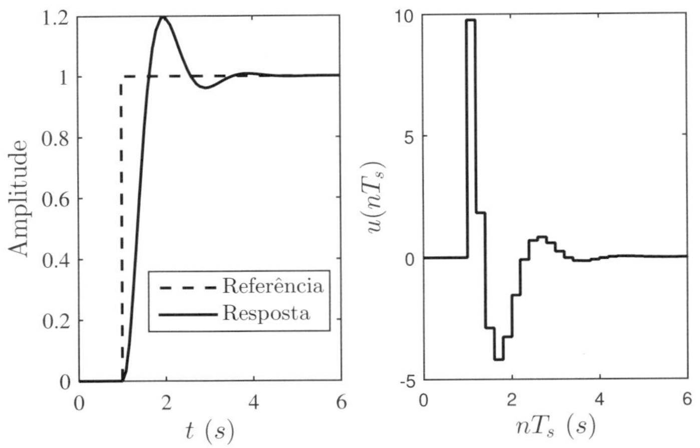

Figura B.5 – Resultado da simulação em tempo discreto (saída e sinal de controle).

A seguir será apresentada a metodologia adotada neste livro. A ideia consiste em programar o bloco do controlador digital utilizando a equação de diferenças que descreve sua dinâmica. Nota-se que, para o controlador digital considerado,

$$u[n] = \beta u[n-1] + K_c(e[n] - \alpha e[n-1]), \tag{B.3}$$

com $K_c = 9,7656$, $\alpha = 0,9418$ e $\beta = 0,3203$. A equação de diferenças que representa o controlador será implementada em uma estrutura denominada *Matlab Funtion*, conforme a Figura B.6 (diagrama `controle_03.slx` do Simulink®).

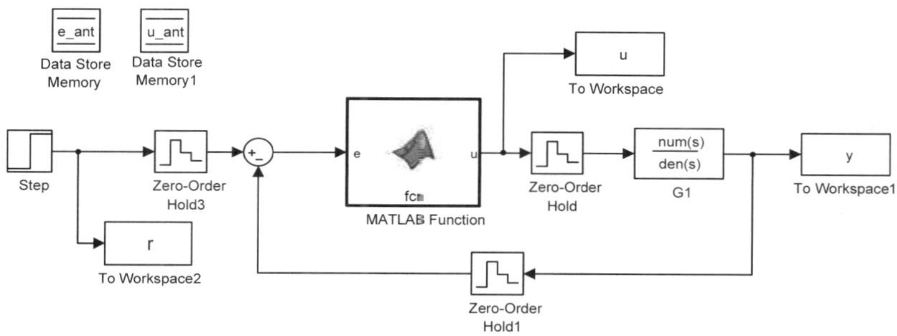

Figura B.6 – Diagrama da simulação em tempo discreto – método 2.

Ao clicar duplamente sobre o bloco, conforme apresentado na Figura B.7, abre-se o arquivo para edição da função, exatamente como uma função qualquer do MATLAB®, permitindo definir mais de uma entrada e mais de uma saída, caso necessário.

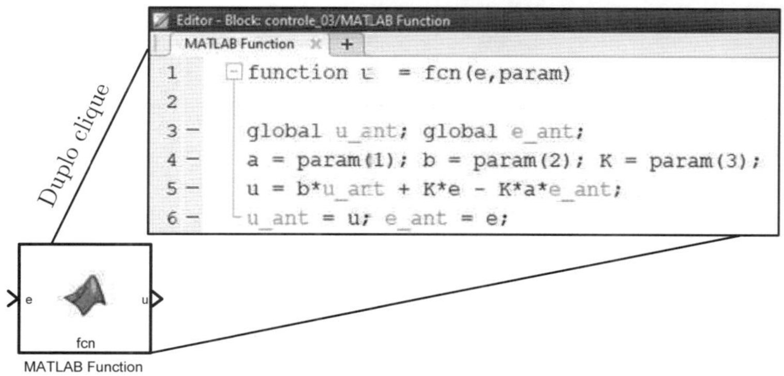

Figura B.7 – Acesso ao código do bloco *Matlab Function*.

Para configurar a função, deve-se clicar em `edit data`. O primeiro passo é escolher o método de atualização da *Matlab Function*. Nesse caso, será tempo discreto, com período de amostragem Ts, conforme a Figura B.8.

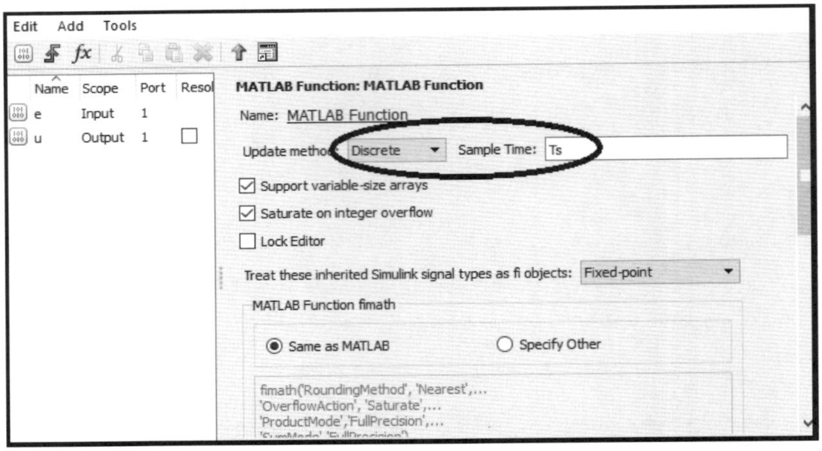

Figura B.8 – Método de atualização da *Matlab Function.*

Uma nova variável incluída na chamada de uma função dentro do bloco *Matlab funtion* será inicialmente configurada como do tipo `input`. Por outro lado, algumas vezes, o usuário desejará passar parâmetros constantes para a função a partir, por exemplo, de variáveis contidas no espaço de trabalho do MATLAB®. Para que isso seja possível, alguns passos de configuração são necessários:

- Defina a variável que deseja passar para a função na sua chamada.
- Abra o editor "Edit Data/Ports".
- Selecione a opção "Parameter" no campo "Scope" e elimine a seleção "Tunable" (Figura B.9).

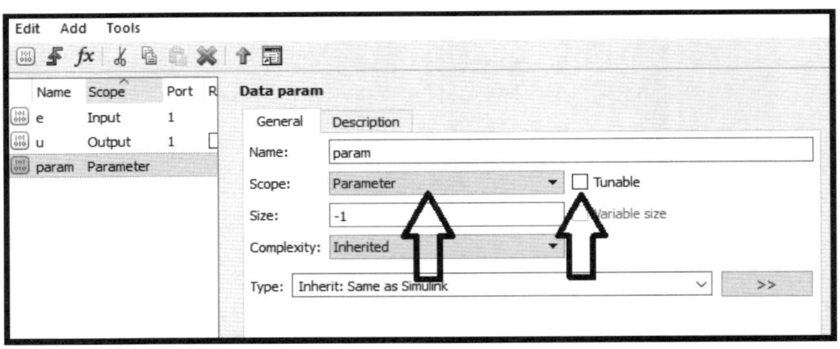

Figura B.9 – Seleção do tipo de entrada da *Matlab Function* como parâmetro externo.

A variável **param** agora é, na realidade, uma constante cujo conteúdo está definido no espaço de trabalho do MATLAB/Simulink®.

Note ainda que no conteúdo da *Matlab Function* (Figura B.7) o sinal de erro e o sinal de controle são salvos nas variáveis `e_ant` e `u_ant`, para serem utilizados na próxima iteração do algoritmo. Para fazer isso dentro da *Matlab Function*, o seguinte procedimento pode ser considerado:

- Defina a(s) variável(is) como global(is) dentro da *Matlab Function*.
- Abra novamente o editor "Edit Data/Ports". Clique em "Add data" (Figura B.10) e defina a variável com o mesmo nome da variável global definida no código da função (Figura B.11).
- Selecione a opção "Data Store Memory" no campo "Scope" (Figura B.11).
- Repita o procedimento para as demais variáveis globais utilizadas como memória.

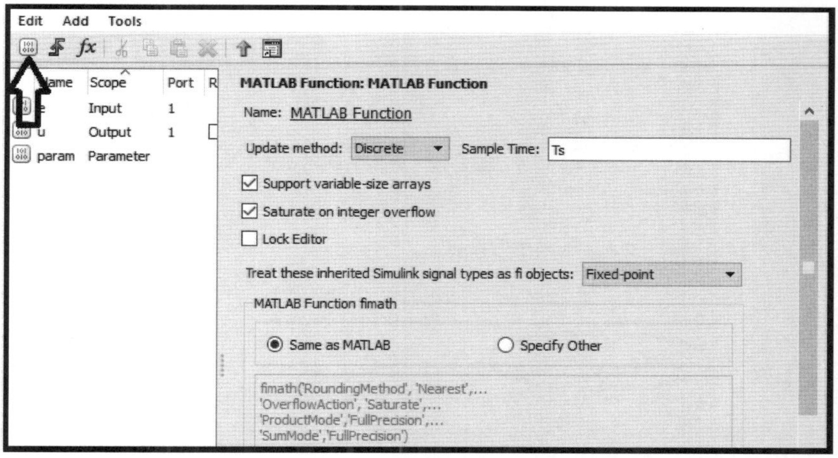

Figura B.10 – Inserção de um novo dado para a *Matlab Function*.

Para finalizar, no diagrama do Simulink® deve-se adicionar um bloco "Data Store Memory" para cada variável que será armazenada. Ao clicar duplamente no bloco, na aba "main" deve-se definir o nome da variável a ser armazenada (mesmo nome definido na *Matlab Funtion*). Na aba "Signal Attributes" deve-se fazer a configuração apresentada na Figura B.12.

Na aba "Diagnostics", desabilite todos os "warnings", como mostrado na Figura B.13.

Figura B.11 – Seleção do tipo de dado da *Matlab Function* como elemento armazenador de memória.

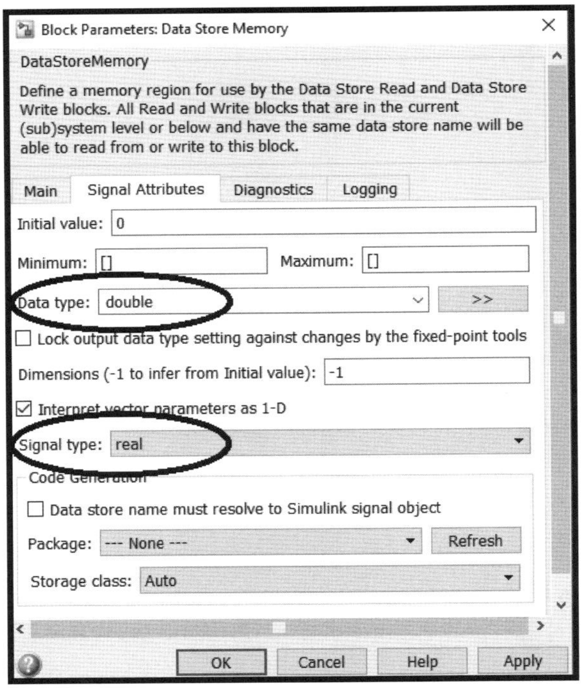

Figura B.12 – Configuração dos atributos de sinais do "Data Store Memory".

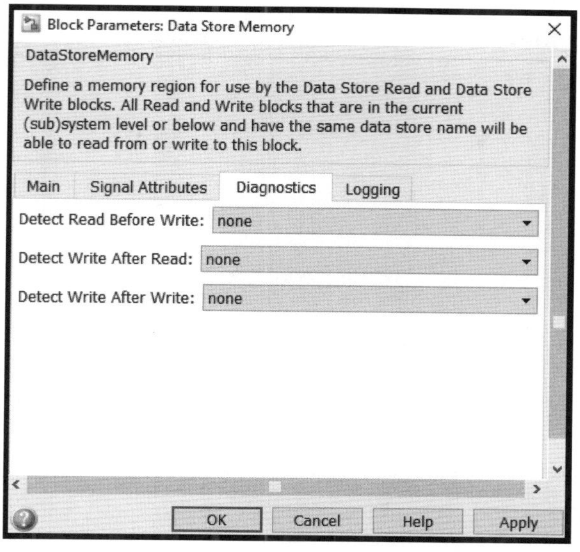

Figura B.13 – Desabilitação dos alertas do bloco "Data Store Memory".

Com isso, a simulação é efetuada diretamente com a equação de diferenças. Para efetuar a simulação, o *script* a seguir foi desenvolvido. O código da *Matlab Function* está apresentado na Figura B.7. O resultado obtido é idêntico ao da Figura B.5.

```
clear all; close all; clc;
Ts = 0.2; %Inserir nos blocos zoh e na F.T. discreta do controlador
s = tf('s'); G = 1/(s*(s+0.3)); %G(s)
num_G = G.num{:}; %Colocar no numerador da F.T. da planta
den_G = G.den{:}; %Colocar no denominador da F.T. da planta
C = 15.877*(s+0.3)/(s+5.693); %C(s) ajustado para considerar o efeito ZOH
C_d = zpk(c2d(C,Ts,'matched'));
alpha = C_d.z{1}; %Captura o zero da F.T. discreta do controlador
beta = C_d.p{1}; %Captura o polo da F.T. discreta do controlador
Kc = C_d.k; %Captura o ganho da F.T. discreta do controlador
param = [alpha, beta, Kc];
t_run = 6; %Colocar no simulation stop time do SIMULINK
t_step = 1; %Colocar no parâmetro step time do bloco step
sim('controle_03'); %Executa o arquivo controle_03 do SIMULINK
subplot(121); p1 = plot(tout, r, 'k--',tout,y,'k'); %Gráfico de saída
xlabel('t (s)'); ylabel('Amplitude');
leg = legend('Referência','Resposta');
td = 0:Ts:Ts*(length(u)-1); %Vetor de tempo discreto
subplot(122); stairs(td, u,'k'); %Gráfico do sinal de controle
xlabel('nT_s (s)'); ylabel('u(nT_s)');
```

Apêndice C

Modelagem de Sistemas Mecânicos no MATLAB/Simulink

A modelagem de sistemas mecânicos apresentada aqui será feita considerando o método de Lagrange. Nesta abordagem, ao invés de se trabalhar com acelerações (Newton), as expressões envolvem a energia (cinética e potencial). No entanto, no final, os mesmos resultados são obtidos.

No método de Lagrange deve-se definir, inicialmente, um conjunto de variáveis generalizadas, q_n, $n = 1, \dots, N$, que represente os N graus de liberdade do sistema. Os graus de liberdade são tipicamente coordenadas de posição (distâncias ou ângulos).

Em termos das coordenadas generalizadas, definem-se a Energia Cinética K e a Energia Potencial U. Em geral, K é uma função definida em função de q_n e $\dot{q}_n$. Por outro lado, U é definida em função de q_n.

Em sistemas multicorpos pode-se, por exemplo, definir K e U para cada corpo separadamente e, depois, combiná-las. Com K e U, define-se então a Lagrangiana

$$\mathcal{L} = K - U, \tag{C.1}$$

sendo $\mathcal{L}(q_1, q_2, \dots, q_n, \dot{q}_1, \dot{q}_2, \dots, \dot{q}_n, t)$. As equações de Euler-Lagrange são dadas por

$$\frac{d}{dt}\left(\frac{\partial \mathcal{L}}{\partial \dot{q}_n}\right) - \frac{\partial \mathcal{L}}{\partial q_n} = \tau_n, \quad n = 1, 2, \dots, N, \tag{C.2}$$

em que τ_n são as forças generalizadas (força ou torque) na n-ésima direção.

Com o método de Lagrange, uma vez que as energias cinéticas e potenciais estejam calculadas, as equações de movimento são obtidas a partir de (C.2). Seja $\mathbf{q} = \begin{bmatrix} q_1 & \dots & q_N \end{bmatrix}^\top$, a solução de (C.2) pode ser escrita na seguinte forma compacta:

$$\mathbf{M}(\mathbf{q})\ddot{\mathbf{q}} + \mathbf{V}(\mathbf{q},\, \dot{\mathbf{q}}) + \mathbf{G}(\mathbf{q}) = \boldsymbol{\tau}_{\text{eq}}, \tag{C.3}$$

em que $\mathbf{M}(\mathbf{q}) \in \mathbb{R}^{n\times n}$ é a matriz simétrica positiva definida denominada matriz de inércia, $\mathbf{V}(\mathbf{q},\, \dot{\mathbf{q}}) \in \mathbb{R}^n$ é o vetor de forças centrípetas e de Coriolis, $\mathbf{G}(\mathbf{q}) \in \mathbb{R}^n$ representa o vetor de termos gravitacionais, e $\boldsymbol{\tau}_{\text{eq}} \in \mathbb{R}^n$ compreende o termo de forças generalizadas (forças e torques externos e de atrito).

A partir de (C.3), pode-se escrever

$$\ddot{\mathbf{q}} = \mathbf{M}^{-1}(\mathbf{q})\left[\boldsymbol{\tau}_{\text{eq}} - \mathbf{V}(\mathbf{q},\, \dot{\mathbf{q}}) - \mathbf{G}(\mathbf{q})\right]. \tag{C.4}$$

Neste Apêndice, o pêndulo rotacional (pêndulo de Furuta) e o pêndulo com roda de reação são modelados utilizando o método de Lagrange. Além disso, serão apresentados os códigos MATLAB® de obtenção dos modelos das plantas mencionadas.

C.1 Matrizes de rotação

São matrizes quadradas que mudam a direção do vetor, mas sem alterar sua magnitude, ou seja, são matrizes unitárias.

Matriz de rotação em duas dimensões

Considere as representações da Figura C.1.

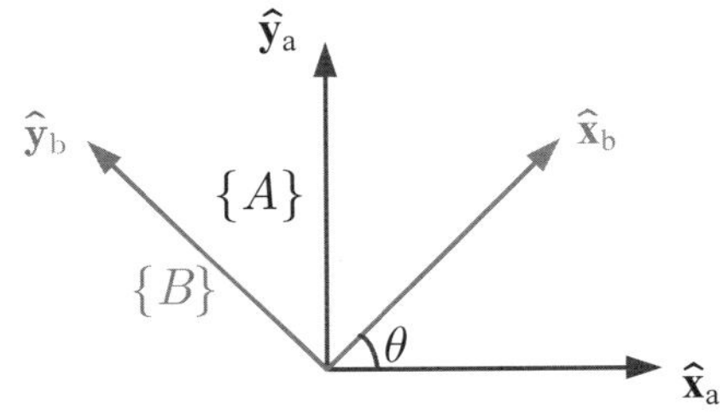

Figura C.1 – Matriz de Rotação no $\mathbb{R}^2$.

Pode-se descrever a orientação do sistema de coordenadas $\{B\}$ em relação ao $\{A\}$ representando os versores dos eixos de $\{B\}$ em relação a $\{A\}$. Assim, o sistema $\{B\}$ é expresso no sistema $\{A\}$ pela transformação (matriz de rotação) ${}^A_B\mathbf{R}$, tal que

$${}^A_B\mathbf{R} = \begin{bmatrix} {}^a\hat{\mathbf{x}}_b & {}^a\hat{\mathbf{y}}_b \end{bmatrix} = \begin{bmatrix} \text{Rot}_\theta \begin{bmatrix} 1 \\ 0 \end{bmatrix} & \text{Rot}_\theta \begin{bmatrix} 0 \\ 1 \end{bmatrix} \end{bmatrix}, \tag{C.5}$$

onde Rot_θ representa uma rotação no sentido anti-horário por um ângulo θ. Assim, verifica-se que

$$ {}^{A}_{B}\mathbf{R} = \begin{bmatrix} c_\theta & -s_\theta \\ s_\theta & c_\theta \end{bmatrix}, \tag{C.6} $$

em que c_θ e s_θ são acrônimos para $\cos(\theta)$ e $\text{sen}(\theta)$, respectivamente.

Para expressar $\{A\}$ no sistema $\{B\}$, basta utilizar ${}^{B}_{A}\mathbf{R} = {}^{A}_{B}\mathbf{R}^{-1}$. Como a matriz de rotação é unitária, tem-se que ${}^{A}_{B}\mathbf{R}^{-1} = {}^{A}_{B}\mathbf{R}^{\top}$.

Matrizes de rotação em três dimensões

No espaço, as rotações podem ser em torno dos eixos x, y, ou z. Seja a representação da Figura C.2. Observe que na direção x, os versores de $\{B\}$ e $\{A\}$ coincidem. Assim, o sistema $\{B\}$ pode ser expresso no sistema $\{A\}$ utilizando a seguinte matriz de rotação:

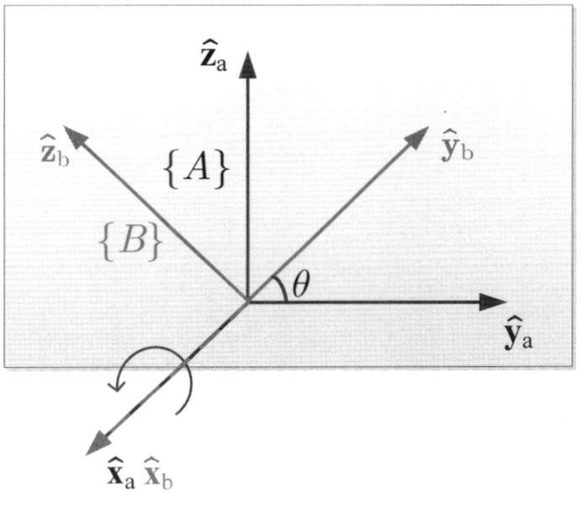

Figura C.2 – Matriz de rotação no $\mathbb{R}^3$, em torno de x.

$$ \begin{aligned} {}^{A}_{B}\mathbf{R} &= \begin{bmatrix} {}^{a}\hat{\mathbf{x}}_b & {}^{a}\hat{\mathbf{y}}_b & {}^{a}\hat{\mathbf{z}}_b \end{bmatrix} = \begin{bmatrix} \begin{bmatrix} 1 \\ 0 \\ 0 \end{bmatrix} & \text{Rot}_\theta \begin{bmatrix} 0 \\ 1 \\ 0 \end{bmatrix} & \text{Rot}_\theta \begin{bmatrix} 0 \\ 0 \\ 1 \end{bmatrix} \end{bmatrix} \\ &= \begin{bmatrix} 1 & 0 & 0 \\ 0 & c_\theta & -s_\theta \\ 0 & s_\theta & c_\theta \end{bmatrix}. \end{aligned} \tag{C.7} $$

Considere a representação da Figura C.3. Neste caso, os versores de $\{B\}$ e $\{A\}$ coincidem na direção y. Logo, o sistema $\{B\}$ pode ser expresso no sistema $\{A\}$ utilizando a seguinte matriz de rotação:

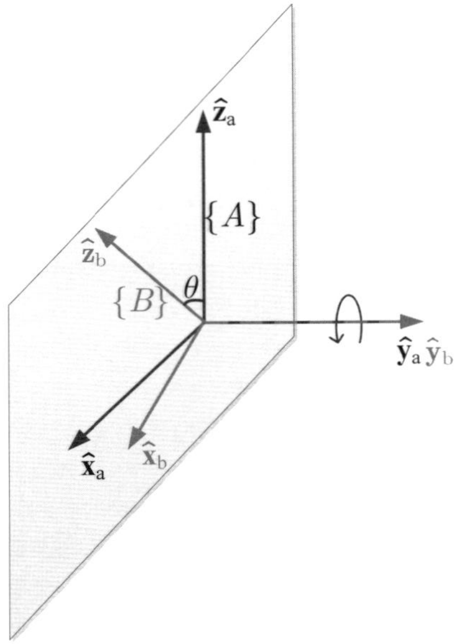

Figura C.3 – Matriz de rotação no $\mathbb{R}^3$, em torno de y.

$$
\begin{aligned}
{}^{A}_{B}\mathbf{R} &= \begin{bmatrix} {}^{a}\hat{\mathbf{x}}_b & {}^{a}\hat{\mathbf{y}}_b & {}^{a}\hat{\mathbf{z}}_b \end{bmatrix} = \begin{bmatrix} \mathrm{Rot}_\theta \begin{bmatrix} 1 \\ 0 \\ 0 \end{bmatrix} & \begin{bmatrix} 0 \\ 1 \\ 0 \end{bmatrix} & \mathrm{Rot}_\theta \begin{bmatrix} 0 \\ 0 \\ 1 \end{bmatrix} \end{bmatrix} \\
&= \begin{bmatrix} c_\theta & 0 & s_\theta \\ 0 & 1 & 0 \\ -s_\theta & 0 & c_\theta \end{bmatrix}. \qquad \text{(C.8)}
\end{aligned}
$$

Por fim, considere a representação da Figura C.4 em que, na direção z, os versores de $\{B\}$ e $\{A\}$ coincidem. Assim, o sistema $\{B\}$ pode ser expresso no sistema $\{A\}$ considerando a seguinte matriz de rotação:

$$
\begin{aligned}
{}^{A}_{B}\mathbf{R} &= \begin{bmatrix} {}^{a}\hat{\mathbf{x}}_b & {}^{a}\hat{\mathbf{y}}_b & {}^{a}\hat{\mathbf{z}}_b \end{bmatrix} = \begin{bmatrix} \mathrm{Rot}_\theta \begin{bmatrix} 1 \\ 0 \\ 0 \end{bmatrix} & \mathrm{Rot}_\theta \begin{bmatrix} 0 \\ 1 \\ 0 \end{bmatrix} & \begin{bmatrix} 0 \\ 0 \\ 1 \end{bmatrix} \end{bmatrix} \\
&= \begin{bmatrix} c_\theta & -s_\theta & 0 \\ s_\theta & c_\theta & 0 \\ 0 & 0 & 1 \end{bmatrix}. \qquad \text{(C.9)}
\end{aligned}
$$

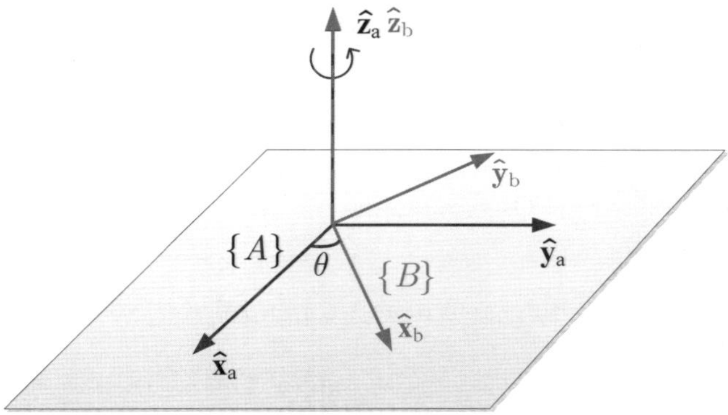

Figura C.4 – Matriz de rotação no $\mathbb{R}^3$, em torno de z.

C.2 Modelagem do pêndulo de Furuta

O pêndulo de Futura, ou pêndulo invertido rotacional, proposto em 1992 por Katsuhisa Furuta e pesquisadores associados a ele no *Tokyo Institute of Technology*, consiste em um braço atuado que rotaciona no plano horizontal com um pêndulo acoplado em uma de suas extremidades [Furuta, Yamakita e Kobayashi 1992]. Considere o diagrama esquemático da Figura C.5.

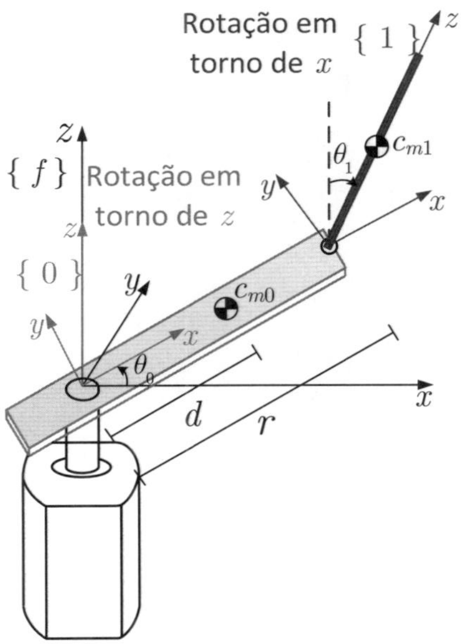

Figura C.5 – Diagrama do pêndulo de Furuta.

As variáveis do braço e o do pêndulo são referenciadas com índices 0 e 1, respectivamente. O sistema inercial $\{f\}$ está fixo no eixo de rotação do braço. Na mesma posição, mas solidário ao braço, é fixado o sistema $\{0\}$. Na extremidade oposta ao braço e solidário ao pêndulo, é fixado o sistema $\{1\}$. A posição do centro de massa do i-ésimo corpo é representada por c_{mi}. Os parâmetros do sistema são descritos na Tabela C.1.

Tabela C.1 – Parâmetros da construção do pêndulo

	Parâmetro	Valor
M_0	Massa do braço [kg]	0,120
M_1	Massa do pêndulo [kg]	0,076
L_0	Comprimento do braço [m]	0,26
L_1	Comprimento do pêndulo [m]	0,25
r	Distância eixo-base até pêndulo [m]	0,25
d	Dist. eixo-base até o centro de massa do braço [m]	0,18
g	Aceleração da gravidade [m/s^2]	9,81
K_t	Constante de torque do motor [Nm/A]	0,118
K_e	Constante de velocidade do motor [V/(rad/s)]	0,118
R_m	Resistência de armadura do motor [Ω]	3,6
b_0, b_1	Coefs. de atrito juntas base-braço e braço-pêndulo	determinar

De forma genérica, a matriz de momento de inércia do i-ésimo corpo é dada por

$$\mathcal{I}_i = \begin{bmatrix} I_i^{xx} & I_i^{xy} & I_i^{xz} \\ I_i^{yx} & I_i^{yy} & I_i^{yz} \\ I_i^{zx} & I_i^{zy} & I_i^{zz} \end{bmatrix}. \tag{C.10}$$

Considerando que o braço e o pêndulo são constituídos por barras simétricas e balanceadas, tem-se que

$$\mathcal{I}_i = \begin{bmatrix} I_i^{xx} & 0 & 0 \\ 0 & I_i^{yy} & 0 \\ 0 & 0 & I_i^{zz} \end{bmatrix}. \tag{C.11}$$

Adicionalmente, de forma simplificada, será considerada a componente do momento de inércia apenas no sentido da rotação principal do i-ésimo corpo, ou seja,

$$\mathcal{I}_0 = \begin{bmatrix} 0 & 0 & 0 \\ 0 & 0 & 0 \\ 0 & 0 & \frac{M_0 L_0^2}{12} \end{bmatrix}, \quad \mathcal{I}_1 = \begin{bmatrix} \frac{M_1 L_1^2}{12} & 0 & 0 \\ 0 & 0 & 0 \\ 0 & 0 & 0 \end{bmatrix}, \tag{C.12}$$

em que ambos braço e pêndulo foram considerados como barras ideais de massa M_i e comprimento L_i. A velocidade angular do braço $\boldsymbol{\omega}_0$ é composta pela rotação do eixo anterior (fixo) no corpo somada à rotação do próprio corpo, ou seja,

$$\boldsymbol{\omega}_0 = {}^f_0\mathbf{R}^\top \begin{bmatrix} 0 \\ 0 \\ 0 \end{bmatrix} + \begin{bmatrix} 0 \\ 0 \\ \dot{\theta}_0 \end{bmatrix} = \begin{bmatrix} 0 \\ 0 \\ \dot{\theta}_0 \end{bmatrix}. \tag{C.13}$$

A velocidade translacional na junta base-braço é $\mathbf{v}_0 = {}^f_0\mathbf{R}^\top \begin{bmatrix} 0 & 0 & 0 \end{bmatrix}^\top$. Assim, a velocidade do centro de massa do braço é dada por

$$\mathbf{v}_{cm0} = \mathbf{v}_0 + \boldsymbol{\omega}_0 \times \begin{bmatrix} d \\ 0 \\ 0 \end{bmatrix}. \tag{C.14}$$

Observe que o centro de massa do braço está a uma distância d do seu eixo de rotação.

Similarmente, a velocidade angular do pêndulo $\boldsymbol{\omega}_1$ é composta pela rotação do eixo anterior (braço) somada à rotação do próprio pêndulo, ou seja,

$$\boldsymbol{\omega}_1 = {}^0_1\mathbf{R}^\top \boldsymbol{\omega}_0 + \begin{bmatrix} \dot{\theta}_1 \\ 0 \\ 0 \end{bmatrix}. \tag{C.15}$$

A velocidade translacional na junta braço-pêndulo é dada por

$$\mathbf{v}_1 = {}^0_1R^\top \left(\boldsymbol{\omega}_0 \times \begin{bmatrix} r \\ 0 \\ 0 \end{bmatrix} \right), \tag{C.16}$$

em que r é a distância da junta braço-pêndulo à junta base-braço. Por fim, a velocidade do centro de massa do pêndulo é dada por

$$\mathbf{v}_{cm1} = \mathbf{v}_1 + \boldsymbol{\omega}_1 \times \begin{bmatrix} 0 \\ 0 \\ L_1/2 \end{bmatrix}, \tag{C.17}$$

em que o centro de massa do pêndulo está a uma distância $L_1/2$ do seu eixo de rotação.

Com as velocidades obtidas, as energias cinéticas e potenciais dos corpos podem ser calculadas. Para o braço, verifica-se que

$$K_0 = \frac{1}{2}\left(\boldsymbol{\omega}_0^\top \mathcal{I}_0 \boldsymbol{\omega}_0\right) + \frac{1}{2}\left(\mathbf{v}_{cm0}^\top M_0 \mathbf{v}_{cm0}\right). \tag{C.18}$$

Para o pêndulo, tem-se

$$K_1 = \frac{1}{2}\left(\boldsymbol{\omega}_1^\top \mathcal{I}_1 \boldsymbol{\omega}_1\right) + \frac{1}{2}\left(\mathbf{v}_{cm1}^\top M_1 \mathbf{v}_{cm1}\right). \tag{C.19}$$

De acordo com a convenção adotada, a energia potencial do braço é nula e a do pêndulo é dada por

$$U = M_1 g L_1 \cos(\theta_1). \tag{C.20}$$

Com $K = K_0 + K_1$ e U, aplica-se (C.2) para obter as equações de movimento na forma (C.3) ou na forma (C.4), considerando $\mathbf{q} = \begin{bmatrix}\theta_0 & \theta_1\end{bmatrix}^\top$.

Em relação a $\boldsymbol{\tau}_{\text{eq}}$, na junta do braço há o efeito do torque aplicado pelo motor DC e o dissipado pelo atrito viscoso da junta. Sabe-se que o torque τ_{m} gerado pelo motor é proporcional à corrente i_{m} de armadura [1], ou seja,

$$\tau_{\text{m}} = K_t i_{\text{m}}. \tag{C.21}$$

Ao desprezar a indutância de armadura, a equação do motor DC alimentado por armadura é dada por

$$v_m = R_m i_{\text{m}} + K_e \dot{\theta}_0, \tag{C.22}$$

sendo o termo $K_e\dot{\theta}_0$ devido à força contro-eletro-motriz (f.c.e.m.). Como o motor tem tensão nominal de 12 V, e considerando acionamento com driver tipo ponte-H e sinal PWM, tem-se que

$$v_m = 12u, \tag{C.23}$$

e que $u \in [-1,\, 1]$ é o sinal de controle calculado pelo microcontrolador que considera o ciclo ativo do sinal PWM e o sentido de rotação do motor. Com isso, de (C.21), (C.22) e (C.23), tem-se que

$$\tau_{\text{m}} = \frac{K_t}{R_m}\left(12\,u - K_e\dot{\theta}_0\right). \tag{C.24}$$

Logo, o vetor $\boldsymbol{\tau}_{\text{eq}}$ pode ser escrito como

$$\tau_{\text{eq}} = \begin{bmatrix} \dfrac{K_t}{R_m}\left(12\,u - K_e\dot{\theta}_0\right) \\ 0 \end{bmatrix} + \begin{bmatrix} -b_0\dot{\theta}_0 \\ -b_1\dot{\theta}_1 \end{bmatrix}, \tag{C.25}$$

[1] Aqui já é considerado o efeito da redução.

onde o termo $b_i\dot{\theta}_i$ é devido ao atrito viscoso na i-ésima junta ($i = 0$: base-braço, $i = 1$: braço-pêndulo). O termo b_i deve ser estimado experimentalmente. Assim, pode-se controlar o sistema tendo o sinal u como entrada. Para isso, basta encontrar as equações do movimento em função de τ_{eq} e, em seguida, substituir τ_{eq} conforme a Equação (C.24).

A modelagem completa é apresentada no código MATLAB® a seguir. O arquivo `Gera_Modelo_Furuta.m` gera $\mathbf{M}$, $\mathbf{V}$, $\mathbf{g}$ e τ_{eq}, e os salva como funções, na pasta de trabalho atual, para posteriormente serem importados no arquivo Simulink de simulação com o modelo não linear. Tais funções são respectivamente exportadas com os seguintes nomes: `function_M_Furuta.m`, `function_V_Furuta.m`, `function_G_Furuta.m` e `function_tau_eq_Furuta.m`. As matrizes do modelo linear em tempo contínuo, **A**, **B**, **C** e **D**, são exportadas no arquivo `Modelo_Furuta.mat`.

O arquivo `Gera_Modelo_Furuta.m` usa a função externa `deriv.m` para calcular a derivada parcial de f em relação a $g = g(t)$.

```
clear all; clc; close all;
%Parametros mecânicos
d = 0.18; %Posição do CM do braço
M0 = 0.120; %Massa do braço
M1 = 0.076; %Massa do pêndulo
L0 = 0.26; %Comprimento do braço
L1 = 0.25; %Comprimento do pêndulo
I0 = 6.7600e-04; %Momento de Inércia braço
I1 = 3.95833e-04; %Momento de Inércia pêndulo
r = 0.25; %Distância da junta do braço à junta do pêndulo
b0=0; b1=0; %Coefs de atrito viscoso das juntas de braço e pêndulo
%Parâmetros do motor
Rm = 3.6; %Resistência da armadura
Ke = 0.118; %Cte de f.c.e.m. (já considera a redução)
Kt = 0.118; %Cte de torque (já considera a redução)
%Variáveis de posição, velocidade e aceleração angulares
syms t th0(t) th1(t) g;
th0 = th0(t); th1 = th1(t); %Posição
wth0 = diff(th0,t); wth0_d = diff(wth0,t); %Velocidade
wth1 = diff(th1,t); wth1_d = diff(wth1,t); %Aceleração
%Matrizes de Inércia
I0_mat = diag([0;0;I0]);
I1_mat = diag([I1;0;0]);
%%Matrizes de rotação
R0 = [cos(th0) -sin(th0) 0; sin(th0) cos(th0) 0; 0 0 1];
R1 = [1 0 0; 0 cos(th1) -sin(th1); 0 sin(th1) cos(th1)];
%%Cálculo das velocidades
%braço
w0 = R0.'*[0;0;0] + [0; 0; wth0];
```

```
vcm0 = R0.'*[0;0;0] + cross(w0,[d;0;0]);
%Pendulo
w1 = R1.'*w0 + [wth1; 0; 0];
v1 = R1.'*cross(w0,[r; 0; 0]);
vcm1 = v1+cross(w1,[0; 0; L1/2]);
%%Cálculo das Energias e Lagrangiana
%Energia Cinética do Braço
K0 = 1/2*(w0.' * I0_mat * w0) + 1/2*(vcm0.' * M0 * vcm0);
%Energia Cinética do Pêndulo
K1 = 1/2*(w1.' * I1_mat * w1) + 1/2*(vcm1.' * M1 * vcm1);
%Energia cinética total
K = K0+K1;
%Energia potencial total
U = M1*g*L1/2*cos(th1);
%Lagrangiana
Lagr = K - U;
%%Eqs. de Euler-Lagrange
%dLag\d(wth0). deriv(f,g(t)) faz a derivada parcial de f em relação a g(t)
Lqq0 = deriv(Lagr, wth0);
%d(dLag\d(wth0))\dt
Lqqt0 = diff(Lqq0, t);
%dLag\dth0
Lq0 = deriv(Lagr, th0);
%d(dLag\d(wth0))\dt - dLag\dth0
Leq0 = simplify(expand(Lqqt0 - Lq0));
%dLag\d(wth1)
Lqq1 = deriv(Lagr, wth1);
%d(dLag\d(wth1))\dt
Lqqt1 = diff(Lqq1, t);
%dLag\dth1
Lq1 = deriv(Lagr, th1);
%d(dLag\d(wth1))\dt - dLag\dth1
Leq1 = simplify(expand(Lqqt1 - Lq1));
%Como as derivadas já foram feitas, vamos substituir as variáveis
%Com dependência temporal por variáveis que não dependem do tempo, pois o
%Problema agora consiste em resolver equações algébricas
syms TH0 TH1 WTH0 WTH1 WTH0_d WTH1_d
Leq0_ = subs(Leq0,wth0_d,WTH0_d);
Leq0_ = subs(Leq0_,wth1_d,WTH1_d);
Leq0_ = subs(Leq0_,wth0,WTH0);
Leq0_ = subs(Leq0_,wth1,WTH1);
Leq0_ = subs(Leq0_,th0,TH0);
Leq0_ = subs(Leq0_,th1,TH1);
Leq1_ = subs(Leq1,wth0_d,WTH0_d);
Leq1_ = subs(Leq1_,wth1_d,WTH1_d);
Leq1_ = subs(Leq1_,wth0,WTH0);
```

```
Leq1_ = subs(Leq1_,wth1,WTH1);
Leq1_ = subs(Leq1_,th0,TH0);
Leq1_ = subs(Leq1_,th1,TH1);
%%Equações de Movimento
syms tau_eq_0 tau_eq_1 u %tau_eq_i são as forças generalizadas e u é um
%sinal de -1 a 1 representando o ciclo ativo do
%PWM do motor e o sentido de rotação
tau_eq = [tau_eq_0; tau_eq_1];
%Eqs. de Euler Lagrange reagrupadas
s0 = Leq0_ - tau_eq_0;
s1 = Leq1_ - tau_eq_1;
s=[s0; s1];
syms q q_p q_pp
q=[TH0; TH1]; %Vetor de posições angulares (coordenadas generalizadas)
q_p=[WTH0; WTH1]; %Vetor de velocidades angulares
q_pp=[WTH0_d; WTH1_d]; %Vetor de acelerações angulares
%Modelo Reduzido
M=simplify(expand(jacobian(s,q_pp))); %Matriz de Inércia
G=simplify(expand(jacobian(s,g)*g)); %vetor de termos gravitacionais
V=simplify(expand(s-M*q_pp-G+tau_eq)); %Vetor de fç centripeta-Coriolis
G = subs(G,g,9.81);
tau_m = Kt*(12*u-Ke*WTH0)/(Rm); %Equação do motor DC
tau_eq_0 = tau_m - b0*WTH0; %Torque de atrito da junta do braço
tau_eq_1 = -b1*WTH1; %Torque de atrito da junta do pêndulo
tau_eq = subs(tau_eq);
%M, V, G e tau_eq são exportados como funções
%para serem carregadas no modelo não linear do Simulink
matlabFunction(M,'File','function_M_Furuta');
matlabFunction(V,'File','function_V_Furuta');
matlabFunction(G,'File','function_G_Furuta');
matlabFunction(tau_eq,'File','function_tau_eq_Furuta');
%Equações de Movimento
xpp = simplify(expand(M^-1*(tau_eq-V-G)));
%%Linearização do Modelo
%Variaveis de estado
x = [TH0;TH1;WTH0;WTH1];
xp = [WTH0; WTH1; xpp(1); xpp(2)];
%%Linearização
Am=jacobian(xp,x); Bm=jacobian(xp,u);
%Ponto de equilíbrio
TH0=0; TH1=0; WTH0=0;WTH1=0;u=0;
A = double(subs(Am)); B = double(subs(Bm));
C = [1 0 0 0]; D = 0;
save('Modelo_Furuta.mat','A','B','C','D');
```

```
function out = deriv(f, g)
%Função para derivada parcial de f em relação a g=g(t)
syms t x dx
a = {g, diff(g, t)};
b = {x, dx};
f1 = subs(f, a, b);
f2 = diff(f1, x);
out = subs(f2, b, a);
```

O modelo não linear do sistema é programado no Simulink®, conforme a Figura C.6. Observe que **M**, **V**, **g** e $\boldsymbol{\tau}_{\text{eq}}$ são carregados no código da *Matlab Function* para gerar as equações de movimento.

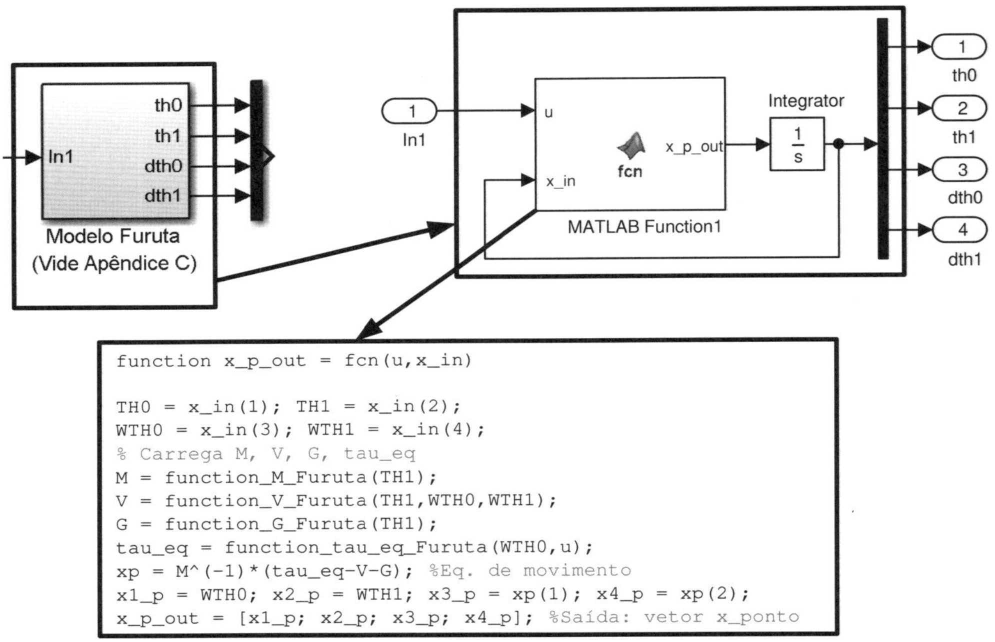

Figura C.6 – Simulador do pêndulo de Furuta no Simulink®.

C.3 Modelagem do pêndulo com roda de reação

O pêndulo com roda de reação [Block, Åström e Spong 2007] é formado por uma haste e uma roda posicionada na sua parte superior (chamada de roda de reação). Seu funcionamento consiste em utilizar a reação do torque aplicado na roda para atuar na haste e, assim, equilibrar o pêndulo. Considere o desenho esquemático da Figura C.7 com os sistemas de coordenadas fixos em cada corpo.

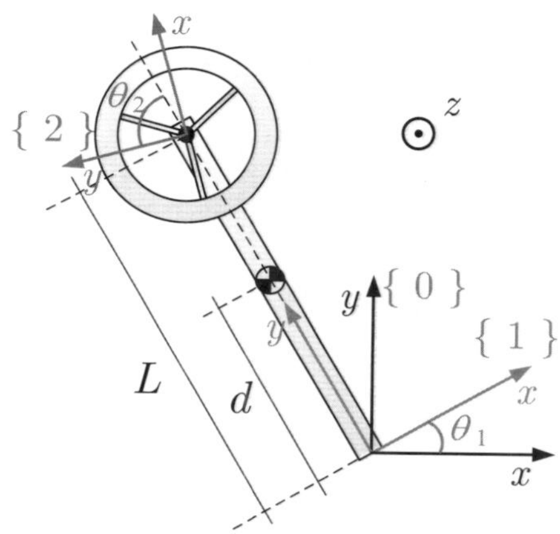

Figura C.7 – Diagrama do pêndulo com roda de reação.

Os parâmetros de construção do pêndulo são dados na Tabela C.2. Idealmente, deseja-se que a roda de reação tenha uma massa muito pequena e um momento de inércia elevado. Logo, a geometria utilizada é a de um anel com raio interno R_1 e raio externo R_2 (aproximação que desconsidera as raias da roda). Já a haste do pêndulo é aproximada por uma barra de comprimento d_h e altura L.

Além disso, observe que esse sistema só apresenta rotação em torno de z (ambos os corpos) e, portanto, as velocidades angulares terão apenas componentes em z. Desta forma, pode-se desconsiderar os momentos de inércia em relação aos outros eixos, ou seja,

$$\mathcal{I}_1 = \begin{bmatrix} 0 & 0 & 0 \\ 0 & 0 & 0 \\ 0 & 0 & I_1 \end{bmatrix}, \quad \mathcal{I}_2 = \begin{bmatrix} 0 & 0 & 0 \\ 0 & 0 & 0 \\ 0 & 0 & I_2 \end{bmatrix}. \tag{C.26}$$

Tais valores já foram calculados e estão apresentados na Tabela C.2.

Tabela C.2 – Parâmetros da construção do pêndulo

	Parâmetro	Valor
M_1	Massa da haste [kg]	0,117
M_2	Massa da roda [kg]	0,119
L	Comprimento da haste [m]	0,14298
I_2	Momento de inércia da roda [kgm^2]	$9,4559 \times 10^{-4}$
I_1	Momento de inércia da haste [kgm^2]	$6,2533 \times 10^{-4}$
d	Dist. eixo-base até o centro de massa da haste [m]	0,0987
g	Aceleração da gravidade [m/s^2]	9,81
K_t	Constante de torque do motor	0,0601
K_e	Constante de velocidade do motor [V/(rad/s)]	0,1836
R_m	Resistência do motor [Ω]	2,44
b_1, b_2	Atrito viscoso	determinar

A velocidade angular do primeiro grau de liberdade é dada por

$$\boldsymbol{\omega}_1 = {}^0_1\mathbf{R}^\top \begin{bmatrix} 0 \\ 0 \\ 0 \end{bmatrix} + \begin{bmatrix} 0 \\ 0 \\ \dot{\theta}_1 \end{bmatrix} = \begin{bmatrix} 0 \\ 0 \\ \dot{\theta}_1 \end{bmatrix}. \tag{C.27}$$

A velocidade translacional do centro de massa é

$$\mathbf{v}_{cm1} = \begin{bmatrix} 0 \\ 0 \\ 0 \end{bmatrix} + \boldsymbol{\omega}_1 \times \begin{bmatrix} 0 \\ 0 \\ d \end{bmatrix} = \begin{bmatrix} -d\dot{\theta}_1 \\ 0 \\ 0 \end{bmatrix}. \tag{C.28}$$

Para o segundo grau de liberdade, tem-se

$$\boldsymbol{\omega}_2 = {}^1_2\mathbf{R}^\top \begin{bmatrix} 0 \\ 0 \\ \dot{\theta}_1 \end{bmatrix} + \begin{bmatrix} 0 \\ 0 \\ \dot{\theta}_2 \end{bmatrix} = \begin{bmatrix} 0 \\ 0 \\ \dot{\theta}_1 + \dot{\theta}_2 \end{bmatrix}. \tag{C.29}$$

A velocidade de translação do centro de massa é calculada como a velocidade do centro do sistema de coordenadas $\{2\}$, ou seja,

$$\mathbf{v}_{cm2} = {}^1_2\mathbf{R}^\top \left(\boldsymbol{\omega}_1 \times \begin{bmatrix} 0 \\ L \\ 0 \end{bmatrix} \right) = \begin{bmatrix} -L\dot{\theta}_1 \cos(\theta_2) \\ L\dot{\theta}_1 \operatorname{sen}(\theta_2) \\ 0 \end{bmatrix}. \tag{C.30}$$

Com as velocidades obtidas, calculam-se as energias cinética e potencial:

$$K = \underbrace{\frac{1}{2}\left(\boldsymbol{\omega}_1^\top \mathcal{I}_1 \boldsymbol{\omega}_1\right) + \frac{1}{2}\left(\mathbf{v}_{cm1}^\top M_1 \mathbf{v}_{cm1}\right)}_{K_1} + \underbrace{\frac{1}{2}\left(\boldsymbol{\omega}_2^\top \mathcal{I}_2 \boldsymbol{\omega}_2\right) + \frac{1}{2}\left(\mathbf{v}_{cm2}^\top M_2 \mathbf{v}_{cm2}\right)}_{K_2}, \tag{C.31}$$

$$U = \underbrace{g\, M_1\, d\cos(\theta_1)}_{U_1} + \underbrace{g\, M_2\, L\cos(\theta_1)}_{U_2}. \tag{C.32}$$

Assim como no pêndulo de Furuta, o sistema possui um motor DC com tensão nominal de 12 V, porém, com as constantes diferentes, como pode ser visto na Tabela C.2. Logo, o vetor $\boldsymbol{\tau}_{\text{eq}}$ é dado por

$$\tau_{\text{eq}} = \begin{bmatrix} 0 \\ \dfrac{K_t}{R_m}\left(12\,u - K_e\dot{\theta}_2\right) \end{bmatrix} + \underbrace{\begin{bmatrix} -b_1\dot{\theta}_1 \\ -b_2\dot{\theta}_2 \end{bmatrix}}_{\text{Atrito viscoso}}, \tag{C.33}$$

em que b_1 e b_2 devem ser estimados experimentalmente. Os demais parâmetros do sistema são apresentados na Tabela C.2. Por fim, as equações de movimento são encontradas utilizando (C.2), com $\mathbf{q} = \begin{bmatrix}\theta_1 & \theta_2\end{bmatrix}^\top$.

Todo o processo de modelagem é feito no código `Gera_Modelo_Roda_Reacao.m` mostrado a seguir. Ele retorna o modelo não linear, descrito na forma reduzida, e as matrizes do modelo linearizado em torno do ponto de equilíbrio instável (pêndulo apontado para cima), para fins de projeto. O modelo na forma reduzida é exportado como quatro funções: `function_M_Reacao.m`, `function_V_Reacao.m`, `function_G_Reacao.m` e `function_tau_eq_Reacao.m`, que correspondem às matrizes não lineares para a simulação do sistema. As matrizes do modelo linear em tempo contínuo são exportadas no arquivo `Modelo_Roda_Reacao.mat`.

O diagrama de blocos do simulador é programado no Simulink® de forma semelhante ao que foi feito com o pêndulo de Furuta (Figura C.6).

```
clear all; close all; clc;
%Parametros mecânicos
M1 = 0.117; %Massa da haste
M2 = 0.119; %Massa da roda
L = 0.14298; %Comprimento da haste
I1 = 6.2533e-4; %Momento de inércia da haste
I2 = 9.4559e-4; %Momento de inércia da roda
d = 0.0987; %Distância eixo base até c.m. da haste
b1 = 0; b2 = 0; %Coefs de atrito viscoso das juntas da haste e da roda
%Parâmetros do motor
```

```
Rm = 2.44; %Resistência da armadura
Ke = 0.1836; %Cte de f.c.e.m. (já considera a redução)
Kt = 0.0601; %Cte de torque (já considera a redução)
%Variáveis de posição, velocidade e aceleração angulares
syms t th1(t) th2(t) g;
th1 = th1(t); th2 = th2(t);
th1_d = diff(th1); th2_d = diff(th2);
th1_dd = diff(th1_d); th2_dd = diff(th2_d);
%Matrizes de Inércia
I1_mat = diag([0 0 I1]);
I2_mat = diag([0 0 I2]);
%%Matrizes de rotação
%Haste
R1 = [cos(th1) -sin(th1) 0; sin(th1) cos(th1) 0; 0 0 1];
%Roda
R2 = [cos(th2) -sin(th2) 0; sin(th2) cos(th2) 0; 0 0 1];
%%Cálculo das velocidades
%Haste
w1 = simplify(expand(R1.'*[0;0;0] + [0; 0; th1_d]));
vc1 = simplify(expand(cross(w1,[0;d;0])));
%Roda
w2 = simplify(expand(R2.'*w1 + [0; 0; th2_d]));
vc2 = simplify(expand(R2.'*cross(w1,[0;L;0])));
%%Cálculo das Energias e Lagrangiana
%Energia Cinética do Rotação (haste + roda)
Ecr = 1/2*w1.'*I1_mat*w1 + 1/2*w2.'*I2_mat*w2;
%Energia Cinética do Translação (haste + roda)
Ect = 1/2*vc1.'*M1*vc1 + 1/2*vc2.'*M2*vc2;
%Energia potencial total (haste + roda)
U = M1*g*d*cos(th1) + M2*g*L*cos(th1);
%Lagrangiana
Lagr = Ecr+Ect-U;
%%Eqs. de Euler-Lagrange
%dL\d(th1_d)
Lqq1 = deriv(Lagr, th1_d);
%d(dL\d(th1_d))\dt
Lqqt1 = diff(Lqq1, t);
%dL\dth1
Lq1 = deriv(Lagr, th1);
%d(dL\d(th1_d))\dt - dL\dth1
Leq1 = simplify(expand(Lqqt1 - Lq1));
%dL\d(th2_d)
Lqq2 = deriv(Lagr, th2_d);
%d(dL\d(th2_d))\dt
Lqqt2 = diff(Lqq2, t);
%dL\dth2
```

```
Lq2 = deriv(Lagr, th2);
%d(dL\d(th2_d))\dt - dL\dth2
Leq2 = simplify(expand(Lqqt2 - Lq2));
%Como as derivadas já foram feitas, vamos substituir as variáveis
%com dependência temporal por variáveis que não dependem do tempo, pois o
%problema agora consiste em resolver equações algébricas
syms TH1 TH1_p TH1_pp;
syms TH2 TH2_p TH2_pp;
Leq1_ = subs(Leq1,th1_dd,TH1_pp);
Leq1_ = subs(Leq1_,th1_d,TH1_p);
Leq1_ = subs(Leq1_,th1,TH1);
Leq1_ = subs(Leq1_,th2_dd,TH2_pp);
Leq1_ = subs(Leq1_,th2_d,TH2_p);
Leq1_ = subs(Leq1_,th2,TH2);
Leq2_ = subs(Leq2,th1_dd,TH1_pp);
Leq2_ = subs(Leq2_,th1_d,TH1_p);
Leq2_ = subs(Leq2_,th1,TH1);
Leq2_ = subs(Leq2_,th2_dd,TH2_pp);
Leq2_ = subs(Leq2_,th2_d,TH2_p);
Leq2_ = subs(Leq2_,th2,TH2);
%%Equações de Movimento
syms tau_eq_1 tau_eq_2 u; %tau_eq_i são as forças generalizadas e u é um
%sinal de -1 a 1 representando o ciclo ativo do PWM do motor e o
%sentido de rotação
tau_eq = [tau_eq_1; tau_eq_2];
%Eqs. de Euler Lagrange reagrupadas
s1 = Leq1_ - tau_eq_1;
s2 = Leq2_ - tau_eq_2;
s=[s1; s2];
syms q q_p q_pp
q_pp=[TH1_pp; TH2_pp];
q_p=[TH1_p; TH2_p];
q=[TH1; TH2];
%Modelo Reduzido
M=simplify(expand(jacobian(s,q_pp))); %Matriz de Inércia
G=simplify(expand(jacobian(s,g)*g)); %Vetor de termos gravitacionais
V=simplify(expand(s-M*q_pp-G+tau_eq)); %Vetor de fç centripeta-Coriolis
G = subs(G,g,9.81);
tau_eq_2 = Kt*(12*u-Ke*TH2_p)/(Rm); %Equação do motor DC
tau_eq_2 = tau_eq_2 - b2*TH2_p; %Torque eq. na junta da roda
tau_eq_1 = -b1*TH1_p; %Torque eq. na junta do pêndulo
tau_eq = subs(tau_eq);
%M, V, G e tau_eq são exportados como funções
%para serem carregadas no modelo não linear do Simulink
matlabFunction(M,'File','function_M_Reacao');
matlabFunction(V,'File','function_V_Reacao');
```

```
matlabFunction(G,'File','function_G_Reacao');
matlabFunction(tau_eq,'File','function_tau_eq_Reacao');
%Equações de Movimento
xpp = simplify(expand(M^-1*(tau_eq-V-G)));
%%Linearização do Modelo
%Variáveis de estado
x = [TH1; TH2; TH1_p; TH2_p];
xp = [TH1_p; TH2_p; xpp(1); xpp(2)];
%%Linearização
Am=jacobian(xp,x); Bm=jacobian(xp,u);
%Ponto de equilíbrio
TH1=0; TH2=0; TH1_p=0; TH2_p=0; u=0;
A = double(subs(Am)); B = double(subs(Bm));
save('Modelo_Roda_Reacao.mat','A','B');
```

Referências

Åström, K.; Wittenmark, B. *Computer-controlled Systems: Theory and Design*. 3. ed. Upper Saddle River, NJ, USA: Prentice-Hall, Inc., 1997.

Åström, K. J.; Hagander, P.; Sternby, J. Zeros of sampled systems. In: *19th IEEE Conference on Decision and Control including the Symposium on Adaptive Processes*. Albuquerque, New Mexico: IEEE, 1980. v. 2, n. 1, p. 1077–1081.

Angélico, B. A.; Campanhol, L. B.; Oliveira da Silva, S. A. Proportional-integral/proportional-integral-derivative tuning procedure of a single-phase shunt active power filter using bode diagram. *IET Power Electronics*, v. 7, n. 10, p. 2647–2659, 2014.

Block, D.; Åström, K.; Spong, M. *The Reaction Wheel Pendulum*. San Rafael, CA: Morgan & Claypool Publishers, 2007. (Synthesis Lectures on Control and Mechatronics).

Brown, J.; Churchill, R. *Complex Variables and Applications*. New York, NY: McGraw-Hill, 2009.

Bryson, A.; Ho, Y.; Cantwell, D. *Applied Optimal Control: Optimization, Estimation, and Control*. Washington; New York: Hemisphere Publishing Corporation, 1975.

Castrucci, P. L.; Bittar, A.; Sales, R. M. *Controle Automático*. 2. ed. Rio de Janeiro, RJ: LTC, 2018.

Fadali, M. S.; Visioli, A. *Digital Control Engineering – Analysis and Design*. 2. ed. Waltham, MA, USA: Elsevier Academic Press, 2013.

Franklin, G.; Powell, J.; Emami-Naeini, A. *Feedback Control of Dynamic Systems*. 4. ed. Upper Saddle River, NJ: Prentice Hall, 2002.

Franklin, G.; Powell, J.; Workman, M. *Digital Control of Dynamic Systems*. 3. ed. Half Moon Bay, CA: Ellis-Kagle Press, 2006.

Furuta, K.; Yamakita, M.; Kobayashi, S. Swing-up control of inverted pendulum using pseudo-state feedback. *Proceedings of the Institution of Mechanical Engineers, Part I: Journal of Systems and Control Engineering*, v. 206, n. 4, p. 263–269, 1992.

Hagiwara, T.; Yuasa, T.; Araki, M. Limiting properties of the zeros of sampled-data systems with zero and first-order holds. In: *31st IEEE Conference on Decision and Control*. Tucson, Arizona: IEEE, 1992. v. 2, n. 1, p. 1949–1954.

Ingle, V. K.; Proakis, J. G. *Digital Signal Processing Using MATLAB*. 3. ed. USA: CL Engineering, 2012.

Kailath, T. *Linear Systems*. Englewood Cliffs, NJ: Prentice-Hall, 1980.

Kalman, R. E. A new approach to linear filtering and prediction problems. *Transactions of the ASME–Journal of Basic Engineering*, v. 82, n. Series D, p. 35–45, 1960.

Kirk, D. E. *Optimal Control Theory: An Introduction*. Mineloa, NY: Prentice-Hall, 2004.

Kuo, B. C. *Digital Control Systems*. 2. ed. New York, NY, USA: Oxford University Press, 1992.

Lathi, B. P. *Signal Processing and Linear Systems*. Oxford: Oxford University Press, 1998.

Neves, G. P. et al. Discrete time LQG/LTR applied to a practical quadruple tank system. In: *2016 IEEE Conference on Control Applications (CCA)*. Buenos Aires, Argentina: IEEE, 2016. v. 1, n. 1, p. 1232–1237.

Ogata, K. *Discrete-Time Control Systems*. 2. ed. Upper Saddle River, NJ, USA: Prentice-Hall, Inc., 1995.

Ogata, K. *Engenharia de Controle Moderno*. 4. ed. São Paulo, SP: Prentice-Hall, 2003.

Oppenheim, A. V.; Schafer, R. W.; Buck, J. R. *Discrete-time Signal Processing*. 2. ed. Upper Saddle River, NJ, USA: Prentice-Hall, Inc., 1999.

Proakis, J. *Digital Signal Processing Using MATLAB*. 2021. MATLAB Central File Exchange. Retrieved July 30, 2021.

Shima, H.; Nakayama, T. Conformal mapping. In: *Higher Mathematics for Physics and Engineering*. Berlin: Springer, 2009. cap. 10, p. 305–336.

Sontag, E. D. *Mathematical Control Theory: Deterministic Finite Dimensional Systems*. 2. ed. Berlin, Heidelberg: Springer-Verlag, 1998.

Índice Remissivo

GRÁFICA PAYM
Tel. [11] 4392-3344
paym@graficapaym.com.br